数据中心建设技术与管理

Construction Technology and Management of Data Centers

万大勇　蒋　武　周杰刚　主编

中国建筑工业出版社

图书在版编目（CIP）数据

数据中心建设技术与管理 = Construction
Technology and Management of Data Centers / 万大勇，
蒋武，周杰刚主编. —北京：中国建筑工业出版社，
2022.7

　ISBN 978-7-112-27689-9

　Ⅰ.①数… Ⅱ.①万…②蒋…③周… Ⅲ.①机房—
建筑设计②机房管理 Ⅳ.①TU244.5②TP308

　中国版本图书馆CIP数据核字（2022）第134716号

本书围绕数据中心"基于特别重要基础设施特性的工程建设""基于特别巨大能源负荷特性的工程建设""基于特殊专业要求的设备系统""基于特殊功能的使用单元"及"园区智能化要求高、技术新""节能环保要求高、技术新"的"四特两高"工程建设重难点，从数据中心关键系统（电气系统、给水排水系统、空调系统、消防与安全系统、综合布线系统）、特殊专项技术（精密空调、UPS不间断电源、电磁屏蔽、应急供冷、洁净空间）、特殊专项设备（蓄冷设备、电池室、大负荷柴油发电机群、大管径管道及大型设备施工、密集空间管道模块化施工）、数据机房、智能化技术及智慧园区、节能环保技术、施工组织与施工管理等方面阐述了数据中心工程建设技术与管理的要点。

责任编辑：朱晓瑜
责任校对：董　楠

数据中心建设技术与管理
Construction Technology and Management of Data Centers
万大勇　蒋　武　周杰刚　主编
*
中国建筑工业出版社 出版、发行（北京海淀三里河路9号）
各地新华书店、建筑书店经销
北京建筑工业印刷厂制版
北京建筑工业印刷厂印刷
*
开本：787毫米×1092毫米　1/16　印张：19½　字数：368千字
2022年8月第一版　　2022年8月第一次印刷
定价：**75.00**元
ISBN 978 - 7 - 112 - 27689 - 9
　　　　（39861）

本书编委会

前　言

随着5G、云计算、物联网、大数据、人工智能等信息科技的快速发展，作为数据信息储存及计算的数据中心的建设需求随之迅速扩大，数据中心建设的规模及体量在不断增大。因其特殊的功能以及特别重要的属性，数据中心的建设具有功能复杂、工艺复杂、系统复杂、专业多、设备多、机电工程量大等特点。本书围绕数据中心"基于特别重要基础设施特性的工程建设""基于特别巨大能源负荷特性的工程建设""基于特殊专业要求的设备系统""基于特殊功能的使用单元"及"园区智能化要求高、技术新""节能环保要求高、技术新"的"四特两高"工程建设重难点，从数据中心关键系统（电气系统、给水排水系统、空调系统、消防与安全系统、综合布线系统）、特殊专项技术（精密空调、UPS不间断电源、电磁屏蔽、应急供冷、洁净空间）、特殊专项设备（蓄冷设备、电池室、大负荷柴油发电机群、大管径管道及大型设备施工、密集空间管道模块化施工）、数据机房、智能化技术及智慧园区、节能环保技术、施工组织与施工管理等方面阐述了数据中心工程建设技术与管理的要点。

本书编写过程融合了中建三局集团（深圳）有限公司多年来在数据中心建设方面的经验，也参考了最新的数据中心建设相关规范与书籍，是一部集数据中心从设计、施工关键技术到建造过程管理的理论技术与实践经验总结为一体的专业参考书籍，可供参与数据中心建设的施工人员、技术人员、各层级管理人员、设计人员、材料设备供应商及相关研究人员参考使用。因数据中心的发展迅猛，相关技术也在不断革新，本书若存在不当之处，真诚的希望广大读者批评指正。

本书编委会

2022年7月

| 目　录 |

第一章

数据中心工程概述

第一节　数据中心建设范畴和分类

一、数据中心的建设范畴

数据中心是指在一个建筑场所（可以是一个产业园、一栋或几栋建筑物，也可以是一栋建筑物的一部分）内实现对数据信息的集中处理、存储、交换、管理。随着新基建、"互联网+"、大数据、数字经济等各项国家战略的实施，以及5G、云计算、物联网、大数据、人工智能等信息科技快速发展的驱动，数据中心作为信息化的重要基础建设，不仅是为了确保关键设备能安全、稳定和可靠地运行，同时为数据中心运营管理和数据信息安全提供环境保障，也为工作人员创造健康适宜的工作环境。

目前数据中心的建设已经成为一个集信息技术、电子技术、通信技术、机电系统、消防系统、安防系统及装修于一身的复杂工程。

二、数据中心的分类和分级

1. 数据中心的分类

（1）按数据中心规模大小分类

根据《国务院关于加快培育和发展战略性新兴产业的决定》，按照规模划分，可以分为超大、大、中小型数据中心，其中：

超大型数据中心是指规模大于等于10000个标准机架的数据中心；

大型数据中心是指规模大于等于3000个标准机架小于10000个标准机架的数据中心；

中小型数据中心是指规模小于3000个标准机架的数据中心。

（2）按数据中心服务对象分类

根据数据中心服务的对象不同，数据中心可以划分为国家数据中心（National Data Center，NDC）、企业数据中心（Enterprise Data Center，EDC）和互联网数据中心（Internet Data Center，IDC）。

数据中心的分类如表1-1所示。

2. 数据中心的分级

根据数据中心基础设施的实用性和安全性的不同要求来划分等级，国内和国外的分级标准略有不同。

数据中心的分类 表1-1

分类方式	种类	相关介绍
按规模大小	超大型数据中心	规模大于等于10000个标准机架的数据中心
	大型数据中心	规模大于等于3000个标准机架小于10000个标准机架的数据中心
	中小型数据中心	规模小于3000个标准机架的数据中心
按服务对象	国家数据中心	由政府投资建筑的公共服务资源，代表国家科技实力
	企业数据中心	由企业和机构搭建，服务于自身及客户的数据中心
	互联网数据中心	由服务商搭建，向客户提供有偿服务的数据中心

数据中心分级标准：

（1）《数据中心设计规范》GB 50174—2017的数据中心分级

《数据中心设计规范》GB 50174—2017规定，数据中心应划分为A、B、C三级。从数据中心的使用性质以及数据丢失或网络中断在经济或社会上造成的损失或影响程度来确定所属的级别。

A级为"容错"系统，其可靠性和可用性等级最高；

B级为"冗余"系统，其可靠性和可用性等级居中；

C级为满足基本需要，其可靠性和可用性等级最低。

（2）美国TIA标准的数据中心分级

美国通信工业协会（TIA）发布的*Telecommunications Infrastructure Standard for Data Centers* ANSI/TIA—942，数据中心应划分为四个等级。

T1：基础型，容易受到计划和非计划的活动带来的中断的影响；

T2：冗余部件型，稍微少受到计划和非计划的活动带来的中断的影响；

T3：不间断维护型，允许任何有计划的现场基础设施活动，而不中断计算机硬件的运行；

T4：容错型，提供现场基础设施容量和能力，允许任何有计划和非计划的活动，而不会中断负荷。

（3）Uptime Institute等级认证

Uptime Institute是全球公认的数据中心标准组织和第三方认证机构，他们根据数据中心基础设施可用性、可靠性及运维管理服务能力认证的重要标准*Data Center Site Infrastructure Tier Standard: Topology*和*Data Center Site Infrastructure Tier Standard: Operational Sustainability*将数据中心划分为四个等级：

Tier I：基本数据中心基础设施，可用性为99.671%；

TierⅡ：冗余的机房基础设施，可用性为99.749%；

TierⅢ：可并行维护的机房基础设施，可用性为99.982%；

TierⅣ：可容错的机房基础设施，可用性为99.995%。

（4）《数据中心设计规范》GB 50174、美国TIA标准分级和Uptime Institute等级认证的关系

在2013年，基于市场考虑等种种原因，Uptime Institute将不再授权TIA使用其提出的Tier理念，TIA也从ANSI/TIA—942（2014年）版本中使用T1、T2、T3、T4代表数据中心基础设施的4个层级，与Uptime Institute的TierⅠ、TierⅡ、TierⅢ、TierⅣ相互呼应（表1-2）。

《数据中心设计规范》GB 50174、美国TIA标准分级的关系　　表1-2

	C级	B级		A级
	T1	T2	T3	T4
可用性（%）	99.671%	99.749%	99.981%	99.995%
年宕机时间（h/年）	28.8	22.0	1.6	0.4
冗余主干路径	没有，N	没有，$N+1$	有，$N+1$	有，$2（N+1）$
冗余接入运营商	否	否	是	是
供电电源	两回线路供电	两个电源供电	两个电源供电	两个电源供电
变压器冗余	N	$M（1+1）$	$M（1+1）$	$M（1+1）$
UPS冗余及时间	N，15min	$N+1$，30min	$N+1$，30min	$2N$，30min
发电机规格	满足计算机和电信	满足计算机和电信	满足计算机和电信+1备用	全建筑负荷+1备用
发电机冗余及储油量	N，8h	N，24h	$N+1$，72h	$N+1$，96h
机房专用空调冗余	N	$N+1$	$N+X$	$2N$
建设周期（月）	3	3~6	15~20	15~20

注：N表示运行系统所需的组件数量；X表示并联系统中允许出现故障的台数；M表示变压器接入的组数。

第二节　数据中心发展背景

一、数据中心的起源

数据中心起源于美国，20世纪40年代，由美国生产了第一台全自动电子数据

计算机"埃尼阿克"(Electronic Numerical Integratorand Calculator),此台庞然大物在革命性地开启了人类计算新时代的同时,也开启了与之配套的"数据中心"的演进(图1-1)。信息化技术快速发展的20世纪60年代,出现IDC的雏形:重要数据的灾难备份中心,此时人们习惯把数据中心叫"服务器农场"(Serverfarm)。到了20世纪90年代,微计算产业迎来了繁荣景象,连接型网络设备取代了老一代的PC,开始将服务器单独放在一个房间里,通过简单设备的布线、链接、分层设计,用"数据中心"一词命名该房间,也就是从那个时候起,"数据中心"一词开始流行起来,随着互联网行业的逐步发展,数据中心开始兴起。

图1-1 计算机"埃尼阿克"

二、国际数据中心的发展历程

1. 1990—2000年

互联网的出现对国际数据中心市场产生了巨大的影响,网络提供商和主机托管商在成百上千数据中心创建中得到广泛发展,数据中心作为一种服务模式已经为大多数公司所接受(图1-2)。此时的数据中心对数据进行了更严格的保护,并广泛使用恒温恒湿的专用空调。采用了大量UPS,对防雷标准也进行了完善,并有了综合的监控系统,以及专门的机房装修设计。这时候的IT系统稳定工作时间为几十天,可用性和可靠性均有了大幅提升。

图1-2 1990—2000年时期的国际数据中心

2. 2000—2011年

2000年后，互联网迎来爆发式增长，促进了国际上数据中心的快速发展，数据中心的建设相比之前变得更为专业，维护成本也非常高。此时，美国发现数据中心的能源消耗占据了美国全部能源的1.5%，并以每年10%的速度递增，数据中心所有者开始逐渐意识到能耗的严重性，于是经济、高效、节能、环保等关键词被纳入数据中心建设的要求之中。

直到2005年，国际数据中心的设计、建造和运营都已经形成稳定发展的局面。美国通信工业协会（TIA）发布的*Telecommunications Infrastructure Standard for Data Centers* ANSI/TIA—942，为数据中心的发展起到了规范和指导作用。

此时国际数据中心已具备以下特点：机房标准化、模块化，更易于灵活拓展，更易于维护和管理（图1-3）。

图1-3 2000—2011年时期的国际数据中心

3. 2012年至今

2012年之后，大数据、人工智能、云计算等开始快速发展，带动数据存储规模、计算能力以及网络流量的大幅度增加，其中，移动互联网领域快速发展和云计算技术的广泛应用带动数据存储规模、计算能力以及网络流量的大幅增加，是保持数据中心市场增速提升的主要原因。

此时，国际数据中心朝着大型化、虚拟化、云计算数据中心发展。云数据中心的基础设备更加规模化、标准化和智能化，各种虚拟化技术的应用使建设成本更低、承载的业务更多、管理上更加高效（图1-4）。

图1-4 2012年至今的国际数据中心

三、国内数据中心的发展历程

1. 1990—2002年

互联网在国内市场快速发展，催生了大量的企业上网需求。2000年前后，IDC概念随互联网传入我国并迅速普及，这一阶段，运营商开始大力建设数据中心，机房规模逐步增大，供配电系统、防雷接地、综合布线、机房装修等方面逐步完善（图1-5）。

2. 2002—2013年

在这一阶段，国家银行及部分规模较大的商业银行都实现了数据的大集中，基本在北京、上海建设了数据中心，政府推行的电子政务改革，也推动了数据中心进入高速发展期，大中型数据中心建设明显增加。

此时数据中心采用更合理的可用性设计，更加重视数据的存储环境，数据中心正朝着高可用、系统模块化、可扩展性方向发展（图1-6）。

图1-5　1990—2002年的国内数据中心

图1-6　2002—2013年的国内数据中心

3. 2014年至今

随着4G技术的全面商用和5G网络商用持续推进，云计算、移动互联、物联网等技术融合发展，数据中心进入了产业升级的关键阶段，积极地由资源消耗型向应用服务型转型，数据中心开始进入整合、升级、云计算化新阶段，运营商和第三方IDC公司也加快了数据中心的全国布局。

此阶段数据中心具有以下特征：预制化、虚拟化、专业化、规模化、高可用、微模块、绿色化（图1-7）。

图1-7　2014年至今的国内数据中心

第三节　数据中心发展趋势

一、发展数据中心是国家战略

1. 国家政策扶持

党中央、国务院高度重视大数据在推进经济社会发展中的地位和作用。2014年，大数据首次写入政府工作报告，大数据逐渐成为各级政府关注的热点。2015年9月，国务院发布《促进大数据发展的行动纲要》，大数据正式上升至国家战略层面（表1-3）。

国家层面支持数据中心建设的政策　　　　　　　　　　　表1-3

时间	发布部门	政策
2013.01	工业和信息化部、国家发展改革委、国土资源部、国家电监会、国家能源局	《关于数据中心建设布局的指导意见》
2013.02	工业和信息化部	《工业和信息化部关于进一步加强通信业节能减排工作的指导意见》
2015.01	国务院	《关于促进云计算创新发展培育信息产业新业态的意见》
2015.03	工业和信息化部、国家能源局	《关于国家绿色数据中心试点工作方案》
2015.05	国务院	《中国制造2025》
2015.08	国务院	《促进大数据发展行动纲要》
2016.06	工业和信息化部	《国家绿色数据中心试点工作方案》

续表

时间	发布部门	政策
2016.06	国家机关事务管理局	《公共机构节约能源资源"十三五"规划》
2016.07	中共中央、国务院	《国家信息化发展战略纲要》
2016.07	工业和信息化部	《工业绿色发展规划（2016—2020年）》
2016.12	国务院	《"十三五"国家信息化规划》
2017.01	国务院	《"十三五"节能减排综合工作方案》
2017.04	工业和信息化部	《云计算发展三年行动计划（2017—2019年）》
2017.04	工业和信息化部	《关于加强"十三五"信息通信业节能减排工作的指导意见》
2017.05	住房和城乡建设部	《数据中心设计规范》
2017.08	工业和信息化部	《关于组织申报2017年度国家新型工业化产业示范基地的通知》
2018.07	工业和信息化部	《推动企业上云实施指南（2018—2020年）》
2018.12	中共中央	《2018中央经济工作会议》
2019.02	工业和信息化部、国家能源局	《关于加强绿色数据中心建设的指导意见》
2019.12	国家发展改革委、自然资源部、工业和信息化部，国家能源局	《关于数据中心建设布局的指导意见》
2020.03	中央政治局常务委员会会议	《加快5G网络、数据中心等新型基础设施建设进度》
2020.05	工业和信息化部	《2020年工业通信业标准化工作要点》
2020.06	国家发展改革委	《关于2020年国民经济和社会发展计划草案的报告》
2020.12	国家发展改革委、国家网信办、工业和信息化部、国家能源局	《关于加快构建全国一体化大数据中心协同创新体系的指导意见》
2021.03	中共中央	《中华人民共和国国民经济和社会发展第十四个五年规划和2035年远景目标纲要》
2021.05	国家发展改革委、国家网信办、工业和信息化部、国家能源局	《全国一体化大数据中心协同创新体系算力枢纽实施方案》
2021.07	工业和信息化部	《新型数据中心发展三年行动计划（2021—2023年）》
2021.11	工业和信息化部、国家发展改革委、商务部、国家机关事务管理局、国家能源局	《关于组织开展2021国家绿色数据中心推荐工作的通知》
2021.12	财政部	《绿色数据中心政府采购需求标准（试行）》

随着5G、云计算、人工智能等新一代信息技术快速发展，信息技术与传统产业加速融合，数字经济蓬勃发展。数据中心作为各个行业信息系统运行的物理

载体,已成为经济社会运行不可或缺的关键基础设施,在数字经济发展中扮演至关重要的角色。数据中心作为大数据产业重要的基础设施,其快速发展极大程度上推动了大数据产业的进步。

2022年2月17日,国家发展改革委、国家网信办、工业和信息化部、国家能源局联合发文,同意在8地(京津冀、长三角、粤港澳大湾区、成渝、内蒙古、贵州、甘肃、宁夏)启动建设国家算力枢纽节点,并规划了10个国家数据中心集群(张家口集群、长三角生态绿色一体化发展示范区集群、芜湖集群、韶关集群、天府集群、重庆集群、贵安集群、和林格尔集群、庆阳集群、中卫集群)。至此,全国一体化大数据中心体系完成总体布局设计,国家层面的"东数西算"工程正式全面启动(图1-8)。

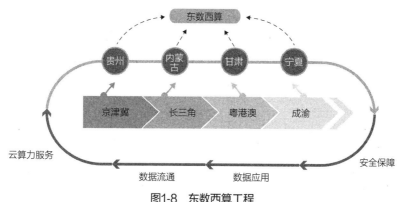

图1-8 东数西算工程

国家政策层面实施的"东数西算"工程,对于推动数据中心合理布局、优化供需、绿色集约和互联互通等意义重大。

2. 地方政府政策扶持及产业落地情况

(1)地方政府政策扶持

数据中心是新型信息基础设施的重要部分,是各类下游数据应用产业的基础,具有较强的联结价值链的公共属性,数据中心已成为支撑城市建设和经济运行的中枢系统。

随着"网络强国"战略的全面实施和新型城镇化步伐的加快,城市数据中心的作用和战略价值将更加突出,各省市通过政策扶持,积极抢抓新一代信息基础设施建设的重要机遇,加快城市级数据中心的建设布局,大力支撑新型智慧城市建设,且希望借机引进智慧城市、智能网联汽车、工业互联网等产业落地,带动地方政府产业经济转型(表1-4)。

地方政府层面支持数据中心建设的政策   表1-4

省市	时间	政策
北京	2016.12	《北京"十三五"时期信息化发展规划》
北京	2018.09	《北京市新增产业的禁止和限制目录（2018年版）》
北京	2020.06	《北京市加快新型基础设施建设行动方案（2020—2022年）》
上海	2016.09	《上海市大数据发展实施意见》
上海	2017.03	《上海市节能和应对气候变化"十三五"规划》
上海	2018.01	《上海市推进新一代信息基础设施建设助力提升城市能级和核心竞争力三年行动计划（2018—2020年）》
上海	2019.01	《关于加强上海互联网数据中心统筹建设的指导意见》
上海	2019.06	《上海市互联网数据中心建设导则（2019版）》
上海	2020.05	《上海市加快新型基础设施建设行动方案（2020—2022年）》
广东	2016.04	《广东省促进大数据发展行动计划（2016—2020年）》
广东	2020.06	《广东省5G基站和数据中心总体布局规划（2021—2025年）》
广州	2020.07	《广州市加快推进数字新基建发展三年行动计划（2020—2022年）》
深圳	2019.04	《关于数据中心节能审查有关事项的通知》
浙江	2017.03	《浙江省数据中心"十三五"发展规划》
浙江	2017.09	《浙江省公共机构绿色数据中心建设指导意见》
浙江	2018.08	《关于开展"绿色数据中心"服务认证工作的实施意见》
杭州	2020.03	《关于杭州市数据中心优化布局建设的意见》
天津	2018.01	《天津市加快推进智能科技产业发展总体行动计划》
河北	2017.07	《河北省信息服务业"十三五发展规划"》
贵州	2017.03	《贵州省关于进一步科学规划布局数据中心 大力发展大数据应用的通知》
贵州	2018.06	《贵州省数据中心绿色化专项行动方案》
内蒙古	2017.12	《内蒙古自治区大数据发展总体规划（2017—2020年）》
重庆	2016.08	《重庆市大数据发展工作方案（2016—2018年）》
江苏	2016.08	《江苏省"十三五"信息基础设施建设发展规划》
江西	2016.07	《江西省人民政府关于印发促进大数据发展实施方案的通知》
广西	2016.11	《促进大数据发展的行动方案》
河南	2018.1	《河南省促进大数据产业发展若干政策的通知》
山东	2019.1	《山东省数据中心用电补助资金使用管理实施细则》

目前,我国31个省(区、市)均有各类数据中心部署,但整体分布呈现"东热西冷"的现象,主要集中在北京、上海、广州等东部一线城市及其周边地区,中、西部地区分布较少。截至2019年底,北京、上海、广州及周边等东部数据中心机架数量占比分别为26.5%、25.3%、13.5%,合计65.3%,中部、西部及东北地区占比分别为12.2%、18.7%和3.8%(图1-9)。

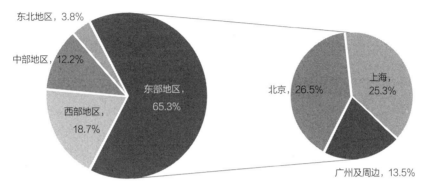

图1-9 中国数据中心区域分布情况

在各地政府政策扶持下,数据中心由前期的倾向于在经济发展水平较高、人口密度高、数据流量大、产业数字化转型需求旺盛的地区进行投资布局,到目前的倾向于能效及能源供给方面具有优势的地区。

(2)部分省市数据中心产业落地情况介绍

近年来,国家和地方政府将产业数字化的重要性提到了前所未有的新高度,各领域对互联网信息处理的需求日趋旺盛,各省区市纷纷打出资源牌、地价牌、气候牌、政策牌,希望能尽快抢占产业高地,数据中心在我国已呈现"烽火遍地"的大规模布局态势:中国移动在黑龙江、贵州等省投资上百亿元兴建数据中心;赛伯乐投资集团将宁夏中卫市打造成"西部云基地数据中心";中国电信、中国联通、中国移动三家运营商在内蒙古建立"中国云谷";腾讯落子贵州、京津冀、成渝等枢纽节点;阿里巴巴规划建设的5座超级数据中心,分别位于张北、河源、杭州、南通和乌兰察布;华为云已建成贵安、乌兰察布两大云数据中心,规划在京津冀、长三角、粤港澳地区布局三大核心数据中心。以下是部分省市产业落地情况。

1)贵州贵安

贵州省政府层面以及贵安新区层面对贵安新区的数据中心产业发展发布相关的政策支撑,截至2021年底,贵安建成的超大型数据中心已达8个,包括腾讯贵安七星数据中心、华为七星湖数据存储中心、中国移动(贵州)数据中心和苹果iCloud中国(贵安)数据中心等。以华为云、腾讯云、云上艾珀、白山云等为代表的云计算企业预计实现营收近145亿元，贵安的数字产业已经集聚成势。

2）内蒙古乌兰察布

乌兰察布为了发展数据中心产业，出台了多项省级和市级的优惠政策，截至2021年底，乌兰察布市已经落地华为、苹果、阿里巴巴、万国数据、中国银保信、快手、中国人寿、PCG等26家数据中心项目，乌兰察布实现数字产业产值突破10亿元，摆脱了对羊绒、煤炭、稀土、天然气等传统重工业产品的依赖，实现产业转型。

3）山西阳泉

阳泉位于山西省，交通便利，同时煤炭储量丰富，并且有良好的火电开发条件，是"西电东送"的重要节点，可以说是不缺绿电的一座城。阳泉通过政策引入百度云计算（阳泉）中心，促进了阳泉从传统产业向信息产业转型。

二、数据中心建设处在快速增长阶段

随着物联网、电子商务、社会化网络、5G、云计算、人工智能等新一代信息技术快速发展，全球数据总量迅猛增长，成为数据中心行业发展的基础，互联网巨头加大了对数据中心建设的投入，数据中心建设在全球不断展开。受新基建、数字化转型及数字中国远景目标等国家政策促进及企业降本增效需求的驱动，近年来我国数据中心业务收入持续高速增长。根据中国信息通信研究院2022年发布的《数据中心白皮书》：2021年全球数据中心市场收入为679.3亿美元，同比增长9.8%，我国数据中心行业市场收入达到1500.2亿元，同比增长28.5%，增速远高于国际水平。预计2022年全球数据中心市场收入将达到746亿美元，我国数据中心市场收入将达到1900亿元（图1-10、图1-11）。

图1-10　2017—2022年全球数据中心市场规模情况（引自华经情报网）

图1-11 2017—2022年中国数据中心市场规模情况（引自华经情报网）

同时，我国数据中心规模保持快速增长，机架规模持续稳步增长，大型及以上数据中心规模增长迅速，2021年我国在用数据中心机架规模达520万架，近5年年均复合增长率超30%（图1-12）。其中大型以上数据中心机架规模增长更为迅速，机架规模为420万架，占比达80%。

图1-12 2017—2022年中国数据中心机架规模情况（引自华经情报网）

三、新一代数据中心发展方向

（1）随着企业全球性竞争的加剧，传统数据中心的局限性也逐步暴露，使它们面临一系列严峻挑战，许多方面的问题已经不适应时代发展的新要求。

1）成本的问题：剧烈的市场竞争要求企业大幅度降低成本，而许多数据中心的运行成本却反而在不断攀升。在很多企业的数据中心中，CPU使用率均低于25%，IT资源利用率也仅为20%左右。显然，如何降低人力成本，如何降低IT

总体拥有成本，如何提高IT的投资回报，是摆在数据中心面前的重要课题和当务之急。

2）能耗的问题：一方面，随着计算设备的更新换代以及高密度计算设备的广泛应用，在能耗和散热等能源管理方面对数据中心提出了新的要求。另一方面，企业的业务发展对数据中心资源的要求致使服务器和存储的数量大幅增长，给数据中心在环境控制、电源与散热、空间管理等方面造成了巨大的压力。如何能在有限的空间实现更有效的能源和环境管理，是企业数据中心面临的关键挑战之一。如今，能源和散热成本已严重失控，迫使数据中心必须立即对能耗管理作出战略性变革。

3）安全性的问题：数据中心的可靠性和可用性不足，在节约成本、提高效率的同时，对数据中心的可靠性和可用性提出了更高的要求。近几年，银行、保险、证券、民航等行业相继出现数据中心故障，很多数据中心的可靠性和可用性令人担忧。

4）人才的问题：运维人才和运维能力跟不上数据中心建设的速度，尤其在西部地区更加明显，使得数据中心工程持续建设面临严峻挑战。

在"瞬息万变"和"适者生存"的全球化时代，传统数据中心各部件牵一发而动全身，很难做出任何改变，已然失去了活力，必须加以变革建设新一代的数据中心。当前改造原有数据中心、建设新一代数据中心，已经形成一股席卷全球的新浪潮，造成了空前巨大的市场机遇。

（2）根据新技术的发展，新一代数据中心主要有以下几方面特征：

1）标准的模块化基础设施

在新一代数据中心中，会推动数据中心朝着建筑预制化、机房模块化的方向发展。下一代数据中心的建筑形态是嵌入式的钢结构架构，可以在工厂生产、现场组装。基于标准的模块化系统能够简化数据中心的环境，加强了对成本的控制。

2）低碳节能

数据中心在全生命周期的各个阶段都离不开资源，这些资源包含配电力资源、制冷能力、水资源、通信网络资源、建筑场地空间、建筑承载能力等。新一代数据中心通过促进数据中心资源源头绿色化、利用高效化以及全生命周期可回收，实现可持续发展。同时，未来数据中心将从唯PUE论走向包含PUE、CUE、GUE、WUE在内的多维评价体系。

3）更高的安全性和可靠性

新一代数据中心应该是365d×24h连续运行的，其服务不允许有任何中断

（包括计划内的维护）。数据中心是重要信息和核心应用的集中，由于各种原因的故障或灾难都可能引起业务中断，特别是关键业务系统中断将会对生产和运营产生重大影响。因此，新一代数据中心特别强调各系统的冗余设计（双重或多重备份）甚至容错设计，使之能确保稳定持续的系统连接。

4）自动化管理

先进的自动化功能可以动态地重新分配资源，确保IT设施与业务协调一致。通过将重复性的任务自动化，可以降低成本，减少人为错误。仅需要通过可视化远程管理对数据中心进行调度与控制，减少人工成本。

建设新一代数据中心不仅是一个挑战，更是一个很大的机遇。传统的数据中心是我们辛辛苦苦建立起来的，投资也非常大，但是其历史作用已经完成了，必须加以革新，而革新后建立的新一代数据中心，将为开发创新应用开辟广阔的道路。

第四节　数据中心建设基本要求

一、总体规划

数据中心的总体规划应当充分考虑未来的可持续发展能力，既要满足当前发展的需求，又要考虑未来的发展，其规划要考虑并确定的因素包括：数据中心的选型、选址、功能分区等。

1. 数据中心选型

数据中心建设时，需深入分析当地数据中心的相关政策和市场规模，同时结合企业自身数据需求和未来的发展前途，建设合适等级和规模的数据中心。

2. 选址

数据中心选址需要综合考虑城市基础设施、人力资源、地域稳定程度和投资成本与回报等各方面因素。主要包含以下几个方面：

（1）数据中心所在地的城市能源供电、通信条件、交通状况、生活配套设施和人力资源情况。

（2）数据中心所在地远离恐怖袭击、地震、洪水、火山爆发、环境污染、瘟疫、恶劣天气等多发地带。同时避免位于环境复杂的地区，如：兵工厂、火药库、易爆炸的工厂、核电厂、军事基地附近、建筑物的较高楼层等。

（3）自然环境应清洁，远离产生粉尘、油烟、有害气体以及生产或贮存具有腐蚀性、易燃、易爆物品的场所。

（4）远离强振源和强噪声源，同时避开强电磁场干扰区域。

（5）环境温度应有利于节约能源，同时采用水蒸发冷却方式制冷的数据中心，水源应充足。

3. 功能分区

根据《数据中心设计规范》GB 50174，将数据中心分为主机房、辅助区、支持区、行政管理区。

主机房：主要用于数据处理设备安装和运行的建筑空间，包括服务器机房、网络机房、存储机房等功能区域。

辅助区：用于电子信息设备和软件的安装、调试、维护、运行监控和管理的场所，包括进线间、测试机房、总控中心、消防和安防控制室、拆包区、备件库、打印室、维修室等区域。

支持区：为主机房、辅助区提供动力支持和安全保障的区域，包括变配电室、柴油发电机房、电池室、空调机房、动力站房、不间断电源系统用房、消防设施用房等。

行政管理区：用于日常行政管理及客户对托管设备进行管理的场所，包括办公室、门厅、值班室、盥洗室、更衣间和用户工作室等。

单栋数据中心项目可按照上述区域划分功能分区，针对大型数据中心园区项目，可以结合场地特点灵活设置数据中心场地布局，一般大型数据中心园区项目常按照数据核心区（主要为主机房、辅助区和支持区）和运维工作区（主要为行政管理区）设计，实现研发办公与数据机房分别管理。结合数据中心园区的分区特点，大型数据中心园区宜同时设置两组出入口：一组用于人员和乘用车辆的日常通行，另一组则专门用于各类设备、燃料及其他物资的出入，避免运维工作区和数据核心区的重叠和相互干扰。

4. 数据中心的组成

数据中心是支持服务器、存储设备和网络设备正常运转的地方。数据中心按结构组成划分，可分为主机房（包括网络交换机、服务器群、存储器数据输入/输出配线、通信区和网络监控终端等）、基本工作间（包括办公室、缓冲间、走廊、更衣室等）、第一类辅助房间（包括维修室、仪器室、备件间、存储介质存放间、资料室）、第二类辅助房间（包括低压配电、UPS电源室、蓄电池室、精密空调系统用房、气体灭火器材间等）、第三类辅助房间（包括储藏室、一般休息室、洗手间等）。

同时，数据中心建设是一个由多个专业组成的系统工程（图1-13），是按功能需求设置的，其主要工程包括土建主体结构工程，机房区、办公区、辅助区的装修与环境工程，可靠的供电系统工程（UPS、供配电、防雷接地、机房照明、备用电源等），专用空调及通风，消防报警及自动灭火，智能化弱电工程（视频监控、门禁管理、环境和漏水检测、综合布线、KVM系统等）。

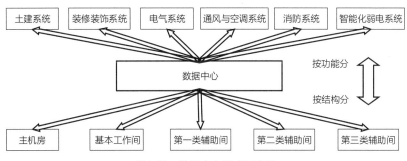

图1-13　数据中心组成示意图

二、数据中心建设要求

1. 冗余和容错要求

数据中心应综合考虑机房、发电机组、电力、空调及通信等冗余和容错规划，合理布设数据中心平面空间。

2. 绿色节能要求

根据《工业和信息化部　国家机关事务管理局　国家能源局关于加强绿色数据中心建设的指导意见》（工信部联节〔2019〕24号）相关要求，新建数据中心PUE值使用效率值不高于1.4，具体要求详见第八章。

3. 综合管廊要求

大型数据中心区域外电、通信和用水量大，宜设置综合管廊，将电力、通信、冷冻水和给水排水等各种工程管线集于一体，实施统一规划、统一设计、统一建设和管理。

4. 数据中心机房特殊要求

数据中心机房作为弱电智能化工程中的系统大集成，是集成所有系统的核心，也是保护设备的重要存放地方，因此，在功能空间、运行环境、消防系统等多方面有特殊要求：

（1）主机房净高应根据机柜高度、管线安装及通风要求确定，且不宜小于3.0m。主机房层高应结合数据中心机房净高、梁高和降板高度综合分析确定。

（2）机柜的位置结合空调的气流组织合理布置，应设置封闭冷热通道，提高空调制冷效率。

（3）数据中心机房应始终处于无水状态，避免造成机房设备受损和信息丢失。同时，数据机温度、露点温度及空气粒子浓度和噪声、电磁干扰、振动及静电应在规范的允许值内。

（4）机房装饰装修应满足降噪处理和节能环保、防尘等要求，同时应采用非燃（A级）或难燃材料（B级），并需满足后续扩充建设等要求。

（5）数据机房应设置火灾报警和气体自动灭火系统，机房与其他建筑物合建时，应单独设置防火分区。

（6）数据中心数据机房具体要求详见第六章。

三、数据中心结构要求

1. 数据中心结构设计常规要求

结构设计应满足中国及项目所在省现行规范、规程及标准的要求，选择对抗风和抗震有利的结构体系，力求受力合理、安全可靠、方便施工、使用舒适、经济耐用。

结构设计应结合勘察报告呈现的地质情况，进行多种基础及地下室布置方案的比较、优化，选择经济合理的基础及地下室布置方案；应进行上部结构选型、柱网尺寸、楼盖体系比较优化，在保证结构安全前提下力求节约；应结合机房工艺布置、管线排布等条件要求，注重对构件布置、截面尺寸的细节设计。

2. 数据中心结构设计的特殊要求

（1）结构可靠性设计

建筑结构安全等级是根据近似概率论极限状态设计方法中，针对重要性不同的建筑物，采用不同的结构可靠度而提出的。数据中心属于重要房屋，安全等级为一级。

（2）结构抗震设计

数据中心属于地震时使用功能不能中断或需尽快恢复的相关生命线建筑，所以数据中心的选址应避开地震活动明显或者地震断裂带的位置，同时数据中心应按重点设防（乙类）进行设计，按高于本地区抗震设防烈度一度的要求加强抗震措施。

（3）关于风、雪荷载的设计要求

风荷载吹向建筑物时，会对围护结构产生变形，破坏保温防水层，使数据中心围护结构失效；雪荷载主要是通过屋顶结构超载造成局部坍塌。所以，数据中心设计时可按100年一遇的风、雪荷载考虑。

（4）防水的设计

地下水位对数据中心地下室外墙产生冲击，同时对建筑物整体产生向上的浮力，一旦结构被破坏，水就可能流入建筑物，损坏设备，也可能导致环境湿度控制失效，发生霉变。因此，选址要避开水灾等隐患区域，建筑防水措施需加强。

数据机房与走廊设置防水门槛，避免走廊漏水流进机房。

（5）荷载大的设计

由于数据中心存在较多的工艺设备，结构荷载与普通建筑相比具有荷载大（大100%～150%）的特点。为控制挠度和裂缝，梁布置采用井字梁，加大数据中心设备区域板厚，板均采用双层双向配筋。

（6）结构措施及各专业配合的设计

机房主体结构应具有耐久、抗震、防火、防止不均匀沉降等性能，所以变形缝和伸缩缝不宜穿过主机房。

结构柱作为机房内部障碍物，对架空地板下方气流组织有关键的作用，而结构梁处于较高的位置，对于气流组织不太重要，因此，尽量采用大跨结构，减少机房内部结构柱的数量。

各专业工艺设备的条件对结构专业影响较大的有：机房及进线间降板要求；柴油发电机组振动影响；工艺设备要求的开洞位置及尺寸等。

（7）设备吊装及行走路线的设计要求

数据机房存在较多的大型空调设备及发电机组，因此，需要与机电专业紧密配合，落实设备运输所需净宽及净高，避免框架梁及二次结构影响后期设备吊装及运输，造成返工。同时，应考虑设备的行走路线，在设计初期考虑临时施工荷载，吊装前复核原结构是否满足要求。

四、数据中心机电要求

1. 电气系统基本要求

（1）供电负荷品质要求

数据中心的典型特点是用电量大，供电系统需365d×24h不间断运行，可靠性要求高，电源品质要求高。数据中心应由专用配电变压器或专用回路供电，变压器宜采用干式变压器。电源系统设置不间断电源和应急电源柴发机组做应急电力保障。

（2）供电系统的冗余设计

数据中心供电系统采用冗余设计，双回路供应电源互补，UPS不间断电源控制电能质量，柴油发电机群组作为应急电力保障，通过"高压—低压"全过程的电源备用保护保证优质稳定的电源供应。

（3）确保供冷设备的连续运行

机房精密空调和冷冻水二次循环泵宜采用双路电源自动互投装置配电，其中一路宜来自UPS供电，确保机房模块连续供冷。

（4）防雷接地措施确保供电系统安全稳定

为确保供电系统安全稳定，建筑物防雷接地装置与电气保护、工作接地、防静电接地、信息系统接地共用接地装置。电子信息系统设备配电线路采用TN-S系统的接地方式。电源线路的电涌保护器按四级装设。

2. 空调系统基本要求

（1）供冷系统的高效节能

数据中心主要冷负荷为服务器机柜的散热量，大中型数据中心机房设备散热量在400W/㎡左右，装机密度较高的数据中心可能会达到600W/m²以上。具有空调系统冷负荷大的特征，空调冷源系统需高效节能，优先选择设计高效水冷式冷水机组供冷系统。

（2）供冷系统冗余备份

因数据中心项目的工作性质决定了需要365d×24h不间断制冷，空调系统需冗余备份设计，管路采用同程管道路由，从冷源、管路、末端配置各方面考虑，故障时需具有独立单点维修功能。需设计应急冷源，确保不会因为偶然故障导致供冷系统停机问题。

（3）精密的温湿性控制系统

数据机房中设备密集的区域发热量集中，为使机房内各区域温湿度均匀，需要有较大的风量将余热量带走。机房内潜热量较少，一般不需要除湿，空气经过空调机蒸发器时不需要降至露点温度以下，所以对送风温差及焓差要求较小。数据机房内空调机宜采用精密空调进行环境调节。

（4）静压箱送风保持风压稳定

数据机房内需保证环境恒温且各点静压相等，所以空调送、回风通常采用管道，并利用高架地板下部或吊顶上部的空间作为静压箱送、回风，静压箱内形成的稳压层可使送风均匀，使空间内各点静压相等。

（5）洁净度要求高

机房有严格的空气洁净度要求。空气中的尘埃、腐蚀性气体等会严重损坏电子元器件的寿命，引起接触不良和短路等故障，因此，要求机房专用空调能按相关标准对流通空气进行除尘、过滤。另外，要向机房内补充新风，保持机房内的正压。数据机房空调调节宜采用数据机房专用空调机进行空气过滤。

3. 给水排水系统基本要求

（1）设计空调补水系统保障空调稳定运行

数据中心空调冷负荷大且空调系统的稳定运行是确保数据机房安全高效运行的基本前提，因此，应设置空调补水措施。

空调补水系统采用2N配置，平时主泵一台满负荷或两台主泵不超过单套系统50%用水负荷下变频运行；当另一套补水系统出现水泵故障时，两台主泵能满负荷运行，满足故障系统的天面冷却塔及冷却系统补水需求。每套补水设备设置环管，并充分考虑补水设备的在线隔离维修。

（2）合理设计排水点，保障事故时排水畅通

由于数据中心以数据机房为核心，辅以配电房、电池室等配套功能房，各区域对水敏感程度高，需配备有效的紧急、断水措施。

数据中心各楼层空调间、公共走道区域布置事故排水地漏点位，充分排除楼层内漏水对数据机房、配电房等重要设备房灌水隐患，最大程度保证数据机房安全可靠运行。

（3）设置虹吸雨水系统，加大排水效率

当降雨量大时，屋面积水严重，需采取高效的雨水排除措施，降低屋面渗水、漏水风险。

数据中心采用虹吸雨水系统，当降雨量较大时，能快速排除屋面积水，减少因屋面积水排除效率过低，造成楼面负荷过大或屋面漏水、渗水的风险。

4. 消防系统基本要求

数据中心项目功能性房间比较多，不同功能区可能发生的火灾类型不同，对消防防护的要求不同，需要综合考虑灭火效果、环保性能、对保护对象的安全性、对人员的安全性、灾后快速恢复运行等因素，选用相适应的灭火系统进行防护。

（1）采用多种灭火系统保障数据中心各功能区防火、防水安全的高要求

核心功能区数据机房空间密闭，存储着大量高价值设备，用电量大，电气火灾危险等级高，数据机房的消防灭火系统的选择需考虑保障机房内值守人员或维护人员的人身安全，以及灭火系统动作后对一些特殊存储介质、精密仪器的不良影响，适宜采用七氟丙烷或IG-541气体灭火系统。另外，变配电、不间断电源系统和电池室等不适宜用水灭火的场所也应设置气体自动灭火系统。

数据中心辅助区、行政管理区等一般有人活动的场所选用对人员安全性比较高的自动喷水灭火系统。在备品备件间、走道、柴油发电机房等场所可采用预作

用自动喷水灭火系统保护；其他辅助区可采用湿式自动喷水灭火系统，一般建议机房楼全楼采用预作用形式。

柴油发电机房储油间火灾危险最大，一般采用细水雾灭火系统、水喷雾灭火系统，也可以采用预作用自动喷水灭火系统；在排风要求比较小的储油间也可以单独设置气体灭火系统。

（2）采取多种探测系统提升火灾响应效率

在面积小于140m^{2}的计算机房及数据中心、计算中心内的第一、二、三类辅助用房可设置普通的感烟、感温探测器。对大型数据中心、计算中心及A级计算机而言，为及时发现险情并控制火灾及减少损失，可采取空气采样早期烟雾探测报警系统与传统的火灾报警系统相组合的方式。在综合布线区、电缆井道、桥架处可设置分布式光缆温度探测报警系统。在电池室建议安装防爆型可燃气体浓度检测报警器，探测电池充电产生的氢气浓度，并根据探测情况设置两级报警，将报警信号传至消防控制室分级控制。

五、数据中心智能化要求

数据中心作为机构的重要数据处理存储场所要保证365d×24h不间断安全稳定地运行，因此，安全、可靠、节能尤为重要，在安全防范上无论是防入侵、防盗窃、防抢劫、防破坏等通常的技防工程，还是现代计算机网络、信息安全均需要确保其安全保密。在节能运营上，无论从能源管理、能效管理，还是信息管理、设备管理，均需确保高效到位。智能化工程是数据中心后期运维管理的保障手段。

（1）保证数据中心安全的智能系统：视频安防监控系统、出入口控制系统、人员定位系统、入侵报警系统和可视对讲系统。结合人工智能技术，可选用面部识别的视频监控系统和巡检机器人等，提高工作效率。

（2）保证数据中心可靠节能运行的智能系统：综合布线系统、动环监控系统、电力监控系统、建筑设备监控系统（BAS）以及集成的基础设施数字管理平台。

（3）建立智慧园区平台统一管理，集成以上各系统，在数据中心适当位置设置总控中心（即大屏幕显示系统），以实现集中监控和管理。

具体内容详见第七章数据中心的智能化技术及智慧园区。

第二章

数据中心工程建设重难点

第一节　基于特别重要基础设施的工程建设重难点

数据中心是维持一个企业信息处理正常运行的重要基础设施，一旦因某些原因导致数据中心发生故障而停止运行，将会导致信息网络的瘫痪，引起信息数据丢失、信息功能无法使用等严重后果，进而对业务运营和客户体验产生直接严重的影响，导致毁灭性的财务损失，而且数据中心多为成千上万的数据服务器共同协同工作，一旦发生故障或停止运行后，后期重新启动所需时间长，对社会和企业都会带来巨大损失。

因此，数据中心作为一类特别重要的基础设施，需维持着365d×24h不间断运转，从多方面树立起保障其功能正常运行的机制，做好预防故障发生的科学措施，提升数据中心项目的安全稳定可靠性，由此对工程在容灾、冗余和容错能力方面提出了较严格的要求。

一、容灾

为提高数据中心抵抗外部环境侵蚀破坏的能力，保证工程的安全可靠性，应注意采取有效措施实现工程的容灾能力。由此对项目选址、结构设计选型、抗震烈度和设计荷载取值考虑、建筑功能布局、防水保温节能等功能的实现，以及事故排水系统设计和施工建造过程的质量把控等内容均提出了更高更特殊的要求。

二、冗余

为避免保障系统故障而引起数据中心主要机房的正常运行，确保数据中心持续不间断运营，应对数据中心中各项功能保障系统采用冗余设计。由此带来建筑规模大、机电安装系统复杂、大型机电设备种类数量多且特殊性强、管道规格大、管道线路多而密集等特征，增加了项目招标采购、设备管道的安装、各体系之间的联合调试等工作的难度，并由于数据中心运营耗电量大、冷热负荷大、对环境要求高的特点，即对项目的节能设计和室内环境条件控制体系提出了严格的要求。

三、容错

数据中心建设运营成本高，所以需提高数据中心各系统容忍故障的能力。例如，需在电力供应系统上，设置UPS不间断电源和柴油发电机作为应急电源，在供冷系统上设置蓄冷罐作为应急冷源，在消防系统中采用气体灭火系统和预作用消防灭火系统、要求空调系统实现恒温恒湿的环境等特殊的容错措施，由此增加了多系统之间切换和协同作用的难度，突出了各系统设备高效准确工作和防止偶然因素破坏设备的重要性。

第二节　基于特别巨大能源负荷特性的工程建设重难点

数据中心IT设备需365d×24h不间断运行，消耗大量的能源，而且，为了保证数据中心的散热，用于空间制冷消耗的能耗也是非常大的，是典型的高耗能产业，基于特别巨大能源负荷特性，给数据中心带来如下重难点：

1. 供电负荷量大

数据中心负荷量大的供电系统是整个基础设施中最重要的子系统，所有的IT设备以及制冷、管理、安全等子系统都在供电系统的支持下运行。因此，如何保证数据中心业务连续性和灾难恢复性、功率密度和热量管理以及能耗是对供电系统很大的挑战。在新的设计理念引导下，新技术、新产品和新的系统配置方案下，如何根据负荷量选择合适的UPS供电模块（含电池室），如何对柴油发电机进行容量选用和配置是新一代数据中心建设的重难点。

2. 冷源负荷量大

数据中心的冷源负荷不仅要用于解决各种设备产生的热量，还要解决物理结构传热和在机房工作的人员产生的热量。因此，在这种冷源负荷量特别大的情况下，数据中心的制冷系统如何根据冷负荷量选择合适的冷源和空调系统，如何解决因机房面积大对送风距离和强度的要求，如何解决因机架功率密度不均匀难以满足高密度机架的散热要求，如何选择合适的应急供冷设备，如何满足数据中心对制冷系统管道的防水要求都是数据机房建设的难点。

3. 大型设备多、设备管道大

数据中心配置大型的储能设备，如UPS不间断电源模块（含电池室）、柴油发电机组、蓄冷罐等，因此，如何保证大型设备在运输过程中的完整性，如何在项目场地选择合适的堆场，如何将大型设备安全地吊运及转运是工程建设的重点。同时，在此过程中如何与土建专业密切地协调配合，如何确保安装后能通过调试和验收是大型设备的难点。大管径管道是数据中心的特点之一，主管多排列紧密，立管紧凑，分支多且有环网设计，成为项目的难点。

4. 密集管线综合布线

随着数据中心建设的愈加完善，机架的密度也随着增加，多条链接越来越多，跟踪需求也不断增大，"蜘蛛网式"电缆归置会直接导致部署慢、易出现故障问题、运营成本增加、意外停机、跳线、设备过热，传统的电缆布设及管理方式早就不适合于当下。因此，面对后期运维的挑战，如何确定走线空间的大小、走线方式、线缆的长度及线缆属性是项目的重点，但是如何解决密集电缆导致的制冷效率低、影响冷气流流通，同时带来的电磁干扰问题，再者电缆的区分、标识也是必须解决的难点。

第三节 基于特殊专业要求的设备系统重难点

数据中心的重要性使得具有数据中心特色的设备系统成为设计的重难点，基于数据中心的需求有如下几个具有特殊要求的设备。

一、精密空调

基于数据中心机房的特殊要求，精密空调能为机房提供全年制冷、恒温恒湿的环境。除此之外，还具备除尘洁净、高智能化、高效节能、高可靠性。因此，如何解决精密空调的冗余和容错设计，如何根据冷负荷、制冷效率选择精密空调的制冷类型，如何选择精密空调模块，如何规划精密空调气流组织成为设计的重点。

基于精密空调安装的要求，如何组织精密空调运输通道，如何解决安装过程中机房环境差影响到精密空调的问题，如何解决精密空调设备对于平整度、垂直度和降噪的要求，如何解决安装调试过程中管线交叉与维修空间不足的问题成为精密空调安装检测的难点。

二、UPS供电

UPS电源具有断电时持续供电和平时提升电能质量的功能。如何根据业主需求及对供电的连续性、可靠性选择UPS的类型和蓄电池容量，如何考虑UPS机房设备布置、馈线的铺设，如何保障UPS供电设备的运行环境是数据中心的重点。

如何保证安装环境满足设计要求，如何确保场外运输、场内堆场、吊运、安装等工序下蓄电池不划伤、破裂；如何保证首次充电、浮冲的蓄电池的安全性是UPS系统的难点。

三、应急供冷

数据中心作为信息通信的中枢，空调系统偶然的故障或者电力供应问题均有可能导致空调系统停机，数据中心应设计应急制冷系统来保证数据中心的持续运行。

从电力故障到柴发启动至恢复供水温度需要的响应时间成了应急供冷设备选型的重要因素，同时，管路系统及设备的冗余设计也至关重要。同时，基于蓄冷罐荷载大，基础的富余度也是重点。

蓄冷罐体积大，无法整体运输，现场如何确保运输场地平整、吊装条件及蓄冷罐现场分段组对拼装质量，如何避免蓄水槽水管施工导致整个系统面临严重的冷损失，导致蓄冷效率大大降低是项目难点。

四、电磁屏蔽空间

目前，各政府部门、企事业单位，特别是涉密部门对计算机系统的安全越来越重视，为防止信息泄露或系统被干扰，对电磁屏蔽的要求增加，也提高了屏蔽工程在机房系统工程建设中的比重（图2-1）。

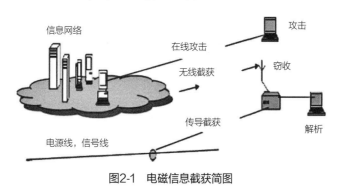

图2-1 电磁信息截获简图

如何根据屏蔽效能、整体机械性能及对建筑的荷载进行屏蔽体材料选型，如何解决大量线缆和导管接入壳体破坏屏蔽功能，如何设计屏蔽机房的防雷接地是设计的重点。

安装时如何做好板和机壳的每一条缝和不连续处的搭接（因为搭接的程度对壳体的屏蔽效能起决定性作用），如何确保滤波器安装得横平竖直是项目难点。

第四节　基于特殊功能使用单元的工程重难点

数据中心最核心的作用是为数据存储提供特殊使用功能的使用空间，但基于数据中心复杂的特殊系统，这些空间具有特殊功能的要求，涉及多项技术、多项系统集成，建造难度大，也是设计、施工、运维的难点。

一、数据机房

数据机房的设计应紧紧围绕机房环境的特点和信息系统特定的应用目的展开，要着眼于各系统整合的合理性、灵活性、适用性，重点在于进行功能和环境指标的实施，以确保电子信息设备长期、稳定、可靠地运行。

如何保证机房的温度、湿度、尘埃、电源质量、防雷接地、照度和噪声等环境条件满足设备可靠运行，如何采用高要求的防火、防水、防鼠、防静电、防电磁干扰等技术，保证机房安全运行；如何规划机房气流组织和封闭策略是数据机房设计的重难点。机房内电缆较多，设计要充分考虑后期运维管理的便利性，同时要考虑数据机房整体的绿色节能手段，降低机房的PUE值。

数据机房内电缆较多，设备众多，大型管道的安装施工和大型设备的运输吊装成为重点，通过BIM进行综合管线碰撞分析，避免施工现场错碰漏缺等问题出现，机房如何保证现场、材料、设备及隐蔽工程的无尘是一个重难点。同时机柜安装需重点保证机柜运输路径及垂直度、水平度的误差控制。

二、大型设备房

数据中心存在较多的大型设备用房：电池室、高低压配电间、柴油发电机房等，这些房间区别于普通房间，具有特殊的空间层高要求、荷载大，需设置设备基础，有管井位置、大小等特殊要求，设备的布置又影响建筑面积和布局，也影响施工吊装，同时，针对这些房间还有特殊的消防系统的布设，工程难度极大。

第五节　园区智能化要求高、技术新

数据中心智能化系统的选择要具备可靠性、稳定性、先进性、成熟性、可扩展性、开放性。

1. 智能化系统技术先进性和成熟性的高要求

数据中心的生命周期较长，为了使智能化系统能够可持续发展，要尽可能采用先进且成熟的技术。如：智慧园区平台通过集成多个智能化子系统，采用大数据分析、5G通信、物联网、GIS技术、BIM、云计算等新一代成熟的技术实现园区内的运维管理；通过神经网络算法等AI算法预测数据中心综合能耗，模拟出最优的空调设备的启停和时间控制等。

2. 智能化系统的可靠性和稳定性的高要求

为了保证数据中心全年不间断的稳定安全地运行，智能化系统要采用可靠性和稳定性高的技术手段。如：智能化众多子系统通过基本的TCP/IP协议或HTTPS（REST API）标准协议集成到智慧园区或基础设施管理平台上；建筑设备管理系统可以采用可靠性高的PLC控制实现空调的控制逻辑。采用三层网络架构的智能化系统具有更高的稳定性和可靠性。

3. 智能化系统的可扩展性和开放性的高要求

为了方便数据中心后期的扩容和迭代，智能化系统要具备可扩展性和开放性。如动环监控系统建议采用模块化结构，可以多级组网，也有利于扩容和扩展，且系统预留多种对外接口，如（TCP/IP、SNMP协议接口、OPC接口等）；智慧园区和基础设施管理平台也会预留一定量的协议接口，以便后期其他系统的接入。

第六节　节能环保要求高、技术新

数据中心主要能耗在于IT设备及系统、空调散热系统、供配电系统等三个部分，其能耗强度极大，节能减排空间巨大。因而对数据中心建筑和机电提出了更高的节能环保要求。要求其建筑设计应在综合考虑地理位置选择、自然通风和避免日照等情况的基础上，合理设计数据机房功能空间布局、围护结构传热系数和气流组织；其机电布设应与数据机房的实际情况相结合，选择适合低能耗设备的同时，运用多种节能技术，合理设置机房设备布局，实现智能精准送冷。

现阶段随着科技的进步，数据中心的设备密度和存储能力越来越大，单位面积产生的热能也越来越多，精密空调的能耗也越来越高。为了保证数据中心PUE值满足政策要求，需要采用更加高效的节能技术，降低数据机房设备和精密空调能耗。常采用的一些数据中心新型节能技术有异构计算技术、液冷服务器技术、整机柜服务器技术、分布式空气处理单元（DHU）节能技术、自然冷源节能技术、磁悬浮冷机节能技术、集成冷冻站节能技术等。

第三章

数据中心工程关键系统

第一节　电气系统

一、电气系统整体概述

数据中心电气系统是将市政电源经高低压转换后，分配传输至各处用电点位，实现数据中心的运行和维护的核心内容。

数据中心需要提供365d×24h的不间断服务，电气系统是数据中心不间断应用的基本保障。数据中心的电气系统一般由高低压配电系统、UPS不间断电源、应急后备电源系统、防雷接地系统组成（图3-1）。其中，高低压配电系统作为电气系统的主体部分，负责电能的适配和供应到位；UPS不间断电源作为电能保质保量供应的重要组成部分，稳定供电、提升供电质量；应急后备电源系统作为数据中心电力供应的保障，可应对供电事故的发生；防雷接地系统则是数据中心安全运行的防线，确保用电的安全。

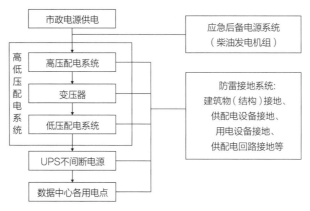

图3-1　数据中心电气系统框图

二、电气系统功能架构方案

根据现行国家标准《数据中心设计规范》GB 50174的规定，数据中心可划分为A、B、C三类级别，A级数据中心应满足容错要求，可采用2N系统，也可采用其他避免单点故障的系统；B级数据中心应满足冗余要求，宜采用N+1冗余；C级数据中心应满足基本需要N。其中A级数据中心容错配置的变配电设备应分别布置在不同的物理隔间内。

将数据中心用电划分为一级负荷、二级负荷、三级负荷（图3-2）。其中，一级负荷由特别重要负荷和其他一级负荷（常规性的一级负荷）组成。A级数据中心的特别重要负荷主要有机房IT设备用电负荷、冷冻泵及机房末端空调、安防监控、弱电系统用电等，其他一级负荷主要指消防负荷（消防中心设备用电、防排烟风机、消防应急照明、气体灭火设备、消防水泵、消防电梯、其他消防设施用电等），二级负荷一般有客货梯、生活泵、污水泵、机房保证照明等，除了上述负荷外，其他负荷一般作为三级负荷考虑。特别重要负荷（特别是数据机柜用电、数据机房用电）应由专用配电变压器或专用回路供电。

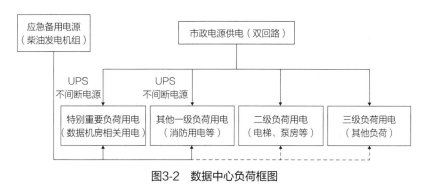

图3-2 数据中心负荷框图

对于级别高、要求高的数据中心，采用高压侧应急备用电源全负荷考虑（亦可采用低压配电柜侧母线接发电机组作为备用电源，视情况而定）。特别重要负荷、一级用电负荷分别采用较高级别的配电系统，宜采用全过程多层级双电源回路互备互用方式。二、三级负荷采用一套独立配电系统，不对特别重要负荷、一级负荷（数据机房）产生不利影响，一般采用放射式配电直接配置各用电设备或电箱。

三、高低压配电系统

数据中心需提供365d×24h不间断服务，供配电系统是数据中心不间断应用的基本保障。高低压配电系统的设置应为系统可扩展性预留备用容量，考虑到数据中心的供电重要性，宜选用2N冗余设置，同时可作为供电容量扩展关系。

针对数据中心的供电系统布置，不同用电负荷采用的变压器和电气系统回路应分开设置，并进行物理性分离。数据中心机房供电系统应有独立的配电间、变配电所。UPS电源机房应靠近设备机房（负荷中心）布置，这样能保证从UPS输出到用电设备之间的压降和损耗尽可能小。考虑到UPS属于大型设备，重量比较大，噪声大，需要摆放在一个承重较好，并且不影响办公和休息环境的地方。供电系统的变压器宜采用干式变压器，低压配电系统应采用TN－S系统。

一般可靠性要求数据中心采用双电源回路供电（两组），单回路变压器的带载能力应能满足数据中心的全部需求，单组回路进线经变压器变电至低压配电系统进行分配，两组高低压配电系统共同对末端荷载（或重要荷载）供电，尽可能大地提高系统的稳定性，保障数据中心的正常运行（图3-3）。

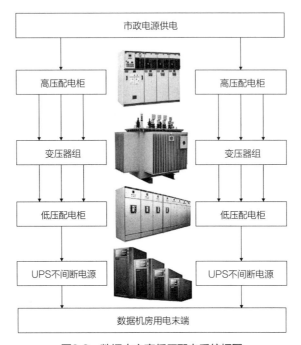

图3-3　数据中心高低压配电系统框图

一般负荷用电的动力配电柜通常采用放射式配电直接配至各用电设备或电箱（图3-4），机房内所有动力配电线缆必须设计桥架或钢管敷设，市电动力配电柜具有火警联动保护功能，出现火警时可与消防系统联动及时切断电源，动力配电柜、照明箱内的开关和主要元器件应设置有效的防雷措施。

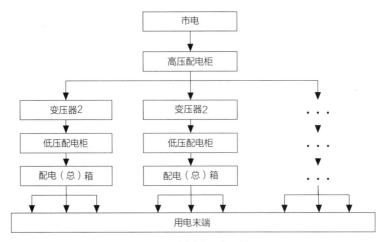

图3-4　放射式配电系统

变配电所、发电机房、UPS电源机房均应留有足够的面积，可与设备机房同步发展，以应对设备机房面积扩展或设备机房功率密度上升引起的供电需求。综合性的数据中心类建筑，应注意其是否满足设备安装和线路敷设的要求，包括楼面荷载、净高、抗震等级、耐火等级等方面。末端配电柜位置的选择，主要考虑功能上的需求，应在满足功能分区的基础上，尽可能靠近供电负载。

四、UPS不间断电源

UPS配电主要用于计算机设备、服务器、小型机、存储、网络设备、保安监控设备等。UPS电源系统输出一般采用三级配电方式：系统输出配电柜—机房配电柜—机柜配电单元，通过UPS供电系统能保证数据机房设备供电的稳定，电能质量优质，确保数据中心的正常运行；确定不间断电源系统的基本容量时应留有余量；不间断电源系统应有自动和手动旁路装置；用于电子信息系统机房内的动力设备与电子信息设备的不间断电源系统应由不同回路配电。

充分考虑数据中心机房的供电稳定，可使数据机房中的机柜、精密空调等共同由UPS电源供应，设置专用的输入配电柜（图3-5）。电源系统输入配电柜应引接两路电源、自动切换。UPS电源主机的主电源和旁路电源应分别引入，并宜由不同的输入配电柜引接。UPS电源系统输出应采用放射式、双回路配电方式。UPS电源系统输出宜采用三相配电，末端分相，以利于三相平衡。

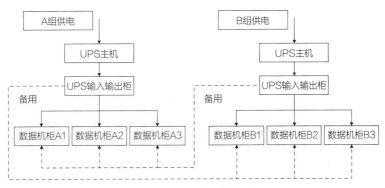

图3-5 UPS电源供电系统

对于单电源输入设备，即使已采用双单元冗余UPS电源系统，也宜将其连接在其中一个单元上；若采用双单元冗余UPS电源系统，可将其每个单元中的部分容量视为并联冗余性质。对于需要双回路供电的单电源输入设备，宜在其输入端设置静态转换开关STS。静态转换开关STS的性能应能满足其要求，一般转换时间小于5~10ms。当负荷设备对零－地电压要求较高时，可在机房配电柜设置隔离变压器。有时候，为保证UPS故障旁路后输出高质量电源，往往在UPS旁路输出端设置隔离变压器。

五、应急后备电源系统

根据数据中心等级（A、B、C级）以及市电供电网络确定应急电源。后备应急电源优先选用柴油发电机。后备柴油发电机的配置应根据数据中心等级确定，A级数据中心按照按N＋X冗余（X＝1～N）配置，B级数据中心按照N＋1冗余配置，C级数据中心应满足基本需要N。

后备柴油发电机的容量应包括不间断电源系统、空调和制冷设备的基本容量及应急照明和关系到生命安全需要的负荷容量（图3-6）。

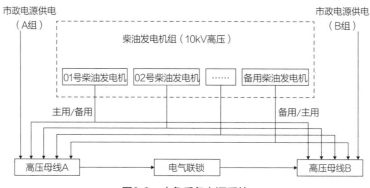

图3-6 应急后备电源系统

为确保数据中心的不间断供电，高低压配电系统应采用分段单母线接线形式，母联开关设置自投功能，以电源侧为先的原则阶梯式投入，自备应急电源自动投入。对于全数据中心应急保护的应急后备电源系统，在高压母线侧设置满足项目全负荷的柴油发电机组（群）。

六、防雷接地系统方案

1. 数据中心防雷与接地系统

数据中心的低压配电系统应采用低压配电系统接地形式即TN-S系统，整个数据中心采用联合接地方式，将围绕建筑物的环形接地体、建筑物基础地网及变压器地网用接地铜牌相互连通，共同组成联合地网，接地电阻应小于等于1Ω。

室内等电位接地可采用网状、星形、网状-星形混合型接地结构，重要机房内应由铜编织带组成联合地网（图3-7）。

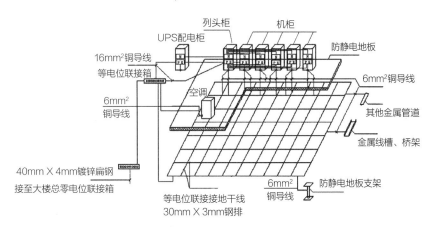

图3-7 机房接地示意图（等电位接地）

2．数据机房防静电接地

由于静电对计算机设备有较大影响，所以机房的防静电技术非常重要，目前，机房防静电措施主要是在机房地面铺设防静电地板，地板间通过横梁精密连接成一个整体，并与地板下接地铜排连接，地板基材采用全钢、铝合金、硫酸钙等材质，机房墙面采用彩钢板或刷防静电涂料，顶棚安装金属吊顶板，起到静电屏蔽作用，防止外界强磁场的干扰。

七、电气系统施工要点

1．机房配电柜、UPS电源柜落地安装

动力配电箱、照明配电箱底边距地1.4m高度的墙上暗装，配电柜及其他电气装置的底座应与建筑楼地面牢靠固定，并接地，机房内应分别设置维修和测试用插座，且有明显区别标志，测试用电源插座应由UPS供电，维修插座由市电供电。所有线路的敷设要以设备布局和设计图纸为基础进行，设计时考虑供电距离尽量短，机房内的电源线、信号线和通信线应分别铺设，不能走同一线槽，UPS电源配电箱（柜）引出的配电线路，穿镀锌钢管，沿机房活动地板下敷设至各排网络或服务器机柜，使用插座或工业连接器为机柜供电。

2．数据中心线缆工程

机房内所有动力配电线缆设计为桥架或钢管敷设，金属线管和桥架需安装完成后再进行线缆敷设。配电柜至不同设备的输入输出线需为专用电源线。电源线与控制线布线要求横平竖直，各线缆之间不得交叉、打结，线缆本身要求无应力铺设。每条电源线要求用线标清线号，标号要求规范有序。当管路过长或者转弯过多时，需边穿边吹，确保穿线不受阻。

3. UPS蓄电池安装

蓄电池外壳应无裂纹、损伤、变形、漏液等现象；蓄电池的正、负端柱必须极性正确，并无变形；滤气帽或气孔塞的通气性能良好；连接板、螺栓及螺母应齐全，无锈蚀；蓄电池安装应平稳，间距均匀；同排蓄电池应高度一致，排列整齐；根据厂家提供的说明书和技术资料，固定列间和层间蓄电池的连接板，操作人员必须戴胶布手套并使用厂家提供的专用扳手连线；并联的电池组各组到负载的电缆应等长，以利于电池充放电时各组电池的电流均衡；极板之间相互平齐，距离相等，每只电池的极板片数符合产品技术文件的规定；蓄电池之间应采用专用电缆连接，线端应加接线端子，并压接牢固可靠。

检测确认UPS安装完毕，由厂家专业人员调试，记录各项指标，符合产品的各项要求。调试完毕后及时供电运行，避免长时间放置对设备产生影响。

八、工程实例

某数据中心工程电气系统包括：10kV高压配电系统、10kV发电机配电系统、10/0.4kV配电系统、空调配电系统、动力系统、照明系统、建筑物防雷（本区域）、安全措施及接地系统、电气节能、UPS不间断电源（保障空调）。

根据业主与当地政府落实的条件，在项目附近红线外，由政府投资建设一座110kV电站。工程用电电源由该电站采用每组两路10kV电力电缆，埋地方式引来，送至地块内位于动力楼和数据楼两侧的10kV公共开关房。

工程含三种电源：N为市电电源；柴发为备用电源；U为不间断电源。

工程每路进线装机容量满足552A电流使用要求，每组中两路中压电源采用互备方式运行，要求任一路中压电源可以带起供电范围内全部负荷，6号楼共引入4路外电，每两路互为主备，其中两路容量分别为8000kVA，另两路容量分别为8350kVA，总引入容量为32820kVA。每个分界室分别引出A、B两路，A路电缆引至A路高压总配电室，B路电缆引至B路高压总配电室，A、B两高压总配电室中间设隔墙。每组高压A、B两路进线，1用1备，A、B两室分别设联络开关，任一路故障时，另一路不会同时损坏。

1. N电—市电电源

市电电源为三相、50Hz、10kV，引自不同的变电站。6号数据中心从不同的变电站共引4回路10kV市电电源，每组引至不同变电站，电源互为备用；任一路失电，另一路均能带起全部负载。

2. 柴发—备用电源

根据数据机房对供电可靠性要求，按$N+1$的原则设置柴油发电机组，作为该工程的应急电源。该工程采用快速自启动柴油发电机组作为备用电源，放置于动力楼，屋面采用集装箱式柴油发电机，配置10台10.5kV持续功率1600kW柴油发电机组，按1组9+1并机运行。

3. U电—不间断电源

该工程设置UPS不间断电源装置，为运营商机房、机房精密空调、BA控制和安防设备、冷冻水泵等重要负荷提供AC、220/380V、50Hz的不间断电源保障。

第二节 给水排水系统

一、给水排水系统概述

数据中心给水排水系统主要分为生活给水系统、空调补水系统、污水系统、废水系统、事故排水系统、雨水系统。

生活给水系统主要用于卫生间等常规用水区域给水。空调补水系统用于确保数据中心空调系统365d×24h不间断供冷水系统补水、稳压作用。污、废水系统用于卫生间等常规区域排水。事故排水系统用于紧急情况下排除数据机房、配电房等无水房间外围可能发生的渗水、漏水。雨水系统用于排除屋面降雨。

二、给水排水系统配置方案

1. 空调补水系统

（1）数据中心空调补水系统的作用

数据中心类工程冷负荷特别大，空调系统复杂。空调系统管路上有数不清的连接点，每一个连接点都可能是一个泄漏点，所以系统运行过程中，管路中的水就有可能泄漏减少，管路清理污垢也需要排水。水量减少就会引起系统压力减少，同时，由于空调系统负荷的波动引起流量及水温的不断变化，系统中的水就会不断地膨胀和收缩，会引起系统压力的波动，因此，需要不断地调节系统中的水量，来稳定系统压力。膨胀就需要把多余的水排出去防止超压，收缩或泄漏引起水压力不足，就需要进行补水。

数据中心要求空调系统不间断供冷，为保证空调水系统冷热介质（水）在系统内不倒空、不汽化、不超压，并保持有一定供系统循环的压力，保证系统冷热交换稳定正常，保持恒温恒湿环境，以保证数据中心设备运行安全性、稳定性和可靠性，需合理设置空调补水系统。

（2）数据中心空调补水系统设置基本原则

1）空调补水管路设置分为平时补水与快速补水。

2）所有空调补水管道严禁穿越数据机房、配电房、发电机房、电池间等无水房间。

3）为确保空调补水系统运行的安全可靠性，数据中心空调补水系统多采用2N架构，多套系统互为备用。

4）若建设独立多栋数据中心，各楼栋之间设置联通环管，其中任意一栋空调补水系统运行故障或检修时可作为临时补水供应。

（3）数据中心空调补水系统运行基本原理

空调补水系统主要由空调补水池、变频装置、气压罐、管网、空调补水箱组成。

1）补水形式

空调补水系统一般分为两种运行工况，即日常补水工况和快速补水工况（图3-8）。

① 日常补水工况：通过水泵房的补水设备供至屋面空调补水箱，再由屋面补水箱重力流至每套冷却塔组补水至膨胀水箱补水。

② 快速补水工况：通过水泵房的补水设备直接供至冷却塔组及膨胀水箱。

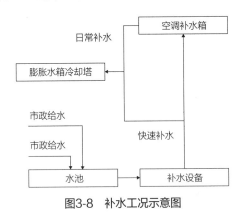

图3-8 补水工况示意图

2）冗余架构

数据中心空调补水系统均采用2N架构，确保系统安全、可靠。

① 单栋数据中心冗余架构，如图3-9所示。

② 多栋数据中心各楼栋之间设置联通管，紧急情况下可互为备用（图3-10）。

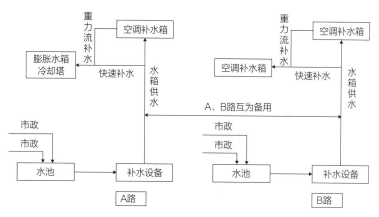

图3-9 单栋数据中心冗余架构

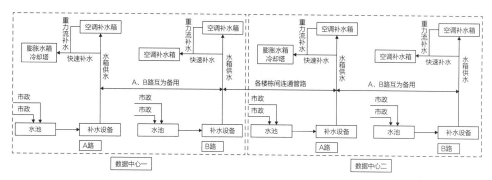

图3-10 多栋数据中心冗余架构

2．事故排水措施

数据中心由于安全性和可靠性要求较高，为防止用水设施因设备维护和故障带来的水患，需要采取可靠的措施防止事故水给数据中心的持续运行和设备安全带来影响。

（1）数据中心主要浸水风险分析

1）数据中心主要房间分类

① 无水房间：数据机房、UPS间、电池间、强电间、配电房、发电机房、消防控制室等。

② 重力排水房间：弱电间、有冷凝水房间。

③ 有压给水房间：卫生间、水管井、空调间。

2）数据中心重点防止水患部位

数据机房、UPS间、电池间、强电间、配电房、发电机房等无水房间。

3）数据中心可能产生水患的情况

① 紧急情况排水：走道喷淋动作后的积水；消火栓动作积水；空调间冷冻、冷却水和冷凝水等管路检修、故障泄水。

② 平时排水：空调间空调冷凝水。

（2）数据中心浸水风险解决方案

数据中心防止事故水进入无水房间的主要措施有：

1）无水房间周边公共走道、空调间、弱电间、卫生间、水管井等设置带反溢措施地漏，及时排走事故水；

2）有压给水房间（卫生间、管井、空调间等）位置设置反坎、降板，防止事故水进入不应进入的房间内；

3）不便设置反坎的位置设置截水沟，防止事故水进入不应进入的房间内。

3. 屋面雨水系统

由于数据中心建筑中主要功能布局为数据机房，导致公共区域面积变小，且机电管线主要集中于公共区域，采用传统重力雨水系统立管较多，且管路需做放坡处理，占用空间大，立管较多，造成数据中心漏水风险增大，故数据中心屋面雨水系统多采用虹吸雨水系统或外排水系统。

（1）虹吸雨水系统

虹吸雨水系统排水效率较高，可多斗共一个系统，水平管路无须放坡，可大大减少雨水系统立管数量，最大程度减少漏水风险。

虹吸雨水管雨水斗通过公共走道主干管汇总后由管井排至室外雨水检查井（图3-11）。

导流罩
硅铝合金材质，适用于各种不同环境。不断改进导流罩格栅间距，确保进水流量同时，阻止大的杂物进入系统

整流器
硅铝合金材质，独特的反涡流设计，使雨水平稳进入系统

防水压板/安装片
不锈钢材质，A型雨水斗适用于混凝土屋面或防水卷材屋面，特有的压板设计，将防水材料与雨水斗紧密连接，保证密封性。B型雨水斗适用于钢天沟，与钢天沟焊接

下沉斗体
不锈钢材质，整流器置于下沉斗体内，有效降低屋面（天沟）积水深度

出口尾管
根据使用管材的不同，选择不同材质出口尾管。有HDPE尾管、不锈钢尾管、沟槽连接不锈钢尾管

图3-11 虹吸雨水斗详图

虹吸雨水基本原理如图3-12所示。

虹吸雨水系统的工作原理：

1）当雨量较小时或降雨初期，虹吸系统只作为重力流系统使用。

2）当降雨量加大，屋面上的水位达到一定高度时，雨水斗会自动隔绝空气，从而产生虹吸，系统也转变为高效的排放系统，抽吸雨水向下排放。

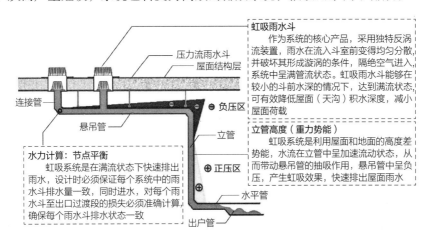

图3-12 虹吸雨水系统原理图

（2）外排雨水系统

1）普通外排水系统

普通外排水系统又称格沟外排水系统，由榜沟和雨落管组成。降落到屋面的雨水沿屋面集流到槽沟，然后流入隔一定距离沿外墙设置的雨落管排至地面或雨水口。雨落管多采用镀锌铁皮或塑料管，镀锌铁皮为方形，断面尺寸一般为80mm×100mm或80mm×120mm，塑料管管径为75mm或100mm。根据降雨量和管道的通水能力确定下根雨落管服务的房屋面积，再根据屋面形状和面积确定雨落管间距。根据经验，民用建筑雨落管间距为8～12m，工业建筑为18～24m。

2）天沟外排水系统

天沟外排水系统由天沟、雨水斗和排水立管组成。天沟设置在两跨中间并坡向端墙，雨水斗沿外墙布置。降落到屋面上的雨水沿坟向天沟的屋面汇集到天沟，沿天沟流至建筑物两端（山墙、女儿墙），入雨水斗，经立管排至地面或雨水井。

三、工程实例

某数据中心项目共有5栋数据机房，设置有生活给水系统、空调补水系统、生活污废水系统、事故排水系统和虹吸雨水系统。

1. 生活给水系统

生活给水系统主要供给数据中心各楼层内卫生间冲洗用水、清洗间清洁用水和预留加湿设备补水。其系统与常规项目系统类似，不做详细描述。

2. 空调补水系统

数据中心设置两套空调补水系统。其原理如图3-13所示。

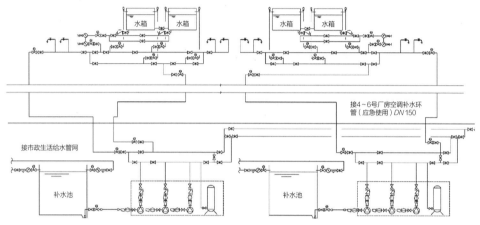

图3-13 空调补水系统原理图

每栋数据中心设置两套空调补水系统，空调补水池和空调补水泵房位于负一层，每套系统通过市政两路管道进水，并由变频泵组加压至天面空调补水箱，通过重力流补水至屋面冷却塔和膨胀水箱，紧急情况通过变频泵组直接加压至屋面冷却塔和膨胀水箱。

其余栋数据中心分别通过室外埋地管道进行空调补水系统联通，任意一楼栋无法满足补水需求，均可由其余栋楼进行紧急情况补水。

3. 事故排水系统

（1）数据机房建筑功能布局

事故排水措施如图3-14所示。

（2）事故排水地漏点位布置

在有水房间区域设置事故排水地漏，及时排走事故水。

（3）挡水坎及降板设置

于无水房间交界位置设置挡水坎，防止事故水流至无水房间。

卫生间、清洗间压力供水且用水量大的房间设置降板，防止事故水进入不应进入的房间内。

4. 屋面雨水排水措施

屋面雨水采用虹吸雨水系统，虹吸雨水安装大样图如图3-15所示。

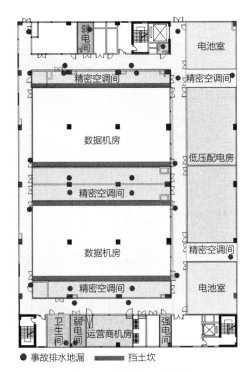

图3-14 事故排水措施图

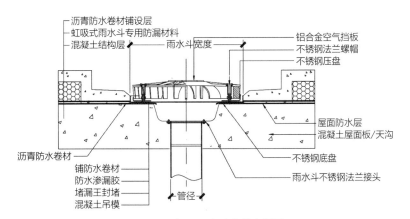

图3-15 虹吸雨水斗安装大样图

第三节 空调系统

一、空调系统的概述

数据中心内服务器、网络交换设备等IT设备，以及UPS等配套设备的稳定运行，都需要一个稳定的运行环境，因而需要稳定的空调环境控制系统。这套环境控制系统可以移除数据中心主设备和配套设备运行时发出的热量，精密调节机房内空气的温度、湿度、洁净度等参数，满足设备内电子器件的可靠工作要求，保证数据中心内各类设备稳定运行，保障数据中心稳定运行。

1. 数据中心机房的负荷特点

数据中心的计算机服务器、交换机、存储器等IT设备的集成度越来越高，精密性也越来越高，使数据中心机房的空调负荷特点更加显著，表现为热负荷大、湿负荷小、单位体积发热量越来越大。热负荷主要来自计算机、通信等IT设备的集成电路，如CPU、内存、硬盘、显示芯片、接口单元、电池组等电子元件不断集中发热，并且发热量极大，目前商用的服务器机柜满载发热量可达到数百千瓦。

2. 数据中心机房的环境参数对空调的要求

数据中心机房、通信机房等应用场地，其服务对象均为服务器、交换机、路由器、存储器等IT类设备，对机房用的空调有着相同的要求。

（1）单位发热量大，要求机房用空调是大制冷量、小焓差、大风量、大风冷比

1）大制冷量。首先，数据中心机房的热负荷很大，IT类设备发热严重，致使单位面积热负荷远高于办公区域，即热负荷很大；其次，这些设备不产生湿度变化，所以湿负荷较小。这要求机房用的空调制冷能力强，在单位时间内快速消除设备发出的热量。

2）小焓差。机房环境要求空调的蒸发温度相对较高，避免降温的同时进行不必要的除湿。

3）大风量。因为机房用空调要求送风的焓差小，以避免不必要的除湿，而另外又要求大制冷量，所以必须采取大风量的设计。大风量的循环也有利于机房的温度、湿度等指标的稳定调节，也能保证机房温度、湿度的均衡，达到大面积机房气流分布合理的效果，避免机房局部的热量聚集。

4）大风冷比。风冷比即空调设备的风量和冷量之比。

为了提高运行效率，保证机房气流组织，提高过滤空气的洁净度，通信机房要求的空调设备的风量较大，因此，数据机房的空调设备比普通的舒适性空调的风冷比大。

（2）相对湿度控制的要求

虽然数据中心机房的IT设备不产生湿度的变化，但是机房的湿度必须保证在一个范围之内，通常为40%～60%。

湿度过低，容易导致电子元器件的静电产生，造成静电放电乃至击穿；湿度

过高，又容易导致设备与元器件的表面结露而出现冷凝水，发生漏电或短路现象而无法正常工作。所以要求数据中心机房的空调机具备加湿与除湿功能，并能将相对湿度控制在40%~60%。

（3）除尘与空气净化要求

除温度和相对湿度的要求之外，数据中心机房的空调还必须具备除尘与空气净化的性能。由于机房内的灰尘会影响IT类设备的正常工作，灰尘积累在电子元件上易导致电路板腐蚀、绝缘性能下降、散热不良等问题，要求数据中心机房空调机的空气过滤器具备良好的除尘与空气净化功能。

（4）不间断地稳定可靠运行

IT类设备不间断地运行，也要求空调机能365d×24h不间断可靠运行。即使在冬季也需要提供相应的制冷能力，并能稳定解决冷凝压力与北方寒冷低温运行环境的要求。

3. 数据中心制冷空调的选择

数据中心内的热、湿负荷的特点是既要求空调系统的制冷能力较强，以便在单位时间内消除机房余热，又要求空调机的蒸发温度相对较高，以免在降温的同时进行不必要的除湿。因此，数据中心制冷系统必须具备冷风比相对较小的特性，即在制冷量一定的条件下，要求空调机循环风量大，进出口空气温差小等。同时，较大的循环风量有利于机房温度、湿度指标的稳定和调节。

二、空调系统配置方案

数据中心空调系统设计以高效、可靠、经济、节能为理念，采用先进、安全的技术，在满足功能需求和可靠性要求的前提下，尽量节省总体建设投资、降低运营成本，达到最优PUE的设计目标。围绕着如上设计目标，空调系统设计的重难点具体主要体现在冷源系统设计、数据机房专用空调系统设计以及对应的水系统和风系统等设计内容。

1. 空调系统冗余和容错设计

为了满足数据中心运行安全可靠的目标，要求空调系统需要考虑对应的冗余设计和容错设计。冗余设计即为重复配置空调系统的一些或全部部件，当系统发生故障时，重复配置的部件介入并承担故障部件的工作，由此延长系统的平均故障间隔时间。容错设计即为设置两套或两套以上的空调系统，在同一时刻，至少有一套空调系统在正常工作。对于容错设计的空调系统，在经受住一次严重的突发设备故障或认为操作失误后，仍能满足电子信息设备正常运行的基本要求。

空调系统冗余设计的具体要求一般如下：A级机房的制冷主机、水泵、冷却塔应按照$N+X$（$X=1\sim N$，一般取1）配置，末端机房专用空调应按照主机房的每个区域$N+X$（$X=1\sim N$，一般取1~2）配置，空调末端风机、控制系统及末端冷冻水泵需要采用不间断电源系统供电；B级机房的制冷主机、水泵、冷却塔宜按照$N+1$配置，末端机房专用空调宜按照主机房的每个区域$N+1$配置，控制系统采用不间断电源系统供电；C级机房的制冷主机、水泵、冷却塔按照满足基本需求（N）配置，末端机房专用空调按照满足基本需求（N）配置。冗余系统的空调水系统需采用环路系统设计。

空调系统容错设计的一般要求为采用$2N$设置，即空调冷源系统和机房空调系统均采用$2N$设计，每套冷源系统和机房空调系统相互独立运行，互不干扰。容错系统的空调水系统可采用两套独立的支路异程系统设计。

2. 冷源系统

冷源系统设计的重难点主要是如何选择适合数据中心项目的制冷系统，需要结合项目实际情况，从运行安全可靠性、经济性、节能性等方面进行对比分析，目的是在满足项目需求条件下，降低空调系统整体运行能耗，实现降碳节能目标。

数据中心常用的空调冷源系统分为单冷源系统和双冷源系统。单冷源系统主要包括水冷式冷水机组、水冷直接蒸发冷却塔机组、风冷式冷水机组、风冷间接蒸发冷却机组、风冷直接蒸发冷却机组等单一的制冷系统。双冷源系统包括两种制冷系统，两个系统相辅相成，节能高效。其中冷源系统还包含一些附属设备，如水泵、冷却塔、压缩制冷系统、风冷冷凝器等设备及其管路的配置。各冷源系统的性能特点各有利弊，需结合项目的具体情况具体分析进行选用。一般来说，水冷式冷水机组运行效率较高，应优先选择设计，尤其多应用于大型数据中心项目。当设置制冷主机房的条件受限时，可采用风冷式冷水机组或蒸发冷却机组。对于耗能较高的大型数据中心项目，可采用双冷源系统设计方案，运行节能性较好。

详细的冷源系统的介绍详见第八章的相关内容。

3. 空调水系统

空调水系统设计主要是空调水管路及其配件设计，包括冷冻水系统、冷却水系统、水蓄冷系统、冷凝水系统以及相应的补水系统。A级数据机房的空调冷冻水管网必须设置双供双回，环形布置，以避免任何单点故障影响系统的运行，B、C级数据机房则可采用单回路设计。A级数据机房的空调冷却水系统应设置补水储存装置，储存量需满足12h的冷却水补水量要求。B、C级数据中心的冷却水补水系统则不做要求。水蓄冷系统的设计是指设置蓄冷水罐及其水循环管路，目的是当市电出现故障，柴油发电机组启动、运行到稳压输出之前，能提供稳定的冷冻水供给数据机房内的精密空调系统，保障数据中心设备的正常运行。蓄冷罐的容量设置要求为保证在机房最大负荷下能持续供冷15min左右。

4. 空调风系统

根据数据中心的相关要求，尤其是A级数据机房，其机房专用空调设备一般采用$N+X$（$X=1\sim N$）的设计思路，因此，空调风管系统在各空调设备之间的回路上需设置可进行切换的风管及风阀，避免空调设备的任何单点故障影响系统运行。

数据中心空调风系统通常包括水冷精密空调系统、风冷精密空调系统、列间空调系统、新风系统等。

水冷精密空调系统，冷源侧为水系统，空调末端侧为包含风-水换热盘管的空调机组。水冷精密空调机组一般集中放置在靠近数据机房的空调机房内，空调送风方式可采用地板下送风（冷通道封闭时）或弥散式送风方式（热通道封闭时）。采用冷通道封闭的地板下送风时，需做架空的防静电地板并做保温隔热处理。机房地板下面风速一般控制在2.5m/s以下，同时架空地板净高度宜为500mm以上，一般做到800～1000mm，以保证合理的静动压转换空间，维持地板下静压值在40～70Pa范围为宜。图3-16为冷通道封闭的地板下送风示意图。该空调系统可应用于数据机房内，也可以应用变配电房、电池室等支持区房间内。

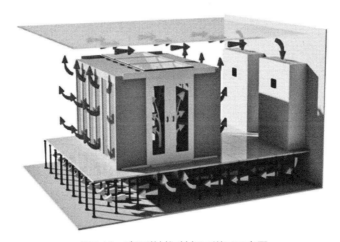

图3-16　冷通道封闭地板下送风示意图

风冷精密空调系统属于风冷式直接蒸发冷却系统，室外机为风冷冷凝器，室内机为直接蒸发式空调机组。风冷精密空调机组一般放置在设备机房内，空调送风方式可采用地板下送风方式或接送风管的上送风方式，回风方式一般采用机房侧墙回风或直接机组侧面回风。如图3-17所示为风冷精密空调上送风侧回风的原理图。该空调系统一般应用于运营商接入间、变配电房、电池室等支持区房间内。

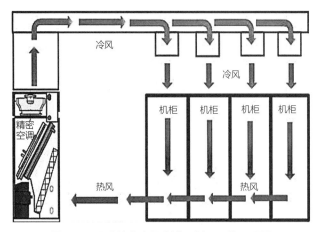

图3-17 风冷精密空调上送风侧回风的原理图

列间空调系统是水冷精密空调系统和风冷精密空调系统的特殊形式，也有风冷直接蒸发式、水冷式和乙二醇冷却式，一般直接设置在数据机房的IT机柜之间，作为机房空调的补充系统或高密度机房的专业空调系统。当单台机柜的功率大于等于8kW，且房间级送风的降温效果无法保证时，可采用列间空调系统方式，其送风距离较短，冷量损失很小，为服务器降温效果更好，同时风机的功率也较低。列间空调通常设计成与机柜统一的尺寸，一般有300mm和600mm宽的两种，便于在机柜间灵活布置，通常配合封闭通道使用。由于设备尺寸有限，一台列间空调的制冷量不会太大，通常在50kW以下。一般间隔2~4个机柜放置一台列间空调，在机柜前部送风，被服务器吸入排出后，在后部被空调吸入再处理后送出，从而形成一个闭合的循环。如图3-18所示为列间空调设置示意图。

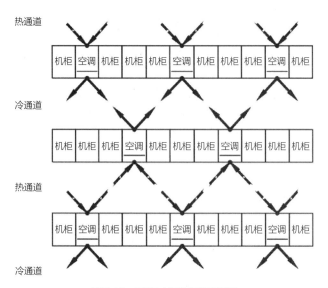

图3-18 列间空调设置示意图

5. 数据中心应急供冷

因为数据中心的特性——需要在特定温度、湿度环境下，才能安全、稳定地运行，所以对供冷系统提出了极高的要求，需要供冷系统365d×24h不间断运行。但系统不间断运行只是理想状态，随着时间的推移，供冷系统肯定会出现问题，如果中央空调冷冻水系统宕机，重启需要10~15min时间。这时候就需要利用在建设数据中心时预设的应急供冷系统进行供冷。

对于数据中心应急供冷解决方案主要采用水蓄冷方式，水蓄冷的应用形式可以分为开式和闭式两种。开式蓄冷系统技术成熟、冷水的分层效果明显、造价相对较低，因此，数据中心空调系统的设计大多采用这种形式。另一方面，设计中常将开式蓄冷罐并联至空调系统中，为水系统定压，使其液位高度高于系统最高点（通常大于等于1m），罐体直径根据系统需要确定，这使得开式蓄冷罐的高径比较大，蓄冷效率较高。数据中心采用的开式蓄冷罐的蓄水容积通常大于300m³，其高径比通常大于3，蓄冷效率一般在85%以上。

闭式蓄冷罐单体容积一般较小，通常设置在建筑内部，串联接入空调系统中，蓄冷罐内的冷水持续流动以保证随时保有备用蓄冷量。闭式蓄冷罐要求有承压能力，对于材质的要求较高，其施工难度与造价也相对较高。当布水器配置不好时，罐内的冷温水混合现象非常严重，形不成稳定的斜温层，使得闭式蓄冷罐的蓄冷效率通常较开式蓄冷罐低。

三、空调系统施工要点

（1）数据中心项目空调系统因为冷负荷大且系统需要冗余设计，导致空调水管管径大且数量多及设备的安装工程量大，与专业间的交叉作业较多。通常采用预制化加工可最大限度地提高施工效率，保证施工质量，维护现场环境。同时，采用预制加工技术可有效减少施工现场的加工切割和动火作业。

（2）制冷机房与常规项目不一样，数据中心制冷机房常规设置在数据中心的一层处，需要在前期和土建及幕墙设计时沟通好提前预留出设备运输通道，避免设备进场时再来沟通如何运输的问题。详细内容详见第五章第四节。

（3）空调系统立管管径较大，层高较高，存在着较大的施工难度，为此我们采用预制组合立管和结构一体化施工技术，提升管井施工效率。详细内容详见第五章第五节密集空间管道模块化施工。

四、工程实例

某数据中心项目空调系统采用水冷中央空调系统，IT设备终期规划冷负荷约为17152kW，建筑冷负荷为1724kW，辅助设备冷负荷3160kW。空调系统总冷负荷为22036kW。

数据机房的工艺性空调设置A/B两套空调水系统，供冷设备采用7台离心式冷水机组，单台机器供冷4220kW，最大供冷25320kW。同时设置10个70m³的卧式蓄冷水罐，放在一层制冷机房，总存水量能够满足数据机房至少运行15min水流量需求，可满足容灾需求。空调冷冻水系统采用一次泵变流量系统。为节省空调系统运行能耗，空调冷冻水温采用14/20℃的高水温，高温差冷冻水。冷冻水供回水主干管采用环路及双立管供水系统，末端采用环路系统。空调冷冻水系统流程见图3-19所示。

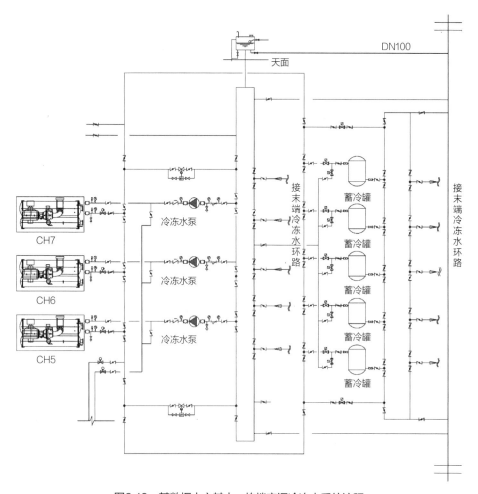

图3-19　某数据中心其中一栋楼空调冷冻水系统流程

第四节　消防与安全系统

一、概述及总体要求

数据中心火灾种类多、防火要求高。数据机房在有限的空间内集中了大量IT设备、配电设备和线缆，火灾危险性高。火灾将严重威胁机房的安全，需配置灵敏性高的报警系统，早期发现火灾，及时扑救，同时各区域消防灭火系统的设置除考虑针对火灾种类灭火以外，还必须考虑对人员的人身安全保护、对设备的影响、灾后恢复运行的影响等。数据中心的火灾种类如表3-1所示。

数据中心火灾种类　　　　　　　　　　　　　表3-1

功能区	主要房间	火灾种类			
		A类	B类	E类	
主机房	服务器机房、网络机房、存储机房	●	—	●	A类火灾：固体物质火灾
辅助区	进线间、测试机房、总控中心、消安防控制室、拆包区、备件库、打印室、维修室	●	—	●	B类火灾：液体火灾和可融化的固体物质火灾
支持区	柴油发电机房	●	●	●	
	变配电室、空调机房、动力站房、不间断电源系统用房、电池室	●	—	●	E类火灾：电气火灾
行政管理区	办公室、值班室、用户工作室、门厅、更衣间	●	—	●	

二、数据中心灭火系统配置方案

1. 数据中心灭火系统选择要点

数据中心是十分重要和火灾危险性比较高的建筑，因此，消防设施的选用和系统的安全性是极其重要的。需要从消防安全、可靠性、环保、工程造价及维护保养等诸方面进行综合分析，提出最佳的设计方法。主要考虑以下方面：

（1）考虑数据中心级别、机房性质、灾后恢复运行、平时水渍损失；

（2）考虑机房规模：单机房规模、防护区数量等；

（3）考虑建筑平面布局：钢瓶间位置、面积，消防泵房、水池面积等；

（4）考虑机房装修条件；

（5）投资考虑。

2. 常用的数据中心灭火系统选择

数据中心由于有大量的电子设备和通信电缆等，且存在很多密闭空间，防火、防水要求比一般建筑物高，根据《数据中心设计规范要求》GB 50174规定，以及从安全可靠、经济适用的角度考虑，一般常用于数据中心的自动灭火系统有以下几种：

（1）气体灭火系统

气体灭火系统适于扑救的火灾种类：A类、B类、E类。

气体灭火系统的特点：没有水渍损失、电绝缘性好、灭火后无残留或残留少、易于清理、投资高。

在数据中心的应用：主要应用于主机房、电力用房等电气设备集中的部位。

（2）细水雾灭火系统

细水雾灭火系统适于扑救的火灾种类：A类、B类、E类。

细水雾灭火系统的特点：环保性好、电绝缘性好、灭火效率高、用水量少、水渍损失小、灭火可持续能力强、可用于大空间灭火、投资高。

在数据中心的应用：可用于主机房、变配电、不间断电源系统和电池室、柴油发电机房。

（3）自动喷水灭火系统

自动喷水灭火系统适于扑救的火灾种类：A类、B类。

自动喷水灭火系统特点：对人员安全性高、灭火可持续能力强、对建筑要求低，便于使用、水渍损失大、投资低。

在数据中心的应用：辅助区、行政管理区可采用；A级数据中心当两个或两个以上数据中心互为备份时，主机房可用。自动喷水灭火系统作用后对于设备的损害以及机房楼水患的影响较大，需慎重采用。建议机房楼全楼采用预作用形式。

综合各灭火系统的特点、优缺点以及国家相关规范要求，以及数据中心消防系统设计与施工的现状，各区域可选择的灭火系统如表3-2所示。

数据中心灭火系统的选择　　　　　　　　　　　　　　表3-2

功能区	主要房间	可选择的灭火系统				建议或主流选用
		气体灭火系统	自动喷水灭火系统		细水雾灭火系统	
			湿式系统	预作用系统		
主机房	服务器机房、网络机房、存储机房	适用	可用，对水渍损失要求严格的机房慎用	可用	可用	气体灭火系统

续表

功能区	主要房间	可选择的灭火系统				建议或主流选用
		气体灭火系统	自动喷水灭火系统		细水雾灭火系统	
			湿式系统	预作用系统		
辅助区	进线间、测试机房、总控中心、消安防控制室、拆包区、备件库、打印室、维修室	不适用	适用	适用	不适用	自动喷水灭火系统
支持区	柴油发电机房	可用	可用	可用	适用	自动喷水灭火系统、细水雾系统
	变配电室、空调机房、动力站房、不间断电源系统用房、电池室	适用	不适用	不适用	可用	气体灭火系统
行政管理区	办公室、值班室、用户工作室、门厅、更衣间	不适用	适用	适用	不适用	自动喷水灭火系统

3. 数据中心的防火要求

数据中心工程的防火要求如下：

（1）A级数据中心的主机房宜设置气体灭火系统，也可设置细水雾灭火系统。当A级数据中心内的电子信息系统在其他数据中心内安装有承担相同功能的备份系统时，也可设置自动喷水灭火系统。

（2）B级和C级数据中心的主机房宜设置气体灭火系统，也可设置细水雾灭火系统或自动喷水灭火系统。

（3）总控中心等长期有人工作的区域应设置自动喷水灭火系统。

（4）数据中心应设置火灾自动报警系统，并应符合现行国家标准《火灾自动报警系统设计规范》GB 50116的有关规定。

（5）采用管网式气体灭火系统或细水雾灭火系统的主机房，应同时设置两组独立的火灾探测器，火灾报警系统应与灭火系统和视频监控系统联动。

（6）当数据中心与其他功能用房合建时，数据中心内的自动喷水灭火系统应设置单独的报警阀组。

（7）采用全淹没方式灭火的区域，灭火系统控制器应在灭火设备动作之前，联动控制关闭房间内的风门、风阀，并应停止空调机、排风机，切断非消防电源。

（8）采用全淹没方式灭火的区域应设置火灾警报装置，防护区外门口上方应设置灭火显示灯。灭火系统的控制箱（柜）应设置在房间外便于操作的地方，并应有保护装置防止误操作。

（9）数据中心应设置室内消火栓系统和建筑灭火器，室内消火栓系统宜配置消防软管卷盘。

（10）数据中心内，建筑灭火器的设置应符合现行国家标准《建筑灭火器配置设计规范》GB 50140的有关规定。

三、自动喷水灭火系统解决方案

1. 自动喷水灭火系统在数据中心的适用性分析

数据中心自动喷水灭火系统的适用性分析如表3-3所示。

数据中心自动喷水灭火系统的适用性分析　　　　表3-3

分类	工作原理	特点	数据中心的适用性
预作用系统	包括：闭式喷头、管网系统预作用阀组、充气设备、供水设备、火灾报警系统。 平时，报警阀前管网充水；报警阀后不充水，充气；火灾时，火灾报警系统自动开启预作用阀，使管道充水，水力警铃报警，压力开关动作启动消防泵。火源处温度上升闭式喷头破裂，喷头喷水灭火	平时可防水渍损失，防误喷； 应用场所温度无限制； 维护管理较复杂； 投资较高	可用
湿式系统	包括：闭式喷头、管道系统、湿式报警阀组和供水设备。管网平时充水。火灾时，火源处闭式喷头破裂，喷头喷水，报警阀开启、水力警铃报警、压力开关动作启动消防泵供水灭火	结构简单； 施工简单； 投资低； 有漏水风险	可用。对水渍损失要求严格的数据中心慎用
干式系统	包括：闭式喷头，管网、干式报警阀组，充气设备，报警装置和供水设备。 平时，报警阀前管网充水；报警阀后不充水，充气；火灾时，火源处闭式喷头破裂，排除管网中气体，报警阀开启、水力警铃报警、压力开关动作启动消防泵供水灭火	不受应用场所温度制约，温度范围宽； 灭火速度、控火效率相对低； 投资高； 施工、维护管理较复杂	不可用

2. 数据中心自动喷水灭火系统的选择

自动喷水灭火系统最突出特点是对人员的安全性高、灭火效率高、灭火可持续时间长。系统自动化程度高，可以在接到火灾报警极短的时间内自动灭火，是自动灭火系统领域最有效的方式。但自动喷水灭火系统的缺点是作用后会有水渍影响，数据中心辅助区和行政区可采用自动喷水灭火系统，《数据中心设计规范》GB 50174—2017中规定，B级和C级机房以及A级机房有异地备份时，数据机房可采用自动喷水灭火系统，考虑到自动喷水灭火系统作用后对于设备的损害以及机房楼水患的影响较大，数据机房集中了大量贵重设备，对水渍损失要求比较高，需慎重采用。

自动喷水灭火系统预作用系统兼有湿式、干式系统的优点，又避免了湿式、干式系统的缺点，在不允许出现误喷或管道漏水的重要场所，可替代湿式系统，适用于准工作状态时不允许误喷而造成水渍损失的一些性质重要的建筑物内，以及在准工作状态时严禁管道充水的场所，也可用于替代干式系统。在数据中心的备品备件间、走道、柴油发电机房等均适合采用预作用自动喷水灭火系统保护。其他行政楼、辅助用房可采用湿式自动喷水灭火系统，是否采用此系统还需根据业主的要求确定，一般建议机房楼全楼采用预作用形式，并建议预作用报警阀分层或分防火分区设置，一是减少管网的充水时间，二是尽量避免大范围管网充水对非火灾区域造成影响。

3. 预作用自动喷水灭火系统组成及工作原理

预作用喷水灭火系统由火灾自动探测控制系统和在管道内充以有压或无压气体的闭式喷水灭火系统组成。它兼容了湿式喷水灭火系统和干式喷水灭火系统的优点，系统平时呈干式，火灾时由火灾探测系统自动开启预作用阀使管道充水呈临时湿式系统。该系统由火灾探测系统、闭式喷头、预作用阀（或雨淋阀等）、充气设备、管路系统、控制组件等组成。

工作原理：该系统在预作用阀后的管道内平时无水，充以有压或无压气体。发生火灾时，保护区内的火灾探测器首先发出火警报警信号，报警控制器在接到信号后作声光显示的同时即启动电磁阀将预作用阀打开，使压力水迅速充满管道，这样原来呈干式的系统迅速自动转变成湿式系统，完成了预作用过程，待闭式喷头开启后，便立即喷水灭火。预作用喷水灭火系统在管路中充气的作用是为了监视管路的工作状态，即监视管路是否损坏和泄露，其工作原理如图3-20所示。

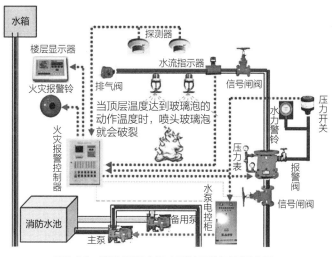

图3-20　预作用喷水灭火系统工作原理示意图

常用的自动喷水灭火系统预作用装置有以下两种应用方式：单连锁预作用灭火系统和双连锁预作用灭火系统。单连锁预作用灭火系统只包括一个启动机构，由该机构的操作自动控制阀门（雨淋阀）膜片腔内的压力释放，使阀瓣打开，让水进入系统并从各开启的喷头喷出。双连锁预作用灭火系统同单连锁预作用系统相比，能有效防止水流过早进入管网，只有在火灾探测器和喷头同时动作时，控制盘接收到探测器发出的信号并接收到低压监测压力部件发出的复合信号，才同雨淋阀上的电磁阀发出开启信号，电磁阀的开启使雨淋阀动作而使水流进入管网，水流到达已开启的喷头并从喷头流出。火灾探测器和喷头的单独动作只会引起报警，但不会使水流进入管网。

在数据中心采用双连锁预作用自动喷水灭火系统。其控制原理如图3-21所示。

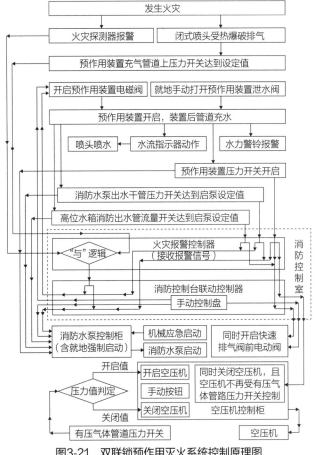

图3-21　双联锁预作用灭火系统控制原理图

4. 预作用自动喷水灭火系统特点

预作用自动喷水灭火系统应用于数据中心的最大优点是预作用阀往后的管网平时无水，可避免因系统破损而造成的水渍损失；另外这种系统有早期报警装置，能在喷头动作之前及时报警，以便及早组织扑救；对应用场所的温度无限制；缺点是维护管理较复杂，投资较高。

5. 预作用自动喷水灭火系统布设要点

（1）预作用自动喷水灭火系统喷头应采用直立型（无吊顶）或干式下垂型喷头（有吊顶）。

（2）预作用系统应有泄水措施，预作用系统管道敷设时应有不小于4%的坡度坡向机房外；在管道的低点应设置泄水装置。

（3）预作用系统在准工作状态时，应设置充压检漏装置。

（4）报警阀后管道充水时间不宜大于2min。

四、气体灭火系统解决方案

1. 气体灭火系统的特点和组成

数据机房、电池室及高低压配电室等不适宜用水灭火的场所均设置气体自动灭火系统。气体灭火系统具有响应速度快、灭火后药剂无残留、对电子设备损伤小等特点，其自动化程度高、灭火速度快，对于局部火灾有非常强的抑制作用。

气体灭火系统一般由灭火剂储存装置、启动分配装置、输送释放装置、监控装置等组成。为满足各种保护对象的需要，最大限度地降低火灾损失，根据其充装的不同种类灭火剂、采用的不同增压方式，气体灭火系统具有多种应用形式。

2. 气体灭火系统分类

按使用的灭火剂分类：二氧化碳灭火系统、七氟丙烷灭火系统、惰性气体灭火系统、热气溶胶灭火系统。

按系统的结构特点分类：无管网灭火系统（预制灭火系统）、管网灭火系统。

按应用方式分类：全淹没灭火系统、局部应用灭火系统。

按加压方式分类：自压式气体灭火系统、内储压式气体灭火系统、外储压式气体灭火系统。

3. 气体灭火系统对防护区的要求

气体灭火系统对防护区的要求如表3-4所示。

气体灭火系统对防护区的要求　　　　　　　　　　表3-4

项目		管网灭火系统	预制灭火系统
防护区面积（m）		≤800	≤500
防护区体积（m³）		≤3600	≤1600
泄压口位置	七氟丙烷	位于防护区净高的2/3以上	
	IG541	—	
防护区围护结构承压		≥1200Pa	

4. 气体灭火系统形式的选择

无管网灭火系统（预制式灭火系统）是指按一定的应用条件，将灭火剂储存装置和喷放组件等预先设计、组装成套且具有联动控制功能的灭火系统，该系统又分为柜式气体灭火装置和悬挂式气体灭火装置两种类型，其适用于较小的、无特殊要求的防护区（图3-22）。

管网灭火系统是指按一定的应用条件进行计算，将灭火剂从储存装置经由干管、支管输送至喷放组件实施喷放的灭火系统（图3-23）。管网系统又可分为组合分配系统和单元独立系统。组合分配系统是指用一套灭火系统储存装置同时保护两个或两个以上防护区或保护对象的气体灭火系统。这种灭火系统的优点是储存容器数和灭火剂用量大幅度减少，有较高的应用价值。单元独立系统是指用一套灭火剂储存装置保护一个防护区的灭火系统。

由于机房区域内有大量的防护区，往往大型机房楼一个标准层内的防护区数量有数十个，故系统形式选用组合分配式系统比较适合。一般来说，用单元独立系统保护的防护区在位置上是单独的，离其他防护区较远不便于组合，或是两个防护区相邻，但有同时失火的可能。对于一个防护区包括两个以上封闭空间也可以用一个单元独立系统来保护，但设计时必须保证系统储存的灭火剂能够满足这几个封闭空间同时灭火的需要，并能同时供给它们各自所需的灭火剂量。当两个防护区需要灭火剂量较多时，也可采用两套或数套单元独立系统保护一个防护区，但设计时必须保证这些系统同步工作。

图3-22 预制式气体灭火系统

图3-23 管网式气体灭火系统

5. 气体灭火系统灭火气体的选择

由于二氧化碳有窒息作用，使得喷射的同时，往往对停留在保护区域中的人员造成严重损害，甚至死亡，还会产生巨大的温室效应，只能用于无人场所，而数据机房平时经常有人检修和维护，因此，数据机房都不推荐使用二氧化碳灭火系统。目前，比较主流的用于数据机房的洁净气体灭火剂有卤代烷和惰性混合气体，前者的典型代表为七氟丙烷（HFC-227ea），后者的典型代表为IG-541。卤代烷的灭火机理是化学反应，惰性气体灭火机理是控制氧气浓度和窒息。针对以下几个因素对这两种气体的使用情况进行分析比较：

（1）输送距离。七氟丙烷的当量输送距离最远在40m左右，而IG-541的当量输送距离可以在130m左右，对于大型数据机房来说，采用IG-541可以大大减少钢瓶间的设置数量，最大限度减少钢瓶间设置对整个机房楼平面的影响。

（2）系统计算。七氟丙烷系统的单瓶充装量远大于IG-541系统，故对于相同体积的房间来说，七氟丙烷系统的匹配钢瓶数量远少于IG-541系统。这就使得面对大小不一的众多防护区时，七氟丙烷系统的钢瓶匹配不够灵活，往往造成某一个防护区减一个钢瓶灭火浓度不够，而加一个钢瓶又超出了有毒浓度的下限。相反，由于IG-541系统的单瓶充装量较小，多防护区间的匹配就显得非常灵活。

（3）灭火效果。七氟丙烷的气态相对密度大于空气，所以，对于空间较大的场所，很难做到空间上的绝对均匀，灭火效果受到一定影响。

（4）负面影响。七氟丙烷的遇热副产物含有的氟化氢是对人体有害的气体，同时其溶水后形成的氢氟酸会腐蚀精密设备，灭火后的负面影响较大。

（5）泄压阀安装。由于七氟丙烷的气态相对密度大于空气，故为了避免泄压时造成大量气体泄出，规范要求七氟丙烷系统的泄压口应位于防护区净高的2/3以上。这使得七氟丙烷系统泄压阀安装的位置受到很大限制。

鉴于以上几个因素，很明显对于大型数据机房来讲，IG-541系统的适应性、安全性和可靠性均优于七氟丙烷系统。

6. 灭火气体经济分析比较

（1）对气体灭火系统而言，包含药剂成本、设备造价、管网造价、维护费用四大部分。IG-541混合气体药剂便宜，但由于灭火剂用量大、系统压力高、储瓶数量多，其设备造价、管网造价相对较高。七氟丙烷灭火剂价格较高且需要定期更换，药剂成本和维护费用较大，但由于灭火剂用量少、系统压力低，其设备造价和管网造价相对较低。

（2）若采用七氟丙烷灭火系统，由于其气瓶间的面积约为IG-541系统的一半，这样就可以增加数据机房的面积，可以放置更多的机架，数据机房的利用率及机架的收益会明显增多。另外，一些小容积的防护区采用柜式（无管网）预制七氟丙烷灭火系统及悬挂式（无管网）预制七氟丙烷气体灭火系统，以增加系统的灵活性。

七氟丙烷及IG-541灭火系统近几年在电信机楼内使用都比较广泛，国内技术相对都比较成熟。目前对此已有国家标准规范及国家标准图集作为设计依据，设计的规范性、正确性及可靠性也有保障。七氟丙烷气体灭火系统或者IG-541气体灭火系统都属于洁净气体，均适用于数据中心内的数据机房、电池室、高低压配电室及变压器室等场所。相对于七氟丙烷，IG-541气体更为绿色环保，但是较七氟丙烷价格略高一些，另外，IG-541混合气体灭火系统管道和喷头的工作压力高，施工、维护要求较高，可以根据业主的不同需求来选用。

7．其他

（1）气体灭火系统的泄压阀没有保温功能，故当其设置在建筑物外墙时，需要考虑产生的凝结水对机房室内或者是建筑外墙产生的影响。

（2）屏蔽机房容积的确定

一些重要性更高或者是涉密性的数据机房需要采用屏蔽机房的形式。其常用做法是将机房用数毫米厚的钢板全方位包裹起来，进出该屏蔽机房的一切管道和桥架都需要设置相应的滤波装置，所有设计需由专业部门深化。这时机房被钢板完全包裹在一个六面体内，其容积远小于机房土建容积，则气体灭火药剂量的计算要根据深化设计后，钢板实际包裹的体积重新计算，否则屏蔽机房防护区内的灭火气体浓度将远超规范允许值。

（3）备用量设置

备用量设置条件：储存装置72h内不能重新充装恢复工作的场所应设置备用量，如偏远地区；重点保护对象建议设置备用量。

备用量数量：应按系统原储存量的100%设置备用量。

（4）灾后废气排风机供电

灾后排风机建议按消防设备负荷等级供电。

（5）灾后废气排风口设置

火灾后废气排风口应设在房间的下部。

五、火灾自动报警系统解决方案

数据中心内不仅有价格昂贵的设备，还存储着重要数据，一旦发生火灾，往往损失巨大。《数据中心设计规范》GB 50174明确规定："数据中心应设置火灾自动报警系统，并应符合现行国家标准《火灾自动报警系统设计规范》GB 50116的有关规定。"数据中心设置火灾探测报警系统便于早期发现火灾，及时扑救，使损失降到最低。火灾自动报警系统的设计是否合理，是其能否有效发挥作用的关键。

1. 火灾报警系统工作原理

火灾自动报警系统包含火灾探测报警系统和消防联动控制系统。火灾自动报警系统一般由火灾报警探测器、报警控制器、手动按钮及线路组成。系统具有自动报警、人工报警、启动气体灭火装置等功能。

当灭火区内任意一对感烟、感温火灾探测器同时报警时，火灾自动报警控制器发出信号，启动防护区的声光报警器，通知人员撤离，并切断非消防电源，接收动作完成后的返回信号，经30s可调延时后启动防护区内的灭火装置，以完成灭火任务，并将回答信号传回控制器。同时可在控制器上手动远程启动灭火装置。在防护区外的紧急启停按钮也可完成对灭火装置的紧急启动和停止，另外可在防护区内直接启动灭火装置，完成灭火功能。

2. 火灾自动报警系统形式

火灾自动报警系统的总线形式分为树形总线和环形总线两类：树形总线的不足之处在于，一旦总线回路中某个地址点的部件出现短路或开路，则该地址点后面的线路全部受到影响；而环形总线回路出现短路或断路故障时，系统可通过双向供电保证回路中其他探测器正常工作。为了保证火灾自动报警系统的稳定性，数据中心火灾自动报警系统的总线形式宜为环形总线。此外，为了使系统运行可靠、维护方便，报警总线和联动总线宜分别布置。

对于采用气体灭火系统的数据中心，其防护区域内的火灾探测器可直接与气体灭火控制器连接，火灾时向气体灭火控制器发出报警信号；也可先与火灾报警控制器连接，通过火灾报警控制器向气体灭火控制器发出报警信号。具体采用哪种方式，应根据所采用的火灾探测器的种类和数量、是否与气体灭火控制器兼容以及气体灭火控制器的处理能力是否满足要求来确定。

3. 火灾探测系统

（1）空气采样早期烟雾探测系统

在需要早期发现火灾的重要保护场所，如数据中心主机房、机房回风口、微模块机房、电池室、UPS配电室、网络机房、测试机房等需设置空气采样早期烟雾探测系统。

空气采样早期烟雾探测系统是一种基于光学空气监控技术和微处理器控制技术的烟雾探测装置，它可实现火灾初期（过热、阴燃或低热辐射和气溶胶生成阶段）的探测和报警，其报警时间比传统的探测器提前很多，即在火灾初期发现，可以提供充足的时间采取措施来消除火灾隐患，使火灾的损失降到最低。

1）空气采样早期烟雾探测系统工作原理

空气采样早期烟雾探测系统包括探测器和采样管网。采样管网采用PVC管安装在各保护区域内。在PVC管上有微小的空气采样孔，可以采集保护区域内空气中的烟雾。探测器由吸气泵、过滤器、激光探测器、控制电路、显示模块、编程模块等组成。吸气泵通过PVC管所组成的采样管网从被保护区域内连续采集空气样品送入探测器。空气样品经过过滤器组件滤去灰尘颗粒后进入激光探测器，在激光探测器内利用激光照射空气样品，其中烟雾粒子所造成的散射光被两个接收器接收。接收器将光信号转换成电信号后送到探测器的控制电路，信号经过处理后转换成烟雾的浓度值。主机根据烟雾浓度以及预设的报警值，产生一个报警信号输出，并可联动语音报警器报警。探测主机配有可编程继电器，可控制声光报警器等联动设备或输出开关信号（图3-24）。

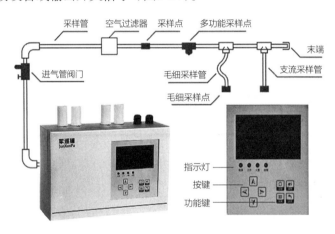

图3-24　空气采样早期烟雾探测系统工作示意图

2）采样点的设置

房间不同的位置，其采样方式有所区别：

① 房间内无吊顶时，在梁下敷设采样主管，在采样主管上纵向伸出采样支管，在梁格内设置手杖式采样点。

② 房间有吊顶时，在吊顶下敷设采样主管，在采样管上直接设置采样点，有时出于美观或安全考虑，在吊顶上方空间敷设采样主管，毛细管以规则的间距从主管分支。

③ 在机房网络地板下设置探测器，为避免采样管与地板下线缆交错，在网络地板下采用立式管道采样。

④ 在机房内封闭通道上设置探测器，直接在管道上设置采样点。

⑤ 在机房被保护机柜的上方直接设置采样管，采样孔位于机柜排气格栅上方，朝向机柜的气流方向，直接在管道上设置采样点。

在设计过程中，应合理确定采样孔的布局，使得所用的弯管和弯头的数量最少、采样管的长度最短。

（2）氢气浓度探测系统

数据中心一般都安装应急电源或后备电源，这些电源通常使用铅酸电池或镍金属电池作为储能介质，电池使用后要进行充电。而不论哪种电池都会在充电时释放一定量的氢气。氢气是一种可燃易爆气体，该气体发生爆炸的下限是4%VOL，而且其燃烧的火焰是淡蓝色，人眼几乎看不见，容易对设备造成损坏，给人员带来生命危险。因此，蓄电池储能设施场所内应定期巡查监控氢气浓度，及时通风。当具备条件时，储能设施场所内应安装氢气浓度探测报警系统，采用防爆型可燃气体浓度探测器。

由于氢气比空气轻，要将氢气探测器安装在房间的顶部，氢气报警控制器安装在室外门侧。一般氢气报警控制器设置两级报警，当达到第一个报警值后，控制器联动房间内的事故排风机，清除房间内的氢气；当达到第二级报警值后，启动排风机的同时发出声光报警，切断电池充电。控制器之间采用总线连接，将报警信号传至消防控制室（图3-25）。

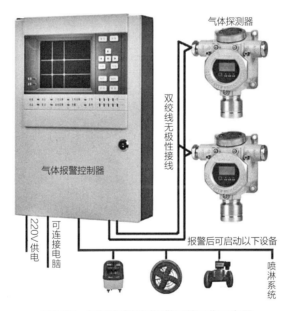

图3-25 氢气浓度探测报警系统工作示意图

4. 消防联动控制要求

数据中心消防需要建立一套可靠并快速自动响应的火灾监测、联动控制系统。

数据中心机房的制冷需要空气快速流动循环，火灾发生后产生的烟雾会被快速稀释，发生火灾初期不容易被检测到，致使一般烟感探测器的灵敏度降低。此外，烟雾可导致电子信息设备损坏，如能及时发现火灾，可减少设备损失，因此，金融数据机房内烟感探测器和温感探测器为消防报警基本配置。而火灾灵敏度提高又容易产生误报，对信息系统正常运行和机房人员生命健康产生不利影响。

在确定消防联动措施时，应同时保证人员和设备的安全，避免灭火系统错误响应造成损失。只有当两组独立的火灾探测器同时发出报警后，才能确认为真正的灭火信号。当吊顶内或活动地板下含有可燃物时，也应同时设置两组独立的火灾探测器。

火灾探测器监测到信号后，通过消防自动报警控制系统和手动报警装置结合，对灭火和相关子系统进行联动控制。消防联动控制包括消火栓、消防喷淋、气体灭火、正压送风机、排烟风机、防火门、电动防火卷帘、电梯迫降、火灾应急广播、火灾警报、消防电话、应急照明、区域电源控制、门禁及疏散通道开闭。以上各系统需确保自身准确响应，根据既定控制策略有效联动。

5. 气体灭火控制系统

（1）气体灭火控制方式

气体灭火有3种控制方式：联动控制方式、手动控制方式及机械应急控制方式。

联动控制方式及机械应急控制方式：当有人值班或工作时，设置为手动挡；无人值班时，设置为自动挡。手、自动方式的转换可在灭火控制器上实现。

手动控制方式：在防护区门外设置机械应急手动控制盒，盒内设置紧急停止和紧急启动按钮。当紧急按钮按下，执行联动控制时两种探测器报警后联动动作；当停止按钮按下时，气体灭火控制器停止正在执行的联动操作。

机械应急控制方式：当手动和自动报警控制均失灵时，工作人员可通过操作气体钢瓶释放阀上的手动启动器和区域阀上的手动启动器来开启整个气体灭火系统。

气体灭火装置启动及喷放各阶段的联动控制及系统的反馈信号，应反馈至消防联动控制器，同时，该系统的手动或自动控制方式的工作状态也应反馈至消防联动控制器。

气体灭火控制系统原理见图3-26。

（2）管网式气体灭火系统联动控制

管网式气体灭火系统的联动控制逻辑较为复杂，在系统接收到第一个触发信号和第二个触发信号后，均需要进行相应的联动控制。

数据中心每个防护区内都设有感温、感烟火灾探测器（主机房、电池室还设置高灵敏度的空气采样早期烟雾探测系统）。当一种探测器报警时，启动设置在该机房内的火灾声光警报器，目的是警示处于防护区域内的人员撤离或采取相应措施。当两种（或3种）探测器报警时，表示火灾已经发展到一定程度，需要启动气体灭火系统进行灭火。此时的联动控制启动设置在防护区入口处表示气体喷放的火灾声光警报器，发出联动控制信号：关闭防护区域的送（排）风机及送（排）风阀门，停止通风和空气调节系统及关闭设置在防护区域的电动防火阀，关闭防护区域的门、窗，启动气体灭火装置。有人值班的防护区，根据人员撤离防护区的需要，延迟30s喷射；平时无人工作的防护区，设置为无延迟喷射。

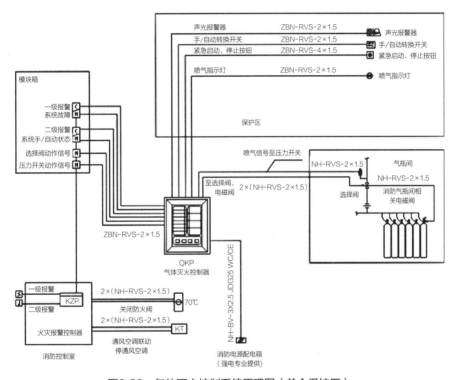

图3-26 气体灭火控制系统原理图（单个保护区）

气体灭火系统联动控制工作流程如图3-27所示。

从气体灭火系统接收到首次报警信号，到接收到感温火灾探测器发出的报警信号，中间可能间隔较长的时间。工作人员在接收到首次报警信号后，可以立即采取相应措施，采用人工方式将早期火情扑灭。如果火情未能得到控制，专业人员可以果断采取措施人工启动气体灭火系统。

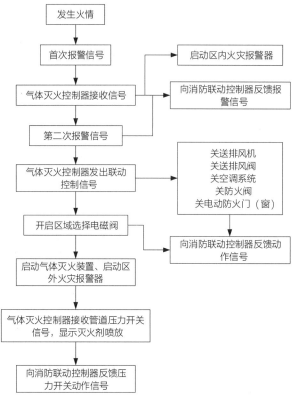

图3-27　气体灭火系统联动控制工作流程图

六、消火栓系统配置

为确保数据中心各机房、电池室、EPS室、UPS室等设备安全，应在机房外走道上布置室内消火栓。室内消火栓的布置应保证有两支水枪的充实水柱同时到达室内任何部位。室内消火栓给水管道应布置成环状管网。室外消火栓系统为低压供水系统，两路进水，室外消防管线也应呈环状布置。

考虑到安全和使用方便，一般将消火栓箱全部布置在主机房外的走廊或者安装在辅助机房和管井的墙体上。如设置在主机房的外墙上，需用管井与主机房完全分隔。机房进深较大时，可通过增大充实水柱的方式满足规范要求的保护距离。故消火栓管道不进入数据机房内部。

七、建筑灭火器配置

根据《建筑灭火器配置设计规范》GB 50140要求，凡是存在（包括生产、使用和储存）可燃物的工业与民用建筑场所，均应配置灭火器。数据中心在设置有气体灭火系统的区域外，均按中危险级配置手提式磷酸铵盐干粉灭火器，灭火器设置于带灭火器箱的消火栓箱和落地式灭火器箱内。在设置气体灭火系统的主机房等区域，考虑到数据机房内被保护对象是电子计算机等精密仪表设备，干粉灭火器灭火后所残留的粉末状覆盖物对电子元器件具有一定的污损腐蚀作用和粉尘污染，难以清洁，故建议采用二氧化碳灭火器。同时，按照《建筑灭火器配置设计规范》GB 50140的要求，主机房应按严重危险级设计，普通手提式二氧化碳灭火器灭火级别不够，需要设置推车式二氧化碳灭火器。

八、消防系统施工特点

（1）在数据中心建设过程中，一般来说，消防系统的施工要先于其他机电专业安装工程。为避免后期其他专业管线施工同消防专业冲突，消防管线的施工，要严格按照已规划设计好的综合管线排布图纸定位。

（2）数据中心消防水池和空调补水池的备用容积大，穿越池壁的管道施工是工艺控制的重点，如材料和工艺不恰当，后期水池漏水将非常麻烦且难以维修。在水池结构施工阶段，水池壁混凝土浇筑前，管道防水套管应事先安装定位好，管道防水套管应采用专业套管。该材料和施工工艺务必报甲方和监理单位审核批准。

（3）天面加压风井、排烟风井应做好结构防水，风管插入风井安装时，要保持风管有向外倾斜的角度，墙身接口处正上方要有有效遮挡雨水的措施。

（4）天面风机安装基础要高于女儿墙排水溢流口，露天安装的风机要注意安装挡雨棚，电线接线盒要采用防水盒。

（5）送风风机的进风口不应与排烟风机的出风口设在同一层面，当必须设在同一层面时，送风机的进风口与排风机的出风口分开布置。竖向布置时，送风机的进风口应设置在排烟机的出风口的下方，两者之间的边缘最小垂直距离不应小于3m；水平布置时，两者边缘最小水平距离不应小于10m。这是规范强条，但往往施工时容易被忽略。

（6）排烟管道的保温隔热材料须为不燃材料，且排烟管道与可燃物的间距必须大于150mm。

（7）应急照明灯具的蓄电池初装容量，初次放电时间不应小于90min。该产品必须报样板给监理和甲方，经放电测试合格后方可定板使用。

（8）消防火灾报警主机、极早期烟雾报警主机、气体灭火控制盘主机、火灾漏电报警主机、防火门监控主机、集中式应急照明控制主机等消防类监控主机应具备报警、故障、联动等重要信号传送的第三方通信接口，并提供免费的开放的通用接口协议给甲方，以接入数据中心集中监控系统。

（9）消防水泵控制柜的安装位置应采取防止被水淹没的措施，在高温潮湿的环境下，消防水泵控制柜/电柜内应设置自动防潮除湿装置。

（10）气体灭火系统管网安装和设备就位前认真检查设备的外观和设备的型号应符合设计要求，设备安装应固定牢固；应严格按照气体灭火设备的施工规范施工；安装完工后应和报警控制器系统进行联动试验；气体灭火系统的分区操作阀标识、分区启动瓶标识、管道分区指示标识必须正规、清晰，同保护区一一对应无误。

（11）火灾自动报警系统的烟感、温感、模块、手报等设备，在现场的设备外观上标识回路号和地址号，标号应准确清晰且同报警主机编码、地图、点表一一对应无误，方便运维人员能快速准确定位现场设备。

（12）横向敷设的报警系统线路穿管时，不同防火分区的线路，不宜穿入同一根管。报警系统的信号线路，应与广播线路、通信电话线路分别穿管敷设。系统的传输线路，应选择不同颜色的绝缘导线。同一工程中相同用途的绝缘线，颜色应一致，接线端子应有标号。

（13）火灾漏电报警系统的实现原理是：通过监测保护电路的剩余电流，根据回路剩余电流的大小来触发报警，其中CT模块安装是重要的内容之一，该模块要提前提供给配电柜生产厂商，电柜在生产过程中即将CT模块集成安装在电箱内，否则，后期施工时很难实现对目标回路的监测，尤其是大电流回路。

（14）火灾探测器的底座应固定牢靠，其导线连接必须可靠压接或焊接，当采用焊接时，不得使用带腐蚀性的助焊剂；探测器底座的外接导线，应留有不小于15cm的余量，入端处应有明显标志；探测器的确认灯，应面向便于观察的主要入口方向；探测器底座的穿线孔宜封堵，安装完毕后的探测器底座应采取保护措施。

（15）气体灭火控制器柜式主机安装，其底宜高出地坪0.1～0.2m，应安装牢固，不得倾斜。

九、工程实例

某数据中心项目建筑耐火等级为二级。消防灭火系统分不同区域、不同功能采用自动喷水灭火系统、气体灭火系统、高压细水雾灭火系统混合式灭火方案。

火灾自动报警系统包括常规火灾报警系统、气体灭火报警系统、空气采样早期报警系统，针对不同区域火灾进行预警及消防联动控制。

1. 气体灭火系统

数据中心数据机房、高低压配电室、弱电机房、运营商接入间、空调控制室采用七氟丙烷气体灭火系统。除小容积开关房、电池室、配电间采用柜式（无管网）预制七氟丙烷灭火系统外，其余容积较大的防护区采用组合分配式七氟丙烷灭火系统。厂房防护区采用外储压式七氟丙烷灭火系统，裙楼防护区采用内储压式灭火系统，均采用全淹没方式灭火。在厂房主楼每层均设有气瓶间，在裙楼首层设气瓶间。外储压式和内储压式七氟丙烷灭火系统储瓶的增压压力为4.2MPa。

数据中心主楼共77个防护区，其中73个大容积防护区采用外储压七氟丙烷灭火系统，共计12个系统。表3-5、表3-6为其中3个系统（外储压式）的设计参数。

2. 自动喷水灭火系统

数据中心机房楼内的走道和办公区等非气体保护区域采用预作用系统，其他办公区域采用湿式系统。

自喷系统供水设备设于宿舍负二层消防泵房内，消防水泵两台（一用一备）。

自动喷水灭火系统竖向不分区，每个报警阀所带的喷头数不大于800个。预作用系统启动时配水管道充水时间不应大于2min。

首层室外设置六组自喷系统消防水泵接合器。研发楼天面层设置消防增压稳压设备。

3. 高压细水雾系统

发电机房及附属储油间采用高压细水雾灭火系统。所有保护区选用开式应用方式的全淹没应用系统，4号、5号、6号楼合用一套，7号、8号楼合用一套高压细水雾泵组，共2套高压细水雾泵组式灭火系统，泵组都放置在7号楼首层高压细水雾泵房内。每个防护单元各自独立，火灾时仅考虑着火防护单元喷放。

4. 火灾自动报警系统

将报警主机统一放置在园区主控制室内，并能与一期火灾自动报警系统联网。能够实现主控制室显示园区所有火灾报警信号和联动控制状态信号，并能控制重要的消防设备。

在电梯厅、走廊、机电设备房、强弱电竖井、车库等一般场所设置感烟火灾探测器，在茶水间、柴油发电机房等场所设置感温火灾探测器，数据中心机房区域采用管路采样式吸气感烟火灾探测器（极早期）与温感的组合报警设备，每个机房设置一台气体报警主机，并将系统中每一个报警设备的报警信息反馈至消防主控室内显示装置上。在电池室设置可燃气体探测报警系统。

外储压式3个系统的设计参数

表3-5

系统	序号	防护区名称	面积（m²）	容积（m³）	设计浓度C（%）	海拔修正系数K	计算用量（kg）	储存量（kg）	喷放时间（s）	浸渍时间（min）	防护区储瓶数	气瓶充装量	泄压口（m²）
系统1	1	一层高压配电室1	169	1105	9	1	797	805	10	10	7		0.35
	2	一层高压配电室2	169	1105	9	1	797	805	10	10	7		0.35
	3	二层低压配电室1/电池室1	252	1399	9	1	1008	1035	10	10	9		0.44
	4	二层低压配电室2/电池室2	252	1399	9	1	1008	1035	10	10	9	115kg/瓶（120L）	0.44
	5	三层低压配电室1/电池室1	252	1399	9	1	1008	1035	10	10	9		0.44
	6	三层低压配电室2/电池室2	252	1399	9	1	1008	1035	10	10	9		0.44
	7	四层低压配电室1/电池室1	252	1399	9	1	1008	1035	10	10	9		0.44
	8	四层低压配电室2/电池室2	252	1399	9	1	1008	1035	10	10	9		0.44
系统2	1	一层高压配电室3	169	1105	9	1	797	805	10	10	7		0.35
	2	一层高压配电室4	169	1105	9	1	797	805	10	10	7		0.35
	3	二层低压配电室3/电池室3	252	1399	9	1	1008	1035	10	10	9		0.44
	4	二层低压配电室4/电池室4	253	1404	9	1	1012	1035	10	10	9	115kg/瓶（120L）	0.44
	5	三层低压配电室3/电池室3	252	1399	9	1	1008	1035	10	10	9		0.44
	6	三层低压配电室4/电池室4	253	1404	9	1	1012	1035	10	10	9		0.44
	7	四层低压配电室3/电池室3	252	1399	9	1	1008	1035	10	10	9		0.44
	8	四层低压配电室4/电池室4	253	1404	9	1	1012	1035	10	10	9		0.44

续表

系统	序号	防护区名称	面积(m²)	容积(m³)	设计浓度C(%)	海拔修正K系数	计算用量(kg)	储存量(kg)	喷放时间(s)	浸渍时间(min)	防护区储瓶数	气瓶充装量	泄压口(m²)
系统3	1	一层空调控制室1	264	1528	9	1	1012	1150	10	10	10	115kg/瓶(120L)	0.48
	2	二层数据机房1	464	2575	8	1	1633	1725	8	5	15		0.88
	3	二层数据机房2	463	2570	8	1	1629	1725	8	5	15		0.88
	4	三层数据机房1	464	2575	8	1	1633	1725	8	5	15		0.88
	5	三层数据机房2	463	2570	8	1	1629	1725	8	5	15		0.88
	6	四层数据机房1	464	2575	8	1	1633	1725	8	5	15		0.88
	7	四层数据机房2	463	2570	8	1	1629	1725	8	5	15		0.88

无管网柜式预制七氟丙烷系统设计参数

表3-6

序号	防护区名称	面积(m²)	容积(m³)	设计浓度C(%)	海拔修正K系数	计算用量(kg)	储存量(kg)	喷放时间(s)	浸渍时间(min)	防护区储瓶数	气瓶充装量	泄压口(m²)	灭火装置型号
1	负一层配电间	15.5	64	9	1	46.4	54	10	10	1	54 kg/瓶(70L)	0.02	E型
2	一层公共开关房	82.5	565	9	1	407.5	428	10	10	4	107 kg/瓶(120L)	0.18	A型
3	一层电池室	52.8	362	9	1	260.8	276	10	10	3	92 kg/瓶(120L)	0.11	F型
4	天面冷却塔配电间	70.1	242	9	1	174.4	184	10	10	2	92 kg/瓶(120L)	0.08	F型

设置消防系统联动视频监控系统，以便能更直观、及时准确地监控到火灾事故区域情况。

气体灭火控制系统、高压细水雾灭火系统具有自动、手动及机械应急操作三种启动方式。

在数据机房、电力电池室、配电间等房间内设吸气式感烟火灾探测报警系统，以4号厂房为例：共设41个吸气式感烟火灾探测报警区域，采用52台探测主机，系统在运维楼消防总控中心安装一套吸气式烟雾探测专用监控软件进行集中监控，把所有吸气式烟雾探测主机信号接入进行监控。

吸气式感烟火灾探测报警系统安装示意如图3-28～图3-30所示。

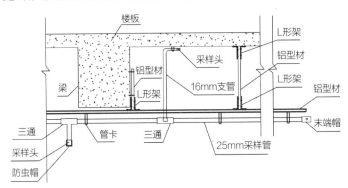

图3-28　采样管安装示意图（机房区域）

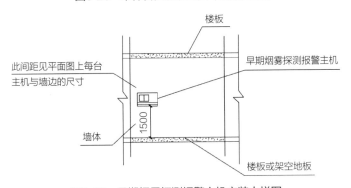

图3-29　早期烟雾探测报警主机安装大样图

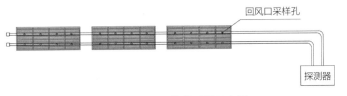

图3-30　回风口格栅采样示意图

5. 消火栓系统

室外消火栓用水量40L/s，室外消火栓加压泵供水，水源取自消防水池。室外消火栓加压设备设置于宿舍负二层消防泵房。

室内消火栓供水设备设于宿舍楼负二层水泵房内，消防水泵两台（一用一备）。室内消火栓给水系统竖向不分区，消防环管于首层、三层（厂房动力裙楼）、七层敷设。

室内消火栓系统设计流量30L/s，同时使用水枪6支，每支水枪最小流量5L/s，室内消火栓最小流量15L/s。

首层室外设置两组室内消火栓消防水泵接合器。

6. 灭火器配置

在数据机房、电气用房按E类火灾严重危险级设置推车式二氧化碳灭火器（灭火级别为89B，灭火剂为24kg）。电池室、高压配电房、变配电房、预留设备房等属于中危险级，场所内灭火器配置推车式二氧化碳灭火器（灭火级别为89B，灭火剂为24kg）。空调间等属于中危险级，场所内灭火器配置手提式二氧化碳灭火器（灭火级别为55B，灭火剂为7kg）。强电间、弱电间和上油间属于中危险级，场所内设置悬挂式定温贮压式干粉灭火设备。其余场所属于中危险级，设置手提式磷酸铵盐干粉灭火器（灭火级别为2A，灭火剂为3kg）。

第五节 综合布线系统

一、综合布线系统概述

数据中心综合布线系统是一个重要的模块，通过综合布线系统的科学设计，能够使得数据中心机房中的各种不同设备之间保持更为良好的连接，进而满足数据中心机房运行时各种信息传输、信息交互与通信服务的要求。

数据中心包含高度集中的网络和设备，在主配线区、水平配线区和设备配线区之间需要敷设大量的通信线缆。根据数据中心的安全要求以及管理要求，智能化系统的子系统较多，线缆铺设量大，各子系统存在联动情况，管线较为复杂，因此，合理地选用走线方式显得尤为重要。综合布线应具备兼容性、灵活性、可靠性、先进性。

数据机房综合布线的特点有：单位面积内信息点数量多；扩展性强；以数据传输为主；光纤信息点数量多；以水平子系统为主；线缆敷设方式特殊，能适应机房的应用特点和设备特点；综合规划一些设备间的非常规布线。

二、综合布线系统解决方案

1. 综合布线系统要求

在整个数据中心实施过程中，综合布线系统的生命周期最长，甚至等同于建筑物的生命周期。

布线系统从以服务器为中心发展到以存储为中心，要考虑对存储设备的有效支持。宜采用CMP防火等级线缆，既要考虑美观的布线，同时又要防止背后隐藏的外来串扰的威胁。线缆敷设时，避免过紧捆扎、超量的通道填充容量和过于弯曲。规划设计时，要尽量做到以最小的空间实现最大的作用，采用高密度配线架等设备用于节省空间。对于有安全信息要求的，在数据中心核心部分区域采用屏蔽系统，保证信息安全，防止信息泄露。

2. 数据中心网络布线拓扑结构

连接各数据中心空间的布线系统组成了数据中心布线系统的分层星形拓扑结构的各个元素，以及体现这些元素间的关系（图3-31）。

数据中心布线系统基本元素包括：（1）水平布线；（2）主干布线；（3）设备布线；（4）主配线区的主交叉连接；（5）电信间，水平配线区或主配线区的水平交叉连接；（6）区域配线区内的区域插座或集合点；（7）设备配线区内的信息插座。

3. 路由设计

从数据机房的物理设置上看，首先是主干环绕分布贯通规划，如：通过弱电通信线路的专用共同沟的贯通，将各种应用形式的计算机机房的网络汇聚点连通；再根据各个功能区域楼宇的使用特性垂直分布贯通管理各垂直层的汇聚点，最后分类管理楼层水平的汇聚点。

4. 走道通道设计

数据中心内常见的布线通道产品主要分为开放式和封闭式两种。

（1）主干线缆布线方式。在典型的数据中心布线中，大部分核心存储及交换设备的数据接口设置在设备下端，此部分采用地板下走线方式可以节省线缆。

（2）水平线缆布线方式。由于系统的扩展及数据机房在运行期的设备和机柜的变更，水平线缆的数量和走向都有可能会有不同程度的变化。因此，水平线缆敷设方式的选择不但要考虑与强电槽、气流组织等其他系统的配合问题，日后维护和扩展的便利性也是设计的重点内容之一。

目前水平线缆敷设方式可采用地板下线槽走线、机柜上空线槽走线和沿机柜顶部线槽敷设三种方式。

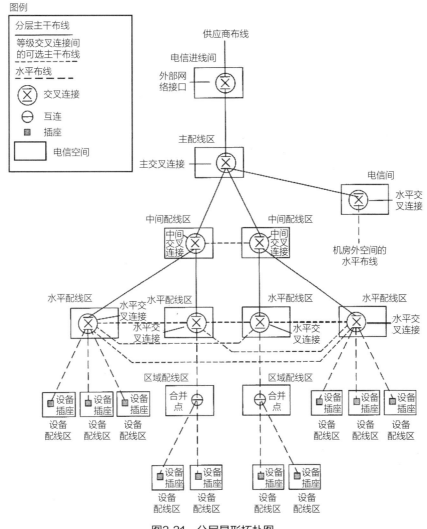

图3-31 分层星形拓扑图

1）地板下线槽走线：水平线缆从水平配线区沿机柜线槽通过地板下线槽敷设至地板下安装盒（RFE），再通过跳线接至IT设备。在下走线的机房中，线缆不能在架空地板下面随便摆放。架空地板下线缆敷设在走线通道内，通道可以分开设置，进行多层安装，线槽高度不宜超过150mm。

2）机柜上空线槽走线：主要在设备机柜未到位时，选择将铜缆预端接于卡博菲线槽侧面。在层高允许的层面，光纤配线架可安装在卡博菲线槽（网格式线槽）下面吊装（光纤配线架与设备机柜顶部至少留有300mm空间），待机柜到位后再进行端接。

3）机柜顶部线槽敷设：这种敷设方式适用于超级计算机系统，由超级计算机生产厂家随超级计算机及机柜等配套设施在出厂时统一提供。

三、综合布线系统施工要点

（1）双绞线在布放前贴好标签，表明起始和终端位置，标签书写清晰、端正和正确并粘贴牢固，经检验合格后使用专用标签工具将标签打在线缆上。

（2）在进行线管穿线时，线缆的包装纸箱要加标注，然后在线缆的始端贴上标签。

（3）在进行线槽布线时，如能够测量线路的具体长度，应先测量线路具体长度并相应记录，然后按照该长度截取，在线缆的始、末端做好标识，捆绑成扎。

（4）按照缆线终端顺序，采用专用工具操作剥除缆线的外护套，不得采用一般刀剪，以免操作不当损伤缆线的绝缘层，影响缆线的电气特性使传输质量下降。

（5）采用专用卡接工具进行缆线终端连接，卡接中的用力要适宜，不宜过猛，以免造成接续模块受损，按照缆线的色标顺序进行终端连接，不得混乱而产生线对颠倒或接错，导线卡接后立即清除多余线头。

（6）敷设时的张力、扭转力和侧压力要符合规范要求，主要牵引力加在光缆的加强构件上，光纤不直接承受拉力。光纤容许的最小曲率半径不小于光缆外径的15倍，避免受到外界的冲击力和重物碾压。如果发现光缆有变形或受损的可能时要进行测试检查，不符合要求及时更换。

（7）桥架内电缆总截面不超过桥架总截面的50%。且无论线缆桥架的深度如何，线缆桥架内的线缆深度不能超过150mm。对地板下通道中的线缆，从地板底部至线缆桥架顶部质检的间隙至少为50mm，方便布置线缆。

（8）采用光纤布线时，数据中心至少使用OM3光纤，建议采用OM4光纤，可以支持100G以太网的更长距离，平衡双绞线建议采用6A或更高类别。

（9）光纤跳线应放置在底部坚实的线缆桥架中，以避免微弯造成信号衰减。且跳线要与其他线缆分开，以防止其他线缆的重量损坏光纤跳线。

（10）光纤的金属加强芯和金属屏蔽保护层应做好接地，如接到ODF架的防护接地装置上，ODF架的防护接地装置必须用截面积不小于16mm²的多股铜线引至本房间的总等电位汇流排上。

（11）槽式电缆桥架适用于敷设计算机电缆、通信电缆、热电偶电缆及其他高灵敏系统的控制电缆，对于有屏蔽干扰和重腐蚀环境中的电缆有较好的防护效果，适用于室外和需要屏蔽的区域；梯形桥架适用于直径较大的电缆敷设，适用于高、低动力电缆的敷设，地下层、垂井、活动地板下和设备间等区域；托盘式电缆桥架常适用于地下层、吊顶内等场所；网格式桥架适用于线缆荷载小的区域，具有散热好、延长线缆使用寿命、便于线缆检修、布线灵活等特点。

第四章

数据中心工程专项技术

第一节　精密空调

一、精密空调概念和作用

精密空调属于工艺性空调，是为了满足精密设备特殊工艺及特定环境的要求而设计的。其目的是精确控制其温度、湿度等并要求控制在一定范围内，因此，也被称为"恒温恒湿空调"。特点是具有过滤性、不间断运行功能、高精度环境控制能力等。

（1）具有过滤性：精密空调采用高中效过滤器，其效率可达20%～30%，且符合ASHRAE标准，能及时高效地滤掉空气中的尘埃，可有效防止灰尘在高频芯片附着碳化造成短路，维持机房的洁净度，延长相关零件的使用寿命，降低运维成本。

（2）具有不间断运行功能：对于精密空调来讲，无论外界环境如何，大多数数据中心要求365d×24h不间断运行，因此，要求机房专用空调在设计上可大负荷常年连续运转，并要保持极高的可靠性。尤其是在冬季，数据中心机房因其密封性好而发热设备又多，仍需空调机组正常制冷工作。精密空调，它的全年不间断运行设计、智能的控制系统、恒温恒湿功能、组件有冗余功能等，都会大大提高设备运行可靠性，在后期将很大程度上降低运行和运维成本。

（3）具有高精度环境控制能力：精密空调是为了给IT设备等精密器件提供一个恒温恒湿的特定运行环境而设计。应用场景有计算机机房、实验室、大型医疗设备室等高精密领域；它的服务对象是维持机房可以持续不断运转起来的相关设备：如IT设备、配电系统、供电设备等。

精密空调系统的作用是对数据机房进行精确的温度和湿度控制功能，具有"恒温恒湿"作用，可以根据各传感器反馈回来的数据精确控制机房内的温度和湿度，温差范围可控制在0.1℃甚至更高。采用精密空调系统具有高可靠性，保证数据中心机房末端制冷系统常年连续运行，并且具有可维修性、组装灵活性和冗余性，可以保证数据机房四季空调正常运行。

二、数据机房精密空调工作原理

数据机房精密空调内包含过滤模块、降温模块、送风模块、除湿模块、控制模块等，各个模块相对独立，可不停机实施检修保养工作（图4-1）。能够满足数据中心内设备要求的365d×24h不间断运行需要。

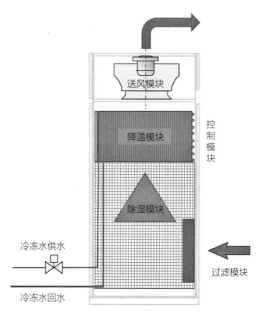

图4-1 精密空调构造图

数据机房精密空调运行工作原理为通过连接水冷、风冷等冷源，并通过精密空调的设备换热模块、送风模块对数据机房输送低温风量，使数据机房环境进行降温，满足数据机房设备的工作环境要求。数据机房精密空调内安装有高精度的控制系统，能够对送风温度环境控制在±0.1℃甚至更高精度。达到数据机房恒温的要求。

精密空调风道循环原理：采用架空地板下送冷风+封闭冷通道空间方式。低温的送风通过架空地板下的空间输送至机柜，然后机柜通过散热风扇使高温的回风通过吊顶内的空间回到精密空调的上部，然后通过精密空调设备换热模块使温度降低再从设备底部进行送风，通过地板送风吊顶回风实现整体的风道循环，达到对机房降温的目的。

精密空调空气过滤原理：数据机房精密空调回风口设置有过滤器。过滤器采用的是可清洗的W褶皱型板式过滤器，由聚酯合成纤维制成，能够对空气中的尘埃、腐蚀性气体进行过滤，保障数据机房内空气品质，达到洁净的要求。

精密空调恒湿原理：恒湿除湿主要是利用压缩机做工，通过蒸发器降低送风温度，形成冷凝水，达到除湿的目的。加湿主要有两种形式：一种是湿膜，令送风穿过湿膜，增加湿度；另一种是电极加湿，将水蒸发汽化，送风穿过水蒸气，达到加湿目的，电极加湿的水箱会自动补水。

数据机房精密空调运行工作原理见图4-2。

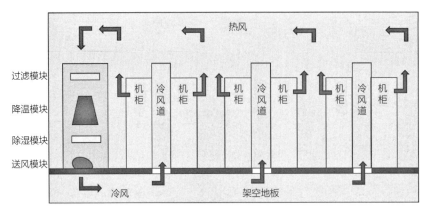

图4-2　精密空调运行原理图

三、数据机房精密空调分类

数据机房精密空调按照型号分为：

1. 中小型机房精密空调

中小型机房空调专为中小型数据机房环境设计，为中小型数据中心提供稳定可靠的精密环境（图4-3）。该系列空调具有大风量、小焓差、高显热比、高能效比、高可靠性的特点，可为中小型数据中心提供365d×24h不间断运行保障。

2. 大中型风冷房间级机房精密空调

大中型风冷房间级机房空调冷量覆盖25～200kW，冷媒可选环保冷媒R410a（图4-4）。制冷方式可选择水冷、风冷等。具备多种送回风方式，可根据现场情况进行选择匹配。

图4-3　中小型机房空调　　　图4-4　大中型机房空调

3. 行间精密空调

行间精密空调能够和柜体并排安装，不用单独设计空调机房放置设备，贴近热源，精确岗位送风冷却，设备前后面板均可打开，便于安装和日常维修维护，一般性维修可在不移动设备仅通过打开前后门板进行，空调冷量涵盖12.5～60kW（图4-5）。

4. 机架式精密空调

机架式精密空调，是一款专为一体化机柜、微模块或高热密度数据中心设计的机柜级温控产品，可紧贴热源放置在机柜中，能够精确处理机柜内设备产出的高显热，能够有效防止局部热点产生，可减少送回风距离，提高回风温度，提高能效比，具有显著节能效果，有效助力绿色数据中心不断发展（图4-6）。

图4-5　行间空调　　　　图4-6　机架精密空调

四、数据机房精密空调技术要求

数据机房精密空调技术要求如下：

（1）具备高可靠性。满足依据365d×24h运行要求设计，机组设备设计选型采用高于工业级标准，相关的产品部件均为国际一流品牌部件，出厂前所有规格均经过严格实验室测试，同时需要配置多重保护功能，如制冷剂容量智能自侦测，智能预警，保障制冷系统运行安全，多重排水防倒灌设计，杜绝机柜水患等。

（2）具备高智能化控制功能。因设备需要精密空调环境温度、湿度等，以及采用彩色触摸显示屏，友善的人机界面便于操作设定参数，标配RS485接口，提供多种协议给动环监控及楼宇设备监控系统进行监测与控制。具备来电自启动功能，配备电子膨胀阀精确控制，具备响应速度快、降低过热度等功能，实现精确制冷，与变频压缩机完美配合，保证精确供冷。

（3）具有高效节能性能指标。如采用轮涡旋压缩机，该压缩机具有容积效率高(比传统压缩机提高效率10%以上)、运动部件少、震动小、噪声低和抗液击能力强等特点。风机采用航空复合材料抗腐蚀叶片匹配无刷直流电机，节能高效且噪声低。EC风机（EC风机指采用数字化无刷直流外转子电机的离心式风机）软启动技术，降低风机启动对电网造成的影响。过滤器采用的是可清洗的W褶皱型板式过滤器，由聚酯合成纤维制成，具有聚尘效率高、初阻力低、滤料可清洗重复使用和更换方便等特点。蒸发器采用大面积冷凝器配合风机无级调速控制，能耗更低。

五、工程实例

某数据中心项目，其中一栋数据中心地上二层～八层为数据机房，每层共有数据机房4个，每个数据机房面积为356.4m^2，单个数据机房内有160个机架，该栋数据中心共有4480个机架。

数据机房精密空调为6＋2配置，6台满足设计负荷，2台为容灾备用设备。总共有224台，采用冷冻水型下送风恒温恒湿精密空调，采用下沉式EC风机，顶部回风，自带双电源切换，带来电自启动功能。通过架空地板下送风，吊顶回风的形式对数据机房进行环境调节。

低压配电室及电池室精密空调为2＋1配置，2台满足设计负荷，1台为容灾备用设备（图4-7）。总共有90台，采用冷冻水型上送风恒温恒湿精密空调，采用EC风机，顶部送风，自带双电源切换，带来电自启动功能。通过顶部静压箱和风管输送冷空气进行环境调节。

图4-7　某数据中心精密空调

具体技术选型见表4-1。

某数据中心精密空调技术选型参数 表4-1

名称	技术参数	单位	数量	备注
冷冻水型下送风恒温恒湿空调风柜	净显冷量：120kW，风量：30000m³/h，余压：150Pa，冷冻水：14/20℃。水压降<80kPa。承压1.0MPa，回风工况：温度34℃，湿度30%。功率：5kW，电压380V	台	224	数据机房使用
冷冻水型上送风恒温恒湿空调风柜	净显冷量：90kW，风量：22000m³/h，余压：250Pa，冷冻水：14/20℃。水压降<80kPa。承压1.0MPa，回风工况：温度34℃，湿度30%。功率：5kW，电压380V	台	90	低压配电室及电池室
冷冻水型下送风恒温恒湿空调	净显冷量：80kW，风量：20000m³/h，余压：150Pa，冷冻水：14/20℃。水压降<80kPa。承压1.0MPa，回风工况：温度34℃，湿度30%。功率：5kW，电压380V	台	8	运营商接入间
冷冻水型下送风恒温恒湿空调	净显冷量：50kW，风量：12000m³/h，余压：150Pa，冷冻水：14/20℃。水压降<80kPa。承压1.0MPa，回风工况：温度34℃，湿度30%。功率：3kW，电压380V	台	6	小型数据机房

第二节　不间断电源

一、不间断电源系统概念和作用

不间断电源（又称UPS不间断电源）系统是一种含有储能装置，能稳压稳频输出电源的供电保护系统。设备一般由自蓄电池组储能，能够在极短时间内恢复供电，甚至能不间断地持续供应电力。

UPS系统一般采用UPS主机作为系统前端、输入输出柜作为控制的主体、整流器—逆变器作为主要单元（其中，蓄电池作为电能储存装置）、静态旁路为辅助结构对负载进行供电。

UPS不间断电源主要有两个功能，断电时持续供电和平时提升电能质量。断电时持续供电，指的是在市电电源中断、发电机启动之前，确保所带负载短时间的持续供电（一般为15min到几小时）；平时提升电能质量，指的是UPS不间断电源系统通过对市电的整流和逆变，获得稳定的、纯洁的、高质量的交流电源，能在市政供电没有中断但不满足要求时稳压稳频，具有隔离市电侧浪涌、电压骤升骤降等作用，从而完全消除在输入电源中可能出现的任何电源问题（电压波动、频率波动、谐波失真和各种干扰）。

二、不间断电源系统工作原理

UPS作为供电保护系统装置，在电力供应系统中起着承上启下的重要作用（图4-8）。在市电高压系统分配变压完成后，接收上端系统电能以及进行稳压、稳频处理（同时储能为应急持续供电），并将电力供应至下端用电设备。

图4-8　UPS不间断电源系统在供电系统中的功能示意

数据中心内应用最广的不间断电源还是传统UPS，它主要由整流AC-DC（交流变直流）、逆变DC-AC（直流变交流）和静态旁路3部分电路组成（图4-9）。UPS电源系统首先由AC-DC电路将市电输入的交流电源变成稳压直流电源，供给蓄电池和逆变器，电能经DC-AC逆变回路重新变成稳定的、纯洁的、高质量的交流电源。

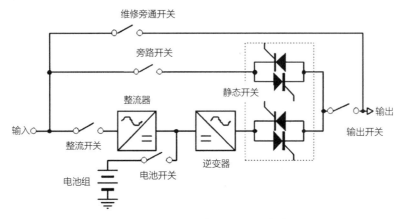

图4-9　UPS不间断电源工作原理电路图

UPS不间断电源主要有四种工作状态：初始准备状态、平时浮充状态、放电工作状态、恢复接入状态。

初始准备状态：UPS初始准备状态时，由静态旁路对负载供电，蓄电池（一般出厂带有电能）通过备用电源充电至浮充状态后，先放电后充电（充放要求按设备参数执行），直至蓄电池组准备完成，将市政电源由静态旁路切换至整流—逆变工作主回路。

平时浮充状态：市政电源正常供电时，市政电源自高低压系统配电，经整流和逆变两次转换后为负载供电，同时整流过后的直流电对蓄电池组保持浮充状态。

放电工作状态：当市政电源中断时，整流器失去电源供应，转为蓄电池（组）对后续电路供电，蓄电池由浮充转放电（一般可维持15min）状态，电能经逆变器输出，为负载供电。

恢复接入状态：UPS不间断电源恢复接入供电系统，优先通过静态旁路对负载供电，主路系统及设备经检测确认无误后，直接转换至整流—逆变主回路；若设备不能直接转换，则通过临时回路将蓄电池充至浮充状态后恢复主回路供电，具体要求按设备参数执行。无论是蓄电池放电未完时市电恢复或柴油发电机组供电成功时，还是蓄电池放电结束后市电未恢复且柴油发电机组供电失败导致蓄电池需重新供电，电路恢复操作皆由设备系统特性决定。

三、不间断电源系统分类

UPS不间断电源系统一般采用冗余方式供电，很少采用单机供电。冗余方式供电能在一台UPS设备故障时，仍然能够满足机房内重要设备的用电需求，这是单机供电所不能达到的。从冗余式配置方案来看，常用的有以下几种方式：

1. 热备份式冗余UPS供电方式

主机带负载，备机空载或带非重要负载，备机接入主机的BYPASS（旁路）输入端（图4-10）。这种方式布置比较灵活，不需要两台UPS同品牌，而且不用增加额外辅助电路，不增加购置成本。如果UPS主机发生了故障，那么UPS备机必须接替全部负载，这也就意味着设计时必须计算好UPS主机故障时UPS备机所需承担的总负载。此方式的缺陷在于UPS备机得具有阶跃性负载承载能力，无法对电源系统进行扩容，两台容量不同的UPS相连，只能按最小的UPS容量输出。

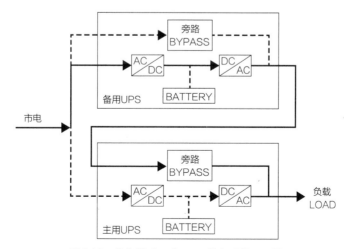

图4-10 热备份式冗余UPS供电系统原理图

2. 直接并机冗余UPS供电方式

为克服热备份式冗余供电系统的弱点，随着UPS控制技术的进步，具有相同额定输出功率的UPS可直接并联而形成冗余供电系统，为保证高质量的并机系统，各电源间必须保持同频、同相，且保持各机均流（图4-11）。此供电方式瞬间过载能力强，能够自动均分功率，系统互为主备，提高供电可靠性，电源系统扩容方便。但是，该供电方式存在着环流，增加了无功损耗，降低了系统可靠性，需增加额外辅助电路，随之而来的是增加成本，增加故障点。设计时，如2台互备，每台按照50%带载能力考虑。随着并联的主机越多，单台主机的带载能力就越低。

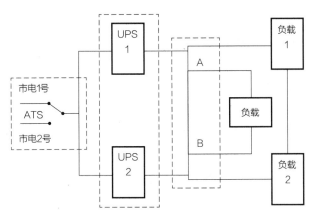

图4-11　直接并机冗余UPS供电系统原理图

3. 双总线冗余供电方式

双总线供电方式是采用两条总线对后端设备进行供电，每条总线上具有相同的一套UPS供电方式，消除可能出现在UPS输出端与最终用户负载端之间的"单点瓶颈"故障隐患，以提高输出电源供电系统的"容错"功能（图4-12）。此供电方式能够在线维护，在线扩容，在线升级，改善了重要总线的可用性，满足了双电源用电设备的需求，真正实现了365d×24h运行的目标。但是双总线冗余供电方式相当于搭建了两套前述供电方式的回路，需要增加2倍以上的成本。同时，为满足单电源设备的供电需求，可在输出端安装STS（静态转换开关），来保证供电输出的可靠性。

每种方案都有优势，也有不足之处。必须充分考虑可用性需求、风险承受能力、数据中心等级、预算等情况，才能选择合适的UPS系统设计配置方案。

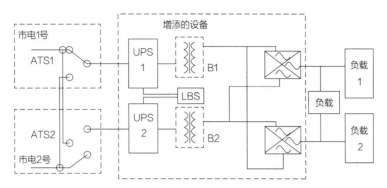

图4-12　双总线冗余供电系统原理图

四、不间断电源系统技术要求

1. UPS系统

（1）UPS装置电源输入

交流输入电压：单相AC220（1±10%）V或三相AC380（1±10%）V。

交流输入频率：50（1±5%）Hz。

直流输入（110V直流电源系统）：99～143V。

直流输入（220V直流电源系统）：198～286V。

直流母线反灌纹波电压系数：≤0.5%。

（2）UPS系统输出

稳压精度：稳态，不大于±3%；动态过程中，负荷以0～100%变化，其偏差值小于±5%，恢复时间小于20ms。

输出电压调节范用：±3%。

效率：≥80%（交流输入逆交输出），≥85%（直流输入逆变输出）。

输出波形：正弦波。

输出频率精度：50（1±0.5%）Hz。

同步范曲：50（1±2%）Hz。

同步速度：≤1Hz/s。

总谐波含量：≤3%。

负载功率因数范用：0.9（超前），-0.7（滞后）。

单机无故障时间（MTBF）：＞50000h。

交流供电与直流供电之间的切换时间：0ms。

过载能力：125%额定值时可维持10min，150%额定值时可维持1min。

2．整流器

（1）整流器的容量应能满足逆变器长期满负荷供电的要求。

（2）整流器的交流电源输入回路应设置空气断路器。

（3）整流器应有涌流抑制功能。

（4）整流器的容量应按带逆变器静态复核来选择。

3．逆变器

逆变器的输入来自经过整流器整流后的直流电源和所用直流电源。旁路交流电源正常时，逆变器输出频率保持与旁路交流电源同步，若旁路交流电源的频率和电压偏差超过逆变器容差允许值时，同步回路应自动关断，逆变器则按其内部基准频率运行，直至旁路交流电源恢复至逆变器容差允许范围内时再与其保持同步。

额定功率因素下，负载在0～100%范围内按±20%增减时，UPS稳态输出电压不应超过±3%。逆变器在功率因数0.7～0.9运行时，最大冲击负荷为额定值的1.5倍时，应能承受60s。

逆变器应具有电流保护特性。UPS的过电流保护应能保证在负荷短路或电流超过允许的极限时及时动作，使其免受浪涌电流的损伤。

4．静态开关

（1）静态开关的切换时间特性：切换时间，4ms；切换方式，自动。

（2）当UPS逆变器故障或输入交、直流电源失效时，能将负载无间断地切换至旁路交流电源。在旁路运行方式下，UPS装置应易于维护和拆装，且对负载的供电不中断。

（3）UPS过载时，静态开关能自动将电源切换至旁路交流电源供电。当负载由逆变器切换到旁路时，旁路电压必须正常；由旁路切换至逆变器时，不应有相位的突变。

（4）任何条件导致UPS输出电压异常，如UPS故障、馈出支路短路等，若旁路电压正常，应立即切换到旁路供电。

5．手动旁路开关

（1）"正常"位置时负荷应接至逆变器，"旁路"位置时负荷应接至交流电源。切换时负载供电不能中断。

（2）手动旁路开关应能将负荷由逆变器输出切换至旁路交流电源供电，在旁路侧应加隔离变压器。当负荷由旁路交流供电时，应允许对整流器、逆变器和静态开关进行检修和维护。

五、工程实例

某数据中心项目为一级负荷用户，负荷分类为：

（1）一级负荷（特别重要负荷）：机房IT设备用电负荷；冷冻泵及机房末端空调；安防监控等弱电系统用电；

（2）一级负荷：消防负荷（消防中心设备用电、防排烟风机、消防应急照明、气体消防设备、消防水泵、消防电梯、防排烟风机、消防应急照明等消防设施用电）；

（3）二级负荷：客货梯、生活泵、污水泵、机房保证照明等；

（4）三级负荷：其他负荷。

项目IT设备、关键制冷设备（如冷冻水泵、机房末端空调风柜等，根据空调系统连续制冷需求确定需采用UPS不间断供电的设备）、监控弱电设备配备交流不间断电源（UPS）。

按建设单位需求，机房IT设备均采用2N交流UPS供电方式，空调等制冷设备采用N交流UPS供电方式；UPS蓄电池后备时间按系统满足设计负载15min设置。

UPS设备采用高频型UPS，蓄电池采用高功率阀控式密封铅酸蓄电池。UPS主机、蓄电池设备主要技术参数要求如表4-2所示，其他未描述参数需满足相关规范要求。

UPS主机、蓄电池设备主要技术参数要求　　　　　　　　表4-2

输入电压	三相四线＋PE，380V（线电压）	蓄电池主要技术参数(25℃)	
输入电压、频率范围	380V±20%，50Hz±4%	放电终止电压	1.75V/2V单体
输入功率因数	≥0.95	补充充电电压	2.30～2.35V/2V单体
输入电流谐波成分	<5%（在100%非线性负载时）	补充充电电流	≤2.5I10
额定输出电压	三相四线＋PE，380V（线电压）	浮充电压	≤5%
输出功率因数	≥0.9	额定输出电压	2.20～2.27V/2V单体
电源效率	≥94%		
输出频率、电压稳压精度	（50±0.5）Hz，±1%		
市电与电池，旁路与逆变转换时间	0ms；<1ms		

以其中一个厂房为例，机房IT负荷8624kW，空调系统负荷3068kW，消防负荷221kW；二级负荷250kW；三级负荷26kW。根据上述本期负荷统计情况，UPS电源建设方案如下：

（1）机房IT机柜：二~七层每个机房规划建设2套1000kVA（2N）UPS、每套1000kVA（2N）UPS系统均由2套分系统组成（每套均由2台500kVA主机按并联运行、功率均分的运行方式组成），形成一个系统冗余、双总线配电、额定输出容量为1000kVA的UPS系统，分别为对应机房的IT机柜提供A、B两路完全独立的交流不间断电源。二~七层共规划建设24套1000kVA（2N）UPS系统（图4-13）。

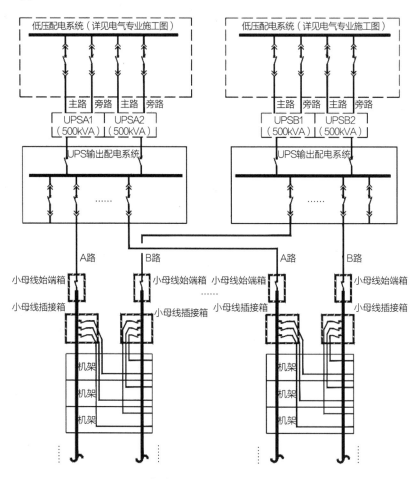

图4-13　机房IT设备2N交流UPS供电方式

（2）水泵及空调末端风柜：首层规划建设1套500kVA（N）UPS，（每套500kVA UPS均由1台500kVA组成），为首层水泵提供不间断电源。二~七层每层建设1套200kVA（N）UPS，每套200kVA UPS均由1台200kVA组成，为各层末端风柜提供不间断电源，一共建设6套200kVA（N）UPS（图4-14）。

UPS供电负荷等级为一级负荷，供电等级为1级。UPS需求容量考虑E（电源系统的基本容量）≥1.2P（负载计算负荷）所需冗余量。

UPS供电采用电缆连接的方式分别为对应机房的IT机柜提供A、B两路完全独立的交流不间断电源。

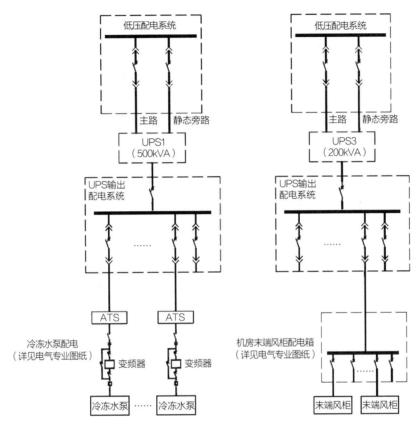

图4-14 水泵、末端空调风柜UPS（N）系统供电结线图

第三节 电磁屏蔽

一、屏蔽机房应用场景

很多电子信息的处理设备都有较强的电磁泄漏，在使用这些设备时，必然会将处理的各种信息散射到一定的空间中去，这就给信息的保密工作造成极大的威胁。因此，在数据中心中，有高度保密要求的电子计算机和其他电子信息处理设备，如果不采取可靠的屏蔽措施就直接处理保密信息，会对信息安全造成威胁。

在数据中心中建设屏蔽机房，将涉及国家或企业秘密的数据中心电子信息系统机房存放到屏蔽机房中，可有效阻止信息泄露（图4-15）。另外，如果本数据中心中有强电磁搅扰的设备，为防止机房内的电磁扩散对周边其他机房设备造成干扰，影响其他设备正常运转，也需设置屏蔽机房存放该类设备。

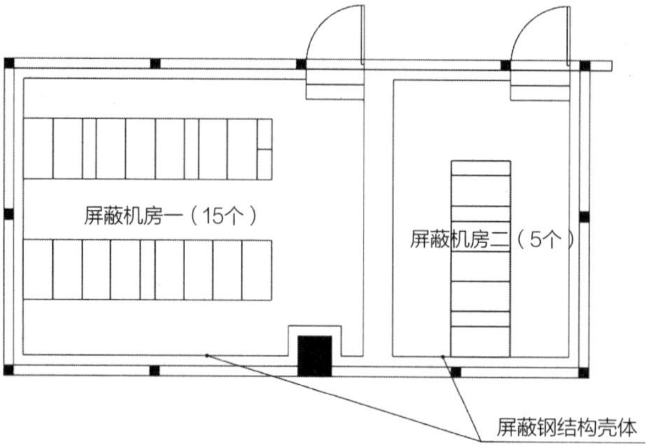

屏蔽机房一（15个）

屏蔽机房二（5个）

屏蔽钢结构壳体

图4-15　某数据中心屏蔽机房布置

二、机房屏蔽原理

电磁屏蔽机房是一个依托"法拉第笼"原理的钢板结构的房子，即用金属网或金属板严密地将机房内部包围，并对该金属体做接地处理，进而将信号源隔离，包括六面壳体、门、窗等一般房屋要素，均要求严密的电磁密封性能，并对所有进出管线作相应电磁屏蔽处理，进而阻断电磁辐射出入。

法拉第笼是一个由金属材料或者良导体做成的铁笼，其笼体与地面连接，依据接地装置电导体静电平衡的标准，笼体是一个等电位体，内部电位差为零，静电场为零，因此，铁笼会因为外电场而感应出电荷或者电流，从而将外电场阻挡在外面（图4-16）。电波在传输过程中，交替产生交变的磁场和电场，在其试图通过具有良好接地的铁磁材料制成的导电性能较好的屏蔽壳体时，电场能量将通过接地导体而衰减，磁场能量在通过磁场物质时产生涡流而损耗，因此，其强度将受到较大的衰耗（约3000～100000倍），从而起到将电磁波屏蔽（隔离）的作用。

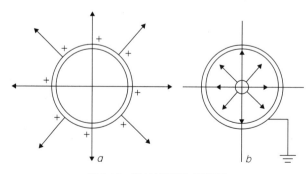

图4-16　"法拉第笼"原理图

三、屏蔽机房功能

（1）阻断室内电磁辐射向外界扩散，屏蔽隔离强烈的电磁辐射源，防止干扰其他电子、电气设备正常工作甚至损害工作人员身体健康。

（2）防止电子通信设备信息泄漏，确保信息安全。电子通信信号会以电磁辐射的形式向外界传播，敌方利用监测设备即可进行截获还原，电磁屏蔽室是确保信息安全的有效措施。

（3）隔离外界电磁干扰，保证室内电子、电气设备正常工作，特别是在电子元件、电器设备的计量、测试工作中，利用电磁屏蔽室模拟理想电磁环境，提高检测结果的准确度。

（4）屏蔽机房可保证军事指挥通信要素具备抵御敌方电磁干扰的能力，在遭到电磁干扰攻击甚至核爆炸等极端情况下，结合其他防护要素，保护电子通信设备不受毁损，正常工作。

四、屏蔽机房构造及其工艺要求

1. 屏蔽机房基本组成构造

屏蔽机房由壳体、电磁屏蔽门、蜂窝型通风波导窗、强弱电滤波器、波导管组成。

（1）壳体：此处以钢板焊接式电磁屏蔽室为例，包括六面龙骨框架和冷轧钢板（图4-17）。龙骨框架由槽钢、方管焊接而成，材料规格按屏蔽室大小确定，地面龙骨（地梁）应与地面进行绝缘处理。墙、顶部冷轧钢板厚度宜为2mm，底部钢板厚宜为3mm，先在车间预制成模块，分别焊接在龙骨框架外侧。所有焊接均采用CO_2保护焊，连续满焊，并用专用设备检漏，防止漏波。所有钢质壳体必须进行良好的防锈处理。

（2）电磁屏蔽门：电磁屏蔽门是屏蔽室唯一活动部件，也是屏蔽室综合屏蔽效能的关键，技术含量较高，材料特殊，工艺极其复杂，共426道工序（图4-18）。电磁屏蔽门可分为旋转式和移动式，一般情况下，宜采用旋转式屏蔽门，当场地条件受到限制时，可采用移动式屏蔽门。

（3）蜂窝型通风波导窗：通风换气、调节空气是屏蔽室必备设施，波导窗可实现正常通风换气功能的同时，起到拦截电磁辐射作用（图4-19）。蜂窝型波导窗由对边距42mm的六边形钢质波导管集合组成，波导管不妨碍空气流通，却对电磁辐射有截止作用。目前主要采用300mm×300mm×42mm规格的全焊接蜂窝式波导窗。屏蔽室按面积大小配置相应数量的波导窗，分别用于进风、排风、泄压。

（4）强弱电滤波器：进入屏蔽室的电源线、通信信号线等导体都会夹带传导电磁干扰，必须有相应的滤波器加以滤除（图4-20）。滤波器是由无源元件（电感、电容）构成的无源双向网络，其主要性能参数是截止频率、插入损耗。

图4-17　屏蔽机房壳体

图4-18　屏蔽机房电磁屏蔽门

图4-19　屏蔽机房通风波导窗

图4-20　屏蔽机房滤波器

滤波器一般安装在屏蔽机房的顶部和侧壁。为了隔绝滤波器输入端与输出端的耦合作用，输出线应引入屏蔽室内，而滤波器应置于屏蔽机房外。为了保证滤波器的衰减性能，滤波器外壳与屏蔽机房金属壁应有可靠的电气接触。滤波器必须安装在干燥通风之处。

（5）波导管：进入防护室的各种非导体管线，如消防喷淋管、光纤等，均应通过波导管，波导管对电磁辐射的截止原理与波导窗相同（图4-21、图4-22）。

（6）室内电气照明、室内装修：按照各项目机房装修要求进行，屏蔽机房内装饰要简洁、美观、大方，应选用环保、防火、防静电、气密性好、不起尘、易清洁、变形小的材料，其防火等级应满足《建筑设计防火规范》GB 50016中的耐火等级一级要求。

图4-21 轻质金属波导管　　　　　　　图4-22 金属波导管

2. 屏蔽机房施工工艺要求

（1）屏蔽机房应由具备国家保密施工资质的单位实施建设。

（2）屏蔽机房考虑屏蔽体材料的屏蔽效能因素的同时，还应兼顾电磁屏蔽室整体的机械性能，保证具备一定的强度和刚度。

（3）机房安装前期对建筑墙体、地面进行平整度处理，原混凝土基础需全部凝固干后进行高强度绝缘防潮橡胶垫的铺设，制作过程中严格把关，减少无用空间并保证墙体平面的平整度。

（4）根据屏蔽壳体不同部位承载力的不同，设计制作不同截面积的矩形钢龙骨作屏蔽体的加固支撑，龙骨采用矩形管依附屏蔽体钢板内壁焊接。

（5）壳体主体支撑结构应进行防锈处理。

（6）屏蔽壳板加工制作成单元模块，现场安装采用熔焊工艺进行连续焊接（CO_2保护焊），此种工艺确保了模块板之间接缝处的屏蔽效能与无接缝处的钢板相同，同时还能提高焊缝的抗电化腐蚀性（电化腐蚀会造成降低屏蔽效能和互调效应，因为电化学反应产生的化合物是非线性的半导体物质，这会产生信号混频，导致产生新的干扰频率）。

（7）壳体钢板制作时预留波导窗、滤波器、中央空调风口及其他需要穿越屏蔽壳体线缆或设备的安装孔口。

（8）检查各个单元模块四角的焊接点（焊接采用CO_2作为保护气体），确定无泄露后镀锌。单元模块屏蔽体镀锌后，在包装搬运过程中，注意不能划伤或重力冲击。

（9）屏蔽壳体与大地都应作绝缘防潮处理，绝缘材料可用5mm厚B1级阻燃黑色工业橡胶板。

（10）为保障各种设备的用电安全，屏蔽室外应制作一个电控箱作为该机房的电源总控，内设空气开关、熔断器、端按钮、接地线柱等。

（11）电源滤波器应集中安装，滤波器前端不能有过流保护装置，但可设置过载保护装置。

第四节　应急供冷

一、应急供冷系统概念和作用

数据机房在实际运行过程中，空调系统偶然的故障或者电力供应问题均有可能导致空调系统停机。空调系统从停机到再次恢复工作需要一定的响应时间，在该时间段内，服务器依旧处于工作状态，此时仍需要对机房温度进行控制，所以在除了原有空调系统外，还需配备额外的供冷系统，即数据中心的应急供冷系统。

应急供冷系统，顾名思义，是在紧急状况下对数据中心进行控温的供冷系统。在主空调系统因故障发生短暂停机时，应急供冷系统可立即"接管"控温的工作。因而也被誉为数据中心的第二道"保险"。对大功率、高热流密度的数据中心而言，配备应急供冷系统可进一步提高系统运行的可靠性。

数据中心蓄冷装置用于保证供冷系统短时故障期间的供冷，其瞬时用冷量很大，具有以下几个特点：

（1）响应快：水蓄冷系统的冷水温度与原系统的空调冷水温度相近，可考虑直接使用，即与原空调系统进行"无缝"连接。

（2）安全系数高：水蓄冷系统结构简单，环节较少，故障率低。

（3）成本低：水蓄冷系统耗电量低，技术要求低，运行费用低。

数据中心应急供冷系统除具有应急供冷功能，还具有峰谷电价运营调优、早期低负载运行调优等功能，详细内容如下：

（1）应急供冷

通过在空调系统中设置蓄冷设施，储备一定的备用冷量。当电力系统发生故障时，需要备用的柴油发电机组提供后备电力，从柴油发电机组启动至稳定供电的过程中，制冷机组就会停机，空调系统没有制冷源头，空调系统会有一段供冷不足的时段。此时会启动应急供冷水泵，同时打开蓄冷设施阀门进行应急供冷。

（2）峰谷电价运营调优

当蓄冷罐容量较大时，我们可以利用峰谷电力价格的差异，选择在夜间蓄冷，白天通过蓄冷罐给数据中心供冷的模式进行调优。尤其在电力缺乏的区域，具有较大的潜力。除了数据中心行业，其他领域也有广泛的应用。

（3）早期低负载运行调优

大型数据中心通常采用大型冷水机组，但在上架初期，由于上架量少，机房热负荷较低，冷机系统长期处于低负载运行状态，甚至有可能无法正常运行。此时先通过大型冷水机组向蓄冷罐提供冷量，再通过蓄冷罐为早期低热负荷的机房进行温度控制。实现早期低负载运行调优的功能。

二、应急供冷系统分类

一般而言，应急供冷系统主要由冷源、热交换器、送水/风管路、电源等组成，根据冷源的不同，应急供冷系统可分为两大类：一是双冷源空调系统；二是蓄冷式应急供冷系统。本节将对两种不同类型的应急供冷系统进行介绍。

1. 双冷源空调系统

双冷源空调系统其本质为两套并联的空调系统，一套为冷冻水空调系统，一套为风冷直接蒸发式系统。两套系统均可以独立为数据中心提供充足的冷量，二者互为备份，可极大地提高供冷系统的可靠性。

通常来说，冷水机组具有制冷效率高、设备集中、便于维护、故障率低等诸多优势，因此，是数据中心控温的首选。当冷冻水系统制冷中断时，风冷直接蒸发供冷系统将自动开启，对主系统进行"补偿"。值得注意的是，由于冷水机组启动较慢，当风冷系统切换为水冷系统需要更长的响应时间；而水冷系统则可较为顺畅地切换至风冷系统。因此，风冷直接蒸发式系统可扮演应急供冷系统的角色。还需指出，在机房运行初期，上架服务器数量较少，数据中心热负荷较轻，此时常采用风冷系统模式；随着上架服务器数量的增多，热负荷增大，择机切换至水冷系统模式。

2. 蓄冷式应急供冷系统

虽然双冷源系统已经大幅度提高了系统的可靠性，但当电力系统发生故障时，将引起冷机系统制冷中断，此时需要后备电力系统（如柴油发电机系统）投入运行。从柴油发电机启动送电到制冷机组重启并到恢复所需的供水温度至少需要数分钟。因此，在该时间段内，数据中心需要启动另外一种制冷系统，即蓄冷式应急供冷系统。蓄冷罐设备的详细介绍详见第五章第一节相关内容。

三、应急供冷系统技术要求

（1）应急供冷系统需要考虑数据中心供冷负荷在15min应急时间内容量，同时需要将电动阀及应急供冷水泵接入UPS不间断电源，同时管路系统及设备需要考虑冗余设计，保证放冷效率以及放冷品质。

（2）采用可调节型布水蓄冷设备。可调节型布水是蓄冷设备行业内最前沿的布水技术，蓄冷罐可以适应在数据中心不同阶段负荷下流速流量的变化，从而达到高效的状态，并且可调节型布水还可以将蓄冷罐用作系统补水，节省用地面积。

（3）一对一流体仿真模拟。设计应急供冷系统时会对每一个项目的应急供冷系统进行一对一的流体仿真模拟，保证在项目实施之前，系统设计能够满足用户的使用要求，满足应急供冷需要。

（4）应急供冷系统监控测评系统。采用应急供冷系统监控测评系统，除了可以实时监测出温度、压力等常规参数，还会对蓄冷罐的能量状态进行深度剖析，从而提供给用户更加准确的应急供冷时间，及时做好系统的相关工作模式切换。

四、工程实例

某数据中心项目4号数据中心应急供冷空调系统采用水冷中央空调系统作为冷源，设置A和B两套应急供冷系统，A、B系统互为备用。A和B两套应急供冷系统均设置4个有效容积为73m³的卧式蓄冷水罐，共8个蓄冷罐放在地下负一层，总存应急冷量能够满足数据中心至少运行15min水流量需求，可满足容灾需求（图4-23）。

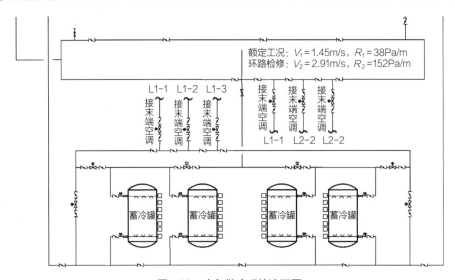

图4-23　应急供冷系统流程图

单个应急供冷系统与常规空调供冷系统呈并联关系，在不同情况中，主要有四种运行模式（表4-3）：

蓄冷罐电动阀门控制模式说明表 表4-3

蓄冷罐电动阀门控制模式： 其中DX-2和DX-3为电动开关阀，DX-1为电动比例调节阀	
平时运行工况	DX-2开，DX-1、DX-3关闭
容灾放冷工况	DX-2开，DX-1、DX-3关闭
灾后蓄冷工况	DX-2关闭，DX-3开，DX-1比例打开
蓄冷罐维修工况	DX-3开，DX-1、DX-2关闭

（1）平时运行工况模式。电动阀中编号DX-2开，DX-1、DX-3关闭，空调冷冻水通过蓄冷罐，低温冷冻水储存到蓄冷罐中，能够解决数据中心前期运营服务器上线率低时空调稳定运转的问题，使制冷主机能够平稳运行。

（2）容灾放冷工况模式。电动阀中编号DX-2开，DX-1、DX-3关闭，制冷主机因停电而停机，此时开启应急循环冷冻水泵，将储存在蓄冷罐中低温水循环到供冷末端实现应急供冷。

（3）灾后蓄冷工况模式。电动阀中编号DX-2关闭，DX-3开，DX-1比例打开，制冷主机恢复供冷模式，此时，低温冷冻水直接通过管网对末端设备进行供冷。同时，通过比例电动阀将富余冷量重新储存至蓄冷罐中。

（4）蓄冷罐维修工况模式。电动阀中编号DX-3开，DX-1、DX-2关闭，此时冷冻水通过旁通管直接流到末端设备进行供冷。蓄冷罐无水流经过时可以对设备进行维护检修。

第五节 洁净空间

一、洁净空间概述

《洁净厂房设计规范》GB 50073—2013中洁净室的定义为：空气悬浮粒子浓度受控的房间。洁净室的建造和使用应减少室内诱入、产生及滞留的粒子。同时，该规范对洁净度的概念也进行了阐释：以单位体积空气中大于或等于某粒径粒子的数量来区分的洁净程度。通俗来讲，空气洁净度就是洁净环境中空气含悬浮粒子量多少的程度。

数据中心洁净度即在数据中心内洁净空气环境中含有大于或等于某粒径悬浮粒子的数量的程度。《数据中心设计规范》GB 50174—2017中要求：主机房的空气含尘浓度，在静态或动态条件下测试，每立方米空气中粒径大于或等于0.5μm的悬浮粒子数应少于17600000粒。

机房设计规范之所以会对数据中心机房空气含尘浓度作出严格的规定，与数据中心内空气含尘量超标及空气中污染物会对设备、线路等正常运行造成巨大危害有着根本的关系。

二、洁净度超标危害

数据中心洁净度超标，会对电子设备和电路网线产生腐蚀作用，堵塞设备中的散热通道，导致散热功能受阻，从而缩短电子设备的使用寿命以及影响到电子设备系统正常的运行，甚至影响到电子信息系统的安全。

（1）电子设备工作时会产生静电，会吸引空气中的灰尘。灰尘会夹带水分和腐蚀物质一起进入设备内部，覆盖在电子元件上，造成电子元件散热能力下降，长期积聚大量热量则会导致设备工作不稳定。

（2）由于灰尘中含有水分和腐蚀物质，使相邻印制线间的绝缘电阻下降，甚至短路，影响电路的正常工作，严重的甚至会烧坏电源、主板和其他设备部件。

（3）过多的干灰尘进入机房设备后，会起到绝缘作用，直接导致接插件触点间接触不良。

（4）灰尘覆盖会使设备动作的摩擦阻力增加，轻者加快设备的磨损，重则将直接导致设备卡死损坏。

三、洁净度影响来源

根据2011 *Gaseous and Particulate Contamination Guidelines For Data Centers*（《2011数据中心有害气体和颗粒物污染指导书》），常见的机房内灰尘来源有下面几种：

（1）机房在维护过程中，进出的人员会将一部分灰尘带入机房；

（2）机房建筑本身产生的灰尘或者机房本身的老化可能产生灰尘；

（3）用于维持整个机房环境的温度和湿度的空调系统，也会将少量的灰尘带入机房；

（4）机房内为负压，即外界气压大于机房气压，使得灰尘从缝隙内挤入机房；

（5）机房围护结构饰面装修、涂层材料选择不当，耐风化性能差，墙面、顶棚、地面等部位气沉、涂层脱落产生灰尘。

四、洁净空间保障策略

1. 设计阶段保障策略

（1）科学选址。在数据中心选址过程中，首先要考虑其所处的外部自然环境的清洁度，并远离粉尘、油烟等场所，以便在源头上杜绝空气污染物对数据中心安全性、稳定性造成影响的隐患。

（2）优化设计分区。许多重点项目会在主出入口处设置缓冲区域，人员进入后会在该区域内进行更换衣服、鞋帽等除尘、防尘措施，以免灰尘等污染物进入设备区域。分区布置设计中还需要注意数据中心的主机房要远离产生较多尘埃的房间（如大量使用打印机、复印机等易产生尘埃的房间），宜与空气洁净度接近的房间（如配电室、UPS间等）靠近。

（3）空间封闭设计。封闭的独立空间不易受到外部环境的影响，因此，数据中心各功能区域均应设计为有墙、顶、地六面体封闭的密闭空间。

（4）合理安排动线。设计平面人流动线时，应重点考虑避免与其他人流、物流发生交叉，减少灰尘被带入数据中心核心区域的几率，数据中心的主出入口应单独设置，有条件的要增加缓冲区设计。

（5）过滤净化策略。人类所生活的空间内不可避免地会存在并出现各类污染物，因此，在数据中心的设计工作中应考虑增加合理的空气过滤环节的设计内容（如在新风、空调系统中增加过滤装置或在机房内部设置独立的空气净化设备等）。

（6）正压设计策略。数据中心内部正压环境的设计策略对其洁净度的保持起到的作用最大。可以说，室内正压是数据中心洁净度实现的原动力。《数据中心设计规范》GB 50174—2017中要求：主机房内要维持正压（主机房与其他房间、走廊的压差不宜小于5Pa，与室外静压差不宜小于10Pa），防止室外空气渗入，破坏机房内空气参数。正压环境的实现完全依赖于新风系统的设计。室内正压的产生使得外部环境中的污染物不能以自由流通的渠道通过各类孔洞进入内部。

2. 施工阶段保障策略

（1）空间密闭处理

数据中心施工中防尘策略的第一步同时也是施工中最重要的内容便是对围合成密闭空间的墙、顶、地结构进行封闭处理，对既有的孔洞、缝隙进行封堵，同时有排水需求的空间应选用洁净室专用地漏或自闭式地漏，使密闭区域封闭性良好。

（2）基础结构防尘

数据中心墙、顶、地基层处理完成后，应对易起尘部位及基层材料涂刷乳胶漆、环氧树脂漆等高分子聚合物涂料进行防尘处理。尤其是抗静电活动架空地板下方的空调送风静压箱区域，且其侧墙及地面基本上处于保温层及保温保护层外，无其他装饰面层，因此，需重点进行防尘处理。

（3）选取优质材料

施工材料的选择对数据中心洁净度的影响较大。如选择非耐腐蚀、易起尘的基、面层材料，则会人为地制造大量污染物来源，这种危害机房洁净度的过程会一直持续到机房需要更新改造。

因此，均优选表面平整光滑、气密性好、易清洁、温湿度变化作用下变形较小、不起尘的主辅材料，且优选拼装式、组装式的材料安装方法，降低施工中产生的灰尘、金属碎屑等污染物。

（4）合理安排工序

原则上首先应安排较易产生灰尘的作业内容。所有的封堵、砌筑、抹灰等湿作业内容需要提前施工，且要等其固化后方可进入其他施工程序，以避免对其面层造成破坏，产生较持续的空气污染物来源。另外，还要尽量安排材料在工厂进行精确加工，避免在现场对施工材料进行二次加工处理，以减少粉尘污染物的产生量。

（5）加强过程清理

应注意及时对施工产生的尘埃、碎屑进行彻底清理，且隐蔽工程中的清洁工作必须在面层安装前完成，避免污染物被遗留到下一步工序中，被隐藏的尘埃等污染物则成为数据中心洁净度持续的危害源。

3. 运营阶段保障策略

（1）系统过滤新风

新风系统的空气过滤装置对数据中心的洁净度有着至关重要的作用。新风系统、空调系统视外部环境空气质量及设备风量增加初效、中效、高效三级过滤装置，并定期进行维护及更换，以保持空气净化装置的工作效率。

（2）监控洁净度

如果在施工过程中对数据中心相关区域的封闭不完全或后期出现了裂缝，则在正常运行状态下，新风系统设计风量存在不能维持室内正压的风险，室外或其他位置含尘空气将会对内部造成空气污染。因此，应在数据中心环境监控中增加空气洁净度的监控设备。对于内环境发生的空气质量超标情况能够及时发现并加以处理，以便最大程度上降低其造成影响设备安全运行的危害程度。

（3）完善进出管理

在投入运行后，任何进入数据中心内环境的人或物均存在对其洁净度带来污染的隐患。来自纸张、纺织品、人体毛发等纤维性污染物会快速进入数据中心并通过空气流通进入设备堵塞散热（孔）片，逐渐积累导致设备冷却受阻。因此，要在管理制度中制定严格的进出防尘措施。相关人员在进入机房之前需要在缓冲区域进行防尘防护措施，佩戴防尘帽、防尘鞋套，有条件的可以更换不产生纤维污染的防尘工作服。同时进入内环境的物品或设备也需要在外部区域进行除尘处理。如设备包装纸箱应在进入前便予以拆除，并做好设备的除静电防尘工作。

（4）软化加湿水

精密空调加湿装置会通过蒸发或冷凝空气中水汽含量的调整措施来保证空气湿度处于设计值（40%～55%），以减少静电危害。但加湿器的水源中含盐或含其他矿物质较多，就会在加湿装置处产生固体残留，进而对洁净度产生粉尘污染隐患。因此，对其供水源进行软化及纯化处理，防止水路内杂质经加湿过程扩散。

（5）过滤循环风

精密空调过滤装置对数据中心洁净度的保持有重要的作用。室内空气在精密空调送回风的作用下进行内循环，当室内空气流经精密空调的过滤装置时便进行了除尘净化处理。

（6）定期保洁除尘

数据中心内部，尤其是主机房、配电室、电池室等重点区域应定期进行除尘清扫，保洁过程中宜选用移动式高效真空吸尘器。也可在数据中心内环境中设置独立的空气净化装置，以增强对室内环境除尘过滤的效果。

第五章

数据中心工程专项设备

第一节 蓄冷设备

一、蓄冷设备的概念和作用

数据中心运行的稳定性与安全性在很大程度上受到机房供冷系统的影响，空调供冷系统能否持续不间断地给服务器等设备供冷，以保证其运行温度稳定在合理范围内成了关键。而空调系统的持续供冷受到市电断电及主机设备本身故障的影响，在此背景下，蓄冷罐为空调主机因设备故障或市电中断而导致的供冷中断，进而导致服务器无法有效散热的问题提供了有效解决方案，能最大限度保障数据中心的运行稳定性与安全性。

蓄冷罐是用于蓄冷的设备，其原理是通过水或制冷将数据中心空调系统运行中的富余冷量进行储藏（如晚上室外温度低且电费低时），在需要时再将冷量释放出来（如停电而柴发尚未启动时）。在电力系统发生故障时，需要备用的柴油发电机组提供后备动力，从柴油发电机组启动到供电稳定的过程中，空调系统会有一段时间处于供冷不足的状态。在空调系统中设计蓄冷系统，存储一定的备用冷量用于解决这一问题。

总之，在数据中心工程建设中，蓄冷罐作为数据中心的容灾设备，为中大规模数据中心提供应急供冷冷源，确保数据中心机房中服务器运行环境温度的稳定，同时为空调主机正常启动争取足够时间。

蓄冷罐设备作用：

（1）冗灾：解决连续供冷需求，保障工艺用冷安全。

（2）稳能：解决制能与用能时间和规模不匹配问题。

蓄冷罐设备技术优势：

（1）无缝连接：蓄冷罐可与原空调系统"无缝"连接，无须再额外配置蓄冷冷源或对原系统制冷机组进行调整。

（2）直接使用：蓄冷罐的冷水温度与原系统的空调冷水温度相近，可考虑直接使用，不需要设计额外的设备对冷水温度进行调整。

（3）控制简单：蓄冷罐控制简单，运行安全可靠，反应灵敏，在出现紧急状况时可及时投入使用。

（4）冗灾即时：冗灾时可以连续不间断供冷，不需要切换与释冷时间。

二、蓄冷设备的工作原理与分类

1. 蓄冷罐工作原理

通过制冷主机，将冷量以低温冷冻水的形式储存在水中，并将储存冷量的水存放在蓄冷罐内，当在市电中断期间，利用存储于蓄冷罐中的低温冷冻水对末端进行供冷，从而达到为机房末端提供应急冷量，保证机房的安全运行（图5-1）。

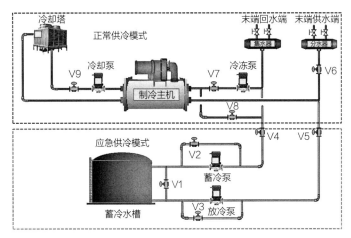

图5-1 蓄冷罐系统原理图

水蓄冷系统在夜间蓄完冷以后不断监测原中央空调系统是否能正常运行，如能正常运行则在高峰时放冷，并在放冷时不断监测有效可放冷量，当有效可放冷量达到最大安全放冷量时自动停止放冷（图5-2）。在此过程中如监测到数据中心原供冷系统出现异常，则自动切换至冗灾供冷模式。

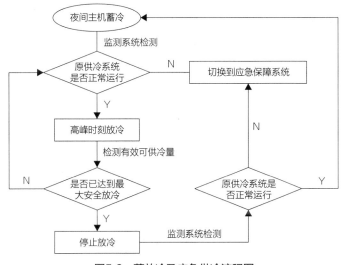

图5-2 蓄放冷及应急供冷流程图

2. 蓄冷罐与正常空调制冷切换运行模式介绍

当电力系统发生故障时，制冷机组就会停机，空调系统没有制冷源头，空调系统会有一段供冷不足的时段。此时会启动应急供冷水泵同时打开蓄冷设施阀门进行应急供冷。蓄冷系统与常规空调系统呈并联关系，在不同情况中，主要有四种运行模式：

（1）蓄冷罐蓄冷模式。关闭蓄冷主机与其他正常供冷主机连通管道的阀门，使得蓄冷主机、蓄冷泵和蓄冷罐之间形成封闭的环路，然后先启动蓄冷泵，再启动蓄冷主机，并启停相应电动阀门，开始对蓄冷罐进行循环制冷。当蓄冷温度或者蓄冷时间两者之一达到设定条件后，停止蓄冷，先关闭蓄冷主机，再关闭蓄冷泵。

（2）蓄冷罐放冷模式。将主机与供冷系统隔离，使得蓄冷罐、放冷泵、一二次供冷泵及供冷末端形成封闭的环路，然后开启放冷水泵及一次、二次供冷泵，并启停相应电动阀门，开始蓄冷罐的循环放冷。当放冷量将达到最大安全放冷量时（即留存足够的备用冷量），打开制冷主机与供冷系统的电动阀门，启动制冷主机。制冷主机正常运行供冷后，关闭放冷泵，停止蓄冷罐放冷，并将蓄冷罐与供冷系统隔离。

（3）蓄冷罐冗灾供冷模式。市电中断或主机供冷中止时，启动UPS或EPS，启动放冷泵，利用蓄冷罐留存的冷量继续对系统进行供冷。该冗灾供冷方式具有安全可靠、响应速度快等特点。

（4）蓄冷罐旁通蓄冷模式。冗灾供冷结束，柴油发电机启动，供冷主机恢复正常供冷后，旁通蓄冷罐，由主机直接供冷。同时，启动蓄冷主机对蓄冷罐进行重新蓄冷，待蓄冷罐完成蓄冷，再按需重新切换为放冷模式。

3. 蓄冷罐设备分类

蓄冷罐分为闭式罐和开式罐，开式罐相对容量较大，一般采用立式设计；闭式罐相对开式罐来说，容量较小，可以采用立式设计，也可以卧式设计（图5-3～图5-5）。

蓄冷罐工作原理介绍：

（1）立式蓄冷罐应用原理

立式蓄冷罐利用斜温层原理，采用分层式蓄冷技术，充分利用蓄水温差，输出稳定温度的空调用冷水。当放冷时（图5-6）随着冷水不断罐子的进水管抽出和热水不断从罐子的出水管流入，斜温层逐渐上升。

反之，当蓄冷时，随着冷水不断从进水管送入水罐和热水不断从出水管被抽出，斜温层稳步下降（图5-7）。

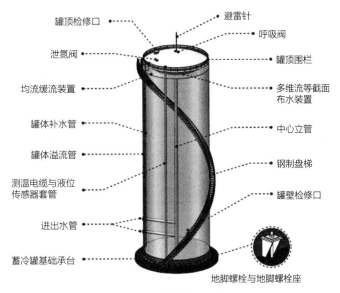

罐顶检修口
避雷针
泄氮阀
呼吸阀
均流缓流装置
罐顶围栏
罐体补水管
多维流等截面布水装置
罐体溢流管
中心立管
测温电缆与液位传感器套管
钢制盘梯
进出水管
罐壁检修口
蓄冷罐基础承台
地脚螺栓与地脚螺栓座

图5-3　开式蓄冷罐示意图

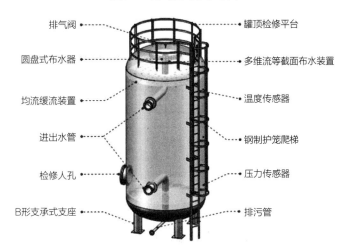

排气阀
罐顶检修平台
圆盘式布水器
多维流等截面布水装置
均流缓流装置
温度传感器
进出水管
钢制护笼爬梯
检修人孔
压力传感器
B形支承式支座
排污管

图5-4　闭式立式蓄冷罐示意图

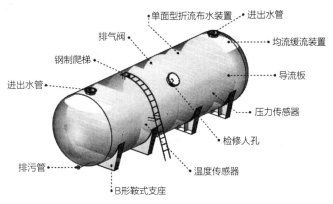

单面型折流布水装置
进出水管
排气阀
均流缓流装置
钢制爬梯
进出水管
导流板
压力传感器
检修人孔
排污管
温度传感器
B形鞍式支座

图5-5　闭式卧式蓄冷罐示意图

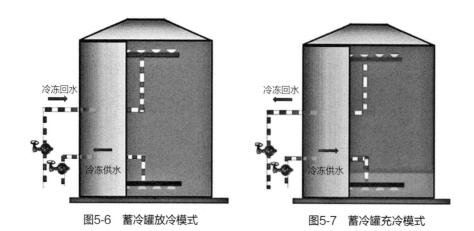

图5-6　蓄冷罐放冷模式　　　　　图5-7　蓄冷罐充冷模式

（2）卧式罐

类似自然分层式储水法，在蓄水罐内部安装一定数量的隔膜或隔板来实现冷热水的分离，这样的蓄水罐可以不用散流器，放冷见图5-8。

图5-8　蓄冷罐放冷模式

反之，当蓄冷时，随着冷水不断从进水管送入水罐和热水不断从出水管被抽出，蓄水罐内部水温不断降低，实现冲冷原理。充冷见图5-9。

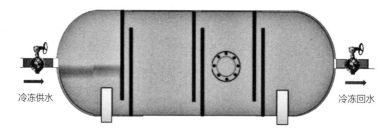

图5-9　蓄冷罐充冷模式

三、常用蓄冷设备的布设原则与要求

1. 开式立式蓄冷罐

开式立式蓄冷罐主要由开式罐体、布水器、进出水管、排污管、检修爬梯、检修人孔、检修平台、呼吸阀、氮封装置、温度传感器、中心立管、补水系统、溢流系统、防雷装置等组成。

开式蓄冷罐安装于室外，蓄冷罐液位高度必须高于系统最高供冷点1m。一般建议高径比小于5：1。

当开式蓄冷罐容积大于200m³时，需采用多次布水技术，布水器设计需根据实际运行工况模拟结果进行调整，一般效率可达85%～95%。

开式蓄冷罐基础需预埋地脚螺栓，其基础一般采用整体基础，地脚螺栓需在基础浇筑之前提前预埋，基础荷载一般取设计重量的1.1倍。

开式蓄冷罐保温建议采用聚氨酯发泡保温，寒冷地区还需配置电伴热装置及控制箱。

当室外蓄冷罐采用彩钢瓦作为外饰面时，为防止保温材料热胀冷缩或者室外大风导致外饰面脱落，在聚氨酯喷涂之前，需在罐体表面，按照要求固定防冷桥木方，木方固定好之后，将扁铁沿着罐体缠绕一周圈，木方作为支撑，在每个木方部位均用自攻钉将扁铁和木块固定在一起。

2. 闭式立式蓄冷罐

适用场景：闭式立式蓄冷罐一般安装于高度允许的地下室、室外空地等。

闭式立式蓄冷罐根据系统压力选择设计压力，一般建议高径比小于3.5：1，压力设计为 1.0～1.6MPa。设计需遵循《压力容器》GB 150，制造商必须具备压力容器资质和机电安装资质。

当闭式立式蓄冷罐容积大于30m³时，需采用多次中间布水技术，布水器设计需根据实际运行工况模拟结果进行调整，一般效率可达85%～92%。

闭式立式蓄冷罐根据高度选用支撑脚或裙座固定，若放置于室外需预埋地脚螺栓或钢板，其基础一般采用整体基础，基础荷载一般取设计重量的1.1倍。

室内闭式立式蓄冷罐可采用橡塑棉保温，室外闭式立式蓄冷罐建议采用聚氨酯发泡保温。

当蓄冷罐放置于室内，可采用铝皮或者PVC彩壳作为外饰面；当蓄冷罐放置于室外时，在考虑腐蚀及施工方便的情况下，外饰面一般采用镀锌彩钢瓦。

3. 闭式卧式蓄冷罐

闭式卧式蓄冷罐一般安装于高度受限的空间，如地下室、冷冻水空调机房、埋地安装等。

闭式卧式蓄冷罐根据系统压力选择设计压力，一般建议直径设计为2.5～4.0m，压力设计为1.0～1.6MPa，总长度不超过17m。设计需遵循《压力容器》GB 150，制造商必须具备压力容器资质和机电安装资质。

当闭式卧式蓄冷罐长度超过5m，需采用多次中间布水技术，布水器设计需根据实际运行工况模拟结果进行调整，一般效率可达80%～90%。

闭式卧式蓄冷罐安装无须预埋地脚螺栓，支撑脚底部加橡胶垫或岩棉板后可直接安放于设备基础。基础可采用条形基础或整体基础，基础荷载一般取设计重量的1.1倍。

闭式卧式蓄冷罐非埋地时可采用橡塑棉或聚氨酯发泡保温，外饰面采用铝皮或PVC彩壳。埋地时建议采用聚氨酯发泡保温和聚脲防水。

四、蓄冷设备施工技术要点

当蓄冷罐为开式蓄冷罐或高径比较大的立式承压蓄冷罐时，蓄冷罐需考虑防倾覆及抗震要求，此时，蓄冷罐基础需设置地脚螺栓，地脚螺栓的选型需要结合蓄冷罐的容积、直径、运行重量及当地的抗震要求。

小型的立式蓄冷罐，为防止倾覆及移动，可在基础浇筑之前，在基础中预埋带螺纹钢的钢板，等到蓄冷罐就位安装的时候，将蓄冷罐支撑脚下面的底板和预埋板满焊在一起。

一般情况下，为防止腐蚀及老化，室外大型的开式蓄冷罐及尺寸较大的立式蓄冷罐，以及室内安装的蓄冷罐外保护层普遍选用铝皮或者PVC。

室内蓄冷罐设备安装重点在于设备的吊装运输就位，在设备招采后就需要和厂家技术人员确定设备尺寸及重量，确定现场的吊装方案，同时根据生产周期及时预留好运输通道，避免后期墙体拆除工作。

五、工程实例

某数据中心项目其中一栋楼为10台有效容积为71m³的立式承压蓄冷罐，10台一型蓄冷罐，10台二型蓄冷罐（图5-10）。设备供回水口管径为DN300；本项目蓄冷罐单台配置6套温度传感器和1套压力传感器，蓄冷罐能够满足供冷系统应急供冷15min。

此蓄水罐落地安装，罐体保温采用80mm难燃B1级发泡橡塑保温板，底部采用聚氨酯发泡保温工艺。保温板外设置0.5mm厚彩铝板，铝皮接缝采取联合咬口，咬口交错部位10mm以上，拉钉间距小于60mm。

图5-10 某数据中心项目蓄冷罐外形图

第二节 电池室

一、电池室的工作原理与分类

1. 电池室工作原理

电池室作为UPS系统蓄电池的主要工作场所，包含电池开关柜、电池组、电池监测装置及电池网络等。市电供电时，整流后的直流电通过开关柜对蓄电池进行充电，市电断电时，蓄电池通过开关柜对设备供电，保证系统运行（图5-11）。

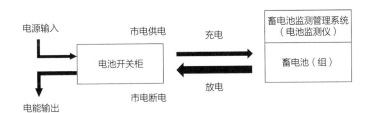

图5-11 电池室工作原理图

2. 蓄电池分类

（1）铅酸电池

目前在大多数数据中心设施中，铅酸电池、铅炭电池（铅酸电池改进的一种）仍然是UPS电源常用的储能设备。铅酸电池采用的是将阳极（PbO_2）及阴极

（Pb）浸到电解液（稀硫酸）中，根据化学反应原理，通过电池内的化学原料进行反应产生电流供电。

铅酸电池优势在于成熟、成本低、安全性高，但其容量小、重量大、体积大、寿命短等缺点，决定了铅酸电池在大规模应用上的周期成本劣势。

（2）锂离子电池

从目前储能技术来看，锂离子电池无疑是铅酸电池的最佳替代品。锂电池的正极材料是$LiMn_2O_4$，负极材料是石墨。充电时正极的Li^+和电解液中的Li^+向负极聚集，得到电子，被还原成Li镶嵌在负极的碳素材料中。放电时镶嵌在负极碳素材料中的Li失去电子，进入电解液，电解液内的Li^+向正极移动，利用化学反应实现放电过程。

随着锂离子电池在电子消费领域、电动汽车、储能领域的应用普及，锂离子电池的成本不断下降，目前新建的如百度数据中心等已经采用锂离子电池作为备用电源，而阿里巴巴等已经开始购置储能设备，在作为备用电源之外，还可发挥削峰填谷、电力需求响应等进行电费管理、增加收益的作用。不过，在安全性方面，锂离子电池一直具备一定的隐患。

（3）磷酸铁锂电池

磷酸铁锂电池采用$LiFePO_4$作为电池的正极，碳（石墨）组成的电池负极，中间采用聚合物隔膜把正极和负极分隔开，利用锂离子Li^+可以通过而电子e^-不能通过进行充放电。

磷酸铁锂电池依托成熟的技术，在成本、安全性及循环次数上具有相对优势，能量密度和低温性能通过成组技术也在不断改进，在设备储能、商用车、工程机械等领域都具有传统优势。考虑到安全的问题，磷酸铁锂电池也有望进入数据中心应用场景。

（4）全钒液流电池

全钒液流电池电能以化学能的方式存储在不同价态钒离子的硫酸电解液中，通过外接泵把电解液压入电池堆体内，在机械动力作用下，使其在不同的储液罐和半电池的闭合回路中循环流动，采用质子交换膜作为电池组的隔膜，电解质溶液平行流过电极表面并发生电化学反应，通过双电极板收集和传导电流，从而使得储存在溶液中的化学能转换成电能。这个可逆的反应过程使钒电池顺利完成充电、放电和再充电。

全钒液流电池是新型储能电源，具有能量效率高、充放电性能好、循环寿命长、清洁环保等优点。中国移动襄阳云计算中心与襄阳大力电工已在共同探讨全钒液流电池在数据中心应用，以推动数据中心的节能减排。

（5）燃料电池

燃料电池是一种电化学电池，它通过氧化还原反应将燃料（通常是氢气）和氧化剂（通常是氧气）的化学能转换为电能。与大多数电池所不同的是，燃料电池需要连续的燃料和氧气源（通常来自空气）来维持化学反应，而在电池中，化学能通常来自已经存在于电池中的金属及其离子或氧化物（液流电池除外）。只要有燃料和氧气供应，燃料电池就能连续发电。

燃料电池是目前公认能量转换更高的供能方式，与目前应用广泛的锂离子电池相比更具优势，但是目前燃料电池成本过高，仍然难以得到广泛地推广应用。不过目前在美国银行、可口可乐、沃尔玛、eBay以及谷歌、苹果等公司，都有在数据中心采用布鲁姆能源的燃料电池供电。

（6）飞轮储能

除了以上电化学储能方式，机械储能也具有较好的应用前景，其中的飞轮储能是代表之一。飞轮能量储存（飞轮储能）系统是一种能量储存方式，它通过加速转子（飞轮）至极高速度的方式，将能量以旋转动能的形式储存于系统中。当释放能量时，根据能量守恒原理，飞轮的旋转速度会降低；而向系统中贮存能量时，飞轮的旋转速度则会相应地升高。

飞轮储能以无污染、寿命长等优点受到部分人的关注。目前，国机重装成功研制国内首台"100kW飞轮储能装置"，该装置也可应用于数据中心，在电力发生异常时飞轮储能装置将动能转化为电能，为UPS供电，保障数据中心正常运转。但目前飞轮储能成本仍较高。

二、常用电池室的布置原则与要求

数据中心或中大型计算机机房在规划建设时为保证蓄电池正常工作和维护，均设计有单独的电池室为蓄电池安全运行提供保障。由于铅酸蓄电池是高污染和危险产品，因此，国家对它的使用环境及电池室的建设有严格的要求，在设计和施工时要注意以下几个方面。

1. 电池室的承重要求

机房常用的12V100A·h铅酸蓄电池，每节在30kg左右，中大型机房或数据中心电池数量的配置一般在200节以上，按摆放4层放置40节设计，每平方米约1200kg。这个重量是普通建筑（每平方米300～500kg）无法承受的。故《数据中心设计规范》GB 50174—2017要求电池室承重活载荷不低于$16kN/m^2$，约每平方米1632kg。因此，电池室一般选择放在地面或楼板经过特殊加固的房间。

2. 电池室的环境要求

（1）温度：铅酸蓄电池内部为化学物质，环境温度过低时，化学反应速度放缓，电池容量会比额定容量降低。环境温度过高时，化学反应速度加快，会加速电池老化，减少电池使用寿命。《通信用阀控式密封铅酸蓄电池》YD/T 799—2010要求电池使用温度为20～30℃，《数据中心设计规范》GB 50174—2017要求电池室温度15～25℃。故建议电池室安装空调，温度设定在20～25℃。

（2）通风：铅酸蓄电池在过充电后会产生腐蚀性气体和易燃气体，因此，必须安装通风换气装置。《工业建筑供暖通风与空气调节设计规范》GB 50019要求电池房应该单独设置排风系统。通风装置应采用防爆式电动机。排风口上沿距屋顶距离不大于10cm。《通用用电设备配电设计规范》GB 50055—2011规定通风换气量不少于每小时8次。

（3）装修：房间材料为不燃材料，四壁和顶棚要平整、光滑、不起尘，有很好的气密性。地面下不易通过无关的沟道或管线。

3. 电池室配电、照明要求

《建筑照明设计标准》GB 50034—2013要求电池房的照度值不低于200lx，《通用用电设备配电设计规范》GB 50055—2011要求灯具使用防爆型灯具。开关、熔断器、插座等应装在蓄电池室的外面。

4. 电池室的消防要求

铅酸蓄电池在过充电或短路后会发生自燃，因此，要配备消防灭火设备。《建筑设计防火规范》GB 50016—2014和《数据中心设计规范》GB 50174—2017要求电池室应安装自动灭火系统，灭火剂宜采用洁净气体。《工业建筑供暖通风与空气调节设计规范》GB 50019事故排烟机的风量设计，不少于每小时12次。

5. 电池室的安防要求

《数据中心设计规范》GB 50174—2017要求电池室安装动力环境监控系统和漏水报警系统，对蓄电池运行情况和水患进行监测，中大型机房的电池室安装门禁系统和视频监控系统。

三、电池室施工技术要点

UPS设备及配件在出厂前都进行过严格的检查和测试，设备抵达现场后，应做好安装前的准备工作。

1. UPS电源对场地及环境的要求

（1）UPS电源（即蓄电池）供电系统应安装在通风良好、凉爽、湿度不高和具有无尘条件的清洁空气的运行环境中。湿度控制在50%左右为宜，此外，在UPS电源运行的房间里不应存放易燃、易爆或具有腐蚀性的气体或液体的物品。

（2）严禁将UPS电源安装在具有金属导电性的尘埃的工作环境中，否则会导致设备产生短路故障，也不宜将UPS安放在靠近热源处。

（3）一般的UPS所允许的温度范围为0～40℃，有条件的应该将蓄电池房的温度控制在20～25℃。

（4）UPS电源的左右侧一定要保持50mm的空间，后面有100mm空间，以保证通风良好。UPS前面应有足够的操作空间。

2．施工关键技术点

（1）UPS电源蓄电池须设在专用室内，其门窗、墙、木架、通风设备等须涂有耐酸油漆保护，地面须铺耐酸砖，并保持一定温度。室内应有上、下水道。

（2）UPS电源电池室内应保持严密，门窗上的玻璃应为毛玻璃或涂以白色油漆。蓄电池应避免在有粉尘、挥发性气体、盐分过高、有腐蚀性物质的环境中使用。

（3）照明灯具的装设位置，需考虑维修方便，所用导线或电缆应具有耐酸性能型灯具和开关。

（4）风道口应设有过滤网，并有独立的通风道。

（5）蓄电池应避免阳光直射，不能置于封闭容器中，不能置于有放射性、红外线辐射、紫外线辐射、有机溶剂气体和腐蚀气体的环境中。

（6）UPS电源蓄电池系湿荷电态出厂，在运输、安装过程中，必须小心搬运，防止短路。

（7）即使在电源耗尽状态，UPS内也有可能有危险电压，非专业人员不可打开机壳，否则会有触电危险。

（8）防酸式铅酸蓄电池充电间的墙壁、门窗、顶部、金属管道及构架等，宜采取耐酸措施，地面应能耐酸，并应有适当的坡度及给水排水设施，蓄电池数量少时可适当降低要求。

（9）防酸式铅酸蓄电池充电间的地面下，不宜通过无关的沟道和管线，配电线路不宜埋地或在电缆沟内敷设。

（10）酸性或碱性蓄电池充电间应通风良好，当自然通风不能满足要求时，应采用机械通风，每小时通风换气次数不少于8次。

（11）防酸式铅酸蓄电池充电间的上下方均应有排风设施。

（12）电池室内的固定式线路，宜采用铜芯绝缘线穿焊接钢管敷设或铜芯塑料护套电缆，并有防止外界损伤的措施；移动式线路应采用铜芯重型橡套电缆。

四、工程实例

某数据中心项目电池室内包含不间断电源设备的蓄电池、电池开关箱、电池开关柜、电池监测仪（每套监测4组电池160节12V单体）等（图5-12）。根据UPS不间断电源容量，1层设置1个电池室，放置一组4×200A·h/480V电池；2～7层每层设置两个电池室，放置4组4×200A·h/480V电池（有一个电池室多放置1组2×150A·h/480V电池）。

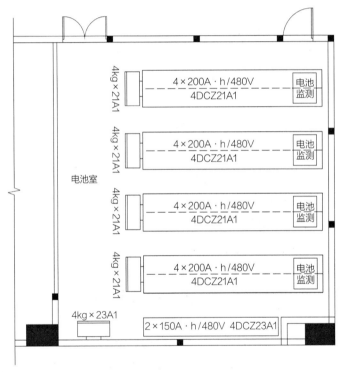

图5-12 电池室排布图

该地点地震烈度为6度，抗震措施采用的抗震设防烈度为7度。6度和7度抗震设防时可采用钢抗震架等材料作为抗震框架安装蓄电池组，抗震架与地面用M8或M10螺栓加固。蓄电池安装重心较高时应采取防止倾倒措施。当抗震设防时，蓄电池间的连线应采用柔性导体，端电池宜采用电缆作为引出线。

第三节　大负荷柴油发电机群

一、柴油发电群的工作原理与分类

1. 柴油发电机的基本原理

柴油发电机组作为应急后备电源最常用的一种，是数据中心供配电系统用电的最后一道防线，负责在市电供电失效的时候确保整个配电系统运行，直至市电供应恢复（或确保保障时间内的供电正常）。

柴油发电机组通过控制柜与系统母线进行电气联锁（图5-13），当市政电源断电时（或双回路供电断电时），自动启动成功时合闸稳定供电（启动不成功，则不通电）；当市电来电后，机组继续运行30s（可按照设计情况调整），先行分断电气联锁，恢复市电供电，随即机组空车运行一段时间（一般1～3min，具体可根据设计要求调整）后自动停机。

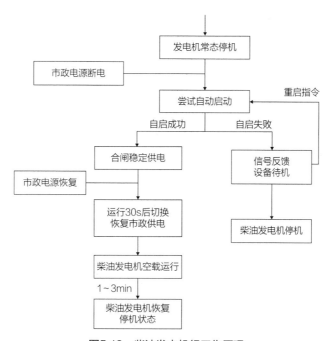

图5-13　柴油发电机组工作原理

2. 柴油发电机分类

（1）按自动化功能可分为基本型、自启动型、微机控制自动化柴油发电机组。

1）基本型柴油发电机组

这种类型柴油发电机组为常见，由柴油机、水箱、消声器、同步交流发电机、控制箱、联轴器和底盘组成，一般能作为主电源或备用电源。

2）自启动型柴油发电机组

这种类型柴油发电机组是在基本型机组的基础上增加了自动控制系统。它具有自动化切换功能，当市电突然停电时，机组能自动启动，自动切换电源开关、自动送电和自动停机等；当机组油压力过低、机油温度过高或冷却水温度过高时，能自动发出光声告警信号；当发电机组超速时，能自动紧急停止运行进行保护。

3）微机控制自动化柴油发电机组

这种类型柴油发电机组由性能完善的柴油机、三相无刷同步发电机、燃油自动补给装置、机油自动补给装置、冷却水自动补给装置的ATS自动控制屏组成、ATS自动控制屏采用可编程自动PLC控制，它除了具有自动启动、自动切换、自动运行、自动投入和自动停机等功能外，并配有各种故障报警和自动保护装置。

（2）按照不同用途分类，可分为备用发电机组、常用发电机组、战备发电机组和应急发电机组。

1）备用发电机组

在通常情况下用户所需电力由市电供给，当市电限位电拉闸或其他原因中断供电时，为保证用户的基本生产和生活而设置的发电机组。这类发电机组场设在市电供应紧张的工矿企业、医院、宾馆、银行、机场和电台等重要用电单位。

2）常用发电机组

这类发电机组常年运行，一般设在远离电力网（或称市电）的地区或工矿企业附近，以满足这些地方的施工、生产和生活用电。目前在发展比较快的地区，需要建设周期短的常用柴油发电机组来满足用户的需求。这类发电机组一般容量较大。

3）战备发电机组

这类发电机组是为人防设施供电，平时具有备用发电机组的性质，而在战时市电被破坏后，则具有常用发电机组的性质。这类发电机组一般安装在地下，具有一定的防护能力。

4）应急发电机组

对市电突然中断将造成重大损失或人身事故的用电设备，常设置应急发电机组对这些设备紧急供电，如高层建筑的消防系统、疏散照明、电梯、自动化生产线的控制系统及重要的通信系统等。这类发电机组需要安装自启动柴油发电机组，自动化程度要求较高。

二、常用柴油发电机群的布置原则与要求

1. 柴油发电机群的布置原则

柴油发电机的电力供应应具有足够的可靠性、可变性，以及系统的适配性。分区分系统的大型数据中心项目供电，一般采用双回路互为备用的冗余配置，保证数据机房供电稳定。为确保柴油发电机组的供电稳定，可根据项目的系统类别同步划分柴油发电机的供电负荷，如针对双区双系统（即A、B区域各有一半负荷来自于同一市电电源，则有两套系统供电），可将一组柴油发电机负荷分别接入不同系统进行备用供电（其余发电机配置同样）。独立的柴油发电机系统可同时针对两个系统的母线进行供电，便于回路检修，强化了系统的可操作性，同时将柴油发电机组系统与供配电系统高效适配。

2. 柴油发电机群设计要求

（1）柴油发电机组组成的应急配电系统配置容量需要足够，且应该充分考虑备用容量。

（2）数据中心机房用电、辅助设备用电、消防用电等应急配电系统独立设计为宜。

（3）柴油发电机房的确定：考虑到柴油发电机组的进风、排风、排烟等情况，如果有条件时机房最好设在首层，若考虑地势以及柴油发电机组的安全性，也可设置在二层，不宜设置在过高楼层。当发电机房设置于地下层时，应特别注意进、出风通道能否满足要求，应注意发电机组储油装置（日用油箱、储油罐）的消防要求。

（4）柴油发电机房需要解决好通风、防潮、机组的排烟、消音和减振，在设计中要注意处理好。

（5）机房选址时应注意以下几点：

1）不设在四周无外墙的房间，为热风管道和排烟管道伸出室外创造有利条件；

2）尽量避开建筑物的主入口、正立面等部位，以免排烟、排风对其造成影响，同时，注意噪声对环境的影响；

3）宜靠近建筑物的变电所，这样便于接线，减少电能损耗，也便于设备及系统的运行管理；

4）不应设在厕所、浴室或其他经常积水场所的正下方和贴邻。

（6）机房设备的布置：机房设备布置应根据机组容量大小和台数而定，应力求紧凑、经济合理、保证安全及便于操作和维修。

当发电机房只设一台机组时，如果机组容量在500kW及以下，则一般不设控制室，这时配电屏、控制屏宜布置在发电机端或发电机侧，其操作检修通道的要求为屏前距发电机端不应小于2m，屏前距发电机侧不应小于1.5m。

对于单机容量在500kW及以上的多台机组，考虑到运行维护、管理和集中控制的方便，宜设控制室。一般将发电机控制屏、机组操作台、动力控制（屏）台及照明配电箱等放在控制室。控制室的布置与低压配电室的布置的技术要求相同。

（7）机房配电导线选择与敷设：柴油发电机房宜按潮湿环境选择电力电缆或绝缘电线；发电机至配电屏的引出线宜采用铜芯电缆或封闭式母线；强电控制测量线路、励磁线路应选择铜芯控制电缆或铜芯电线；控制线路、励磁线路和电力配线宜穿钢管埋地敷设或沿电缆沟敷设，励磁线路与主干线采用钢管配电时可穿于同一管中。柴油发电机房固定照明须接应急电源。

（8）机房接地：柴油发电机房一般应用三种接地。即，① 工作接地，发电机中性点接地；② 保护接地，电气设备正常不带电的金属外壳接地；③ 防静电接地，燃油系统的设备及管道接地。各种接地可与其建筑的其他接地共用接地装置，即采用联合接地方式。

（9）燃油的存放：在机房内或贮油间要有供8h连续运行的日用油箱，但油量超过100L时，宜放置在与机房有防火隔墙的专用贮油间。

三、柴油发电机群技术要点

（1）机房的高、长、宽尺寸必须满足机组的要求。

（2）要留有设备进出门及值班人员进出门，设备进出门要保证机组能推进推出。如因条件限制，设备进出的大门也可开人员进出的小门；在针对柴油机散热器的地方要留热风排出百叶窗。如果不采用整体风冷机组，要留有冷却水管道过楼板的预留孔。

（3）根据机组的高度及排烟方向，要在墙上预埋排烟管通道套管。

（4）根据机组重量，土建要做相应的基础，并根据机组底盘的尺寸，还要做相应的机座，预留埋地角螺丝的孔洞。

（5）根据进出线及电控箱位置，设置电缆沟或预埋管。

（6）柴油机房的进出风不应设在同一墙面上，以免形成气流短路，影响散热效果。但确有困难时，应出风口在上部，进风口在下部，且两者相距应在2m以上。出风口面积不应小于柴油机散热器面积的1.5倍；进风口面积不应小于柴油机散热器面积的1.8倍。在寒冷地区应注意进风口、排风口平时对机房温度的影响，以免机房温度过低影响机组的启动。风口与室外的连接处可设风门，平时处于关闭状态，机组运行时能自动开启。

（7）吊装时应用足够强度的钢丝绳索在机组的起吊位置，不能套在轴上，也要防止碰伤油管和表盘，按要求将机组吊起，对准基础中心线和减振器，并将机组垫平。

（8）柴油发电机组找平，排烟管的安装应注意排烟管的暴露部分不应与木材或其他易燃性物质接触。烟管的承拓必须允许热膨胀的发生、烟管能防止雨水等进入。

四、工程实例

某数据中心项目采用快速自启动柴油发电机组作为备用电源，放置于动力楼，屋面采用集装箱式柴油发电机，柴油发电机由排风消音室位置吊装，每栋动力中心设置洗烟设备，并布置一台假负载设备，及2个室外集装箱式室外发电机。配置10台10.5kV持续功率1600kW柴油发电机组，按1组9＋1并机运行（图5-14）。

图5-14 某数据中心项目柴油发电机组外形图

根据数据机房对供电可靠性要求，按N＋1的原则设置柴油发电机组，作为该工程的应急电源。

采用10kV发电机组，共设1组柴油发电机，每组设10台，9用1备，每台持续功率为1600kW，并机运行。柴油发电机组采用两组单母线输出系统。1组并机发电机组与2个高压配电系统相对应。当任一组高压配电系统中两路10kV市电停电时，自动启动相应的柴油发电机组信号延时0～10s可调，并要求在1min内完成从启动、并机至具备正常供电条件的全过程。发电机组严禁与市电并网运行。当市电恢复60s后，自动/手动恢复市电供电，柴油发电机组经冷却延时后，自动停机。柴油发电机馈电线路连接后，两端的相序必须与原供电系统的相序一致。

柴油发电机储油量及室外油罐设置：每台柴油发电机单独房间布置，每间设储油箱。在室外合并建设5个50m³（N＋1配置）的室外埋地储油罐，储油量满足动力中心12h供油保障，并采用签订供油合同最终满足全部动力中心12h供油保障。油罐至动力中心均配置双油路，避免油路同时故障。柴油丙类液体，闪点不小于60℃。

第四节　大管径管道及大型设备施工

数据机房设备众多，产热量大，所以需要较多大型管道输送冷量。于是大型管道的安装施工和大型设备的运输吊装成为不可避免的难点。

一、大管径管道及大型设备施工特点

1. 大管径管道施工特点

数据中心项目设备众多，散热量大，对应设计所需的制冷量大，大管径管道（DN500~DN1000）主要集中在空调制冷机房，管道在机房对外连接出去，所以最大的主管在机房附近位置，最大管径往往在DN1000以上。同时机房内主管多排列紧密，立管紧凑；分支多且有环网设计，给有限的机房空间带来了较大的施工难度，因此，大管径管道安装在机房相对密集的空间通常采用预制的方式来解决。

2. 大型设备施工特点

设备同管道集中在首层的制冷机房，现场有较多的设备基础会阻碍道路运输，设备安装运输受限，且堆放空间也被束缚。设备厂家提前提供尺寸重量等参数，与土建配合设计出设备安装点和预留装卸货空间。按照运输路线用坦克轮水平转运至相应基础处后利用葫芦吊装制冷机组就位，然后微调位置放正（图5-15、图5-16）。

柴油发电机和主机集中在二楼以上，需要进行设备的频繁吊装，有着较大的重复量工作。应尽早编制吊装方案及进度计划，安排所需人员和吊装设备。

图5-15　水平运输坦克　　　　图5-16　设备定位安装图

二、大型管道施工技术要点

1. 大型管道吊装

以$DN1000$mm冷却水管吊装为例说明管道就位过程，$DN1000$mm管道采用螺旋焊管，每次吊装长度在9～12m之间，吊装过程如表5-1所示。

大型管道吊装施工工序　　　　　　　　　　　　　　表5-1

管道就位示意图（单位：mm）	说明
      	测量尺寸，将管道移到两道过梁之间，调整管道水平位置使之旋转时不会碰到过梁1，收紧捯链1，先提起管道一端
      	管道一端提升至管道支撑梁上方时，开始收紧捯链2，管道慢慢向左上方移动，在管道上移同时收紧捯链1
      	在收紧捯链1和捯链2的过程中，管道慢慢转至水平位置，当管道越过过梁后，收紧捯链2，松开捯链1，将管道平搁在两道支撑梁上

管道就位示意图（单位：mm）	说明
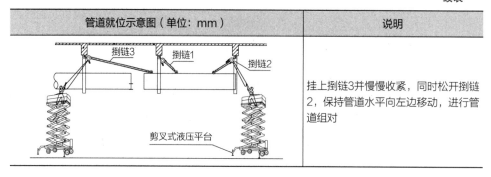	挂上捯链3并慢慢收紧，同时松开捯链2，保持管道水平向左边移动，进行管道组对

2. 大型管道安装

大管径管道主要以焊接为主。由于管道直径大，壁厚厚、重量大，使得安装过程中无论是支架设置还是焊接等都带来较大的难度，为确保安装质量，安装过程中必须注意以下几点：

（1）支架的设计和设置。对于走道内管道的冷冻水、冷却水支架应根据现场的实际情况确定支架形式。管道集中区域的水平干管的支架，应尽量采用型钢组合支架。水平干管的支架的横梁可采用单槽钢、工字钢、复合槽钢等类型。

（2）选用后必须进行支架强度校核。校核内容应包括支架横梁型钢的抗弯和抗剪力、支架生根部位膨胀螺栓的抗拉和抗剪力。

（3）支架选用后生根点的布置。必须考虑结构及管道的安全，生根点应尽量布置在结构的梁、柱上，避免直接生根于楼板上，同时生根点的受力应采用受剪，避免单纯受拉。

（4）管道固定焊口和转动焊口位置的确定。由于管道直径大，对口困难，因此安装前，根据现场的实际位置，结合图纸，确定固定口和转动口的位置。

（5）管道的对口。管道的对口质量是影响管道安装质量的关键点，对口质量的好坏直接影响着管道水平度、垂直度及最终的焊接质量，特别是大口径管道，必须严格控制对口质量。施工时应根据不同的管径选用不同的对口方法。

三、大型设备施工技术要点

1. 施工思路

数据中心的制冷机房管道尺寸大、阀门配件多、支吊架工程量大、焊缝数量多，物料在站内的卸货、转运、焊接、吊装等需要合理安排流水作业及施工顺序，方能更好地保证施工有条不紊地进行。

主要设备拟采用汽车式起重机吊装。拟在一层备品备件间增加一个物料运输通道，增加冷冻站物料运输能力。阀门配件、水泵等使用叉车快速转运。阀门试压、预制管段、支吊架在厂外预制加工厂完成。在站内设置临时加工区，进行管道切割、坡口加工、零星构件加工等工作。

按照主干管道吊装、设备基础施工、支管及设备安装、管道与设备接驳的先后顺序开展冷冻站的施工。安装完成主干管道后再进行设备基础的浇筑，减少设备基础浇筑对主干管施工造成的影响。

主干管道安装完成后，开始进行水泵、分集水器等设备的安装就位工作，首批设备就位后即开始管道与设备的接驳施工。

2. 运输路线

设备通过主道路货运，然后通过机械水平运输到安装位置。

数据中心设备布置集中，设备数量众多，设备进场先后顺序及吊装顺序做统一部署，避免运输路线堵塞及吊装运输相互干扰。同一机房内不同设备按顺序就位，以免相互干扰。

3. 大型设备吊装及安装

将吊装区域及吊车位置设置在室外地坪上，所有准备工作做好之后开始进行，首先将钢丝绳吊索用卡环固定于设备四角吊装孔，检查是否牢固后，用吊车将设备起吊。设备吊装时，外包装应完好。

设备起吊时，首先应进行试预吊，起吊的速度根据吊机标准时速进行，慢慢起吊，对准吊装预留孔缓缓放下，放臂时，跨度不可超出标准值（图5-17）。同时，在室外吊装区域及地下一层至地下二层吊装孔位置处安排吊装人员用对讲机指挥，随时调整设备放下偏差。当设备从车上吊下时，先不着地，离地0.5m时停止，平面作业人员立即安装4个坦克轮，将目字型钢架放在冷水机组设备底部，并快速调整好坦克轮的位置，然后将冷水机组放到钢架上面。

图5-17 设备吊装图

四、工程实例

某数据中心项目柴油发电机组的施工步骤如下：

1. 机组的搬运

在搬运时应注意将起吊的绳索系结在适当的位置，轻吊轻放。当机组运到目的地后，应尽量放在库房内，如果没有库房需要在露天存放时，则将油箱垫高，防止雨水浸湿，箱上应加盖防雨帐篷，以防日晒雨淋损坏设备。由于机组的体积大，重量很重，安装前应先安排好搬运路线，机房应预留搬运口。如果门窗不够大，可利用门窗位置预留出较大的搬运口，待机组搬入后，再补砌墙和安装门窗。

2. 开箱

开箱前应首先清除灰尘，查看箱体有无破损。核实箱号和数量，开箱时切勿损坏机器。开箱顺序是先拆顶板、再拆侧板。拆箱后应做以下工作：

① 根据机组清单及装箱清单清点全部机组及附件；② 查看机组及附件的主要尺寸是否与图纸相符；③ 检查机组及附件有无损坏和锈蚀；④ 如果机组经检查后，不能及时安装，应将拆卸过的机件精加工面上重新涂上防锈油，进行妥善保护。对机组的传动部分和滑动部分，在防锈油尚未清除之前不要转动。若因检查后已除去防锈油，在检查完后应重新涂上防锈油。⑤ 开箱后的机组要注意保管，必须水平放置，法兰及各种接口必须封盖、包扎，防止雨水及灰沙浸入。

3. 划线定位

按照机组平面布置图所标注的机组与墙或者柱中心之间、机组与机组之间的关系尺寸，划定机组安装地点的纵、横基准线。机组中心与墙或者柱中心之间的允许偏差为20mm，机组与机组之间的允许偏差为10mm。

4. 检查设备准备安装

检查设备，了解设计内容和施工图纸，根据设计图纸所需的材料进行备料，并按施工计划将材料按先后顺序送入施工现场。如果无设计图纸，应参考说明书，并根据设备的用途及安装要求，同时考虑水源、电源、维修和使用等情况，确定土建平面的大小及位置，画出机组布置平面图。

5. 测量基础和机组的纵横中心线

机组在就位前，应依照图纸"放线"画出基础和机组的纵横中心线及减振器定位线。

6. 吊装机组

吊装时应用足够强度的钢丝绳索在机组的起吊位置，不能套在轴上，也要防止碰伤油管和表盘，按要求将机组吊起，对准基础中心线和减振器，并将机组垫平（图5-18）。

图5-18 柴油发电机吊装图

7. 机组找平

首先，利用垫铁将机器调至水平，安装精度是纵向和横向水平偏差每米为0.1mm，垫铁和机座之间不能有间隔，使其受力均匀。然后再进行排烟管的安装，排烟管的暴露部分不应与木材或其他易燃性物质接触（图5-19）。烟管的承拓必须允许热膨胀的发生，烟管能防止雨水等进入。

图5-19 柴油发电机安装完成图

第五节 密集空间管道模块化施工

数据中心系统众多，其余配套空间占额较小，致使给水排水、消防管井狭小；冷量需求大，制冷系统采用双系统一备一用，机房及管井内空调水管密集且管道较大；走道内管道系统众多，综合排布较为复杂，不仅需要合理地进行机电管线综合，还应考虑检修空间方便后期桥架放线，因此，制冷机房等重要设备机房内局部管线密集区域的管线施工是难点。

一、密集空间管道施工特点

数据中心风管管井多为单风管，主要施工难题为水管管井，针对管井内管线施工，主要的解决方案就是采用预制组合立管。

综合走道内的综合支架和管线施工技术主要是利用BIM技术进行前期的深化设计，提前确定管线排布与支架形式。支吊架采用装配式支吊架，采用穿插式管线施工，形成管线安装流水化作业。

冷机房等重要设备机房内局部管线密集区域空间的施工采用模块化措施，提前进行管线深化设计，并通过工厂化预制加工、现场进行组装，提升机房整体的施工效率。

二、管井内管道施工技术要点

数据中心管井采用预制组合，管道施工配合主体结构一体化施工。

1. 管道预制组合施工特点

相比传统立管施工技术，管道预制组合特点主要体现在以下几个方面：

（1）设计施工一体化：预制组合立管从支架的设置形式、受力计算到制作加工的详图，再到现场的施工都由施工单位一体化管理。

（2）现场作业工厂化：将在现场作业的大部分工作移到了加工厂内，将预制立管在工厂内制作成一个个整体的组合单元管段，整体运至施工现场，与结构同时安装施工。

（3）分散作业集中化、流水化：传统的管井为单根管道施工，现场作业较为分散、作业条件差，而预制组合立管将现在分散的作业集中到加工厂，实现了流水化作业，不受现场条件制约，保证了施工质量，整体组合吊装，减少高空作业次数，有效地降低了危险性。

（4）预制立管安装完成后，需要进行楼板的浇筑，将管井与楼板连为一体，减少安全隐患和漏水隐患。

2. 管道预制组合施工方式

将每个管井视为一个单元，每2～3层立管分为一个节。通过深化设计，绘制详细的管道布置及管节加工图，在工厂进行预制生产。

每一根管道按图纸位置固定在管架上，从而使管道与管架之间、管架与管架之间、管道与管道之间形成一个稳定的整体（节）。

跟随主体结构施工进度，利用塔式起重机把每节预制组合管道吊装到管井位置，将水平管组运至管廊或机房中就位固定，并进行管道连接作业，即一次性完成管井2～3层的所有立管施工（图5-20）。

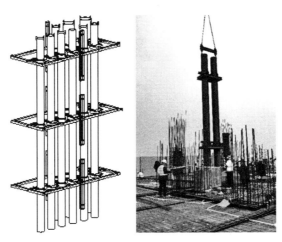

图5-20　预制立管图

三、走道区域综合管线施工技术要点

为提高走道区域内施工效率，避免各专业施工冲突，数据中心走道内综合管线施工采用装配式支吊架、穿插式施工。

1. 装配式支吊架

装配式支架系统包括装配式U形槽钢支架、装配式型钢支架，以及装配式抗震支吊架，根据受力计算，建议小于等于DN200的管道支吊架应采用装配式U形槽钢支架，大于DN200的水管支架采用装配式型钢支架。

2. 穿插式施工方式

如图5-21所示，该走道为数据中心后勤走道，走道内有市政给水系统、喷淋及消火栓系统、空调冷冻水系统、空调系统。

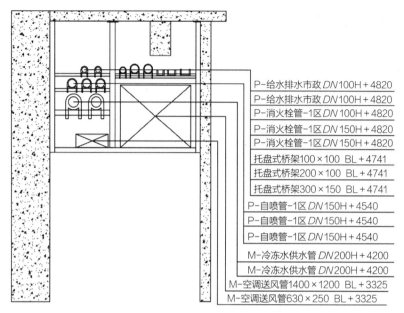

图5-21　后勤走道剖面图

走道内涉及专业众多，采用穿插式施工。施工顺序如表5-2所示。

走道区域综合管线施工顺序　　　　　　　　　　　　　表5-2

序号	专业	施工时间
1	给水市政、消火栓系统、强弱电桥架	N
2	喷淋系统	$N+1$
3	冷冻水系统	$N+2$
4	空调系统	$N+3$

四、机房区域管道施工技术要点

数据中心机房区域管道施工采用模块化设计，机房模块设计以原设计为依据，采用多专业一体化的综合布置方式。

1. 模块化施工优势

（1）应用模块化装配式施工技术，整体施工工序合理，减少了机房内机电管线施工周期，提高了施工效率。

（2）对于机房支吊架系统进行优化，机房内型钢节省超过10%，缩短工期，批量减少焊缝施工，节省人力投入。

（3）模块化施工技术具有施工周期短、施工质量可控、对环境污染小等特点。

2. 模块化施工技术要求

考虑机房管线模块的运输、安装等要求，依照图纸首先进行合理分段，机房管线模块的长边不宜超过6m，宽边不宜超过2m；当机房管线模块有3个布置平面时，最短边不宜超过0.5m。机房管线模块划分时应尽量避开管道的弯头和顺水三通，对于不易控制尺寸或角度参数的管段可组合为一个管道构件（图5-22）。

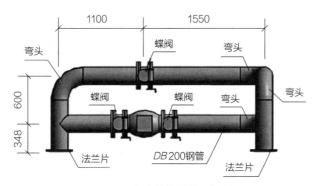

图5-22　机房管线模块正视图

应综合考虑管道支吊架布置方案，每个分段点前后1m内应加设支吊架进行固定。机房内的管道组件严禁"T"字连接，必须采用弯头连接。

纠偏段如图5-23所示。设置数量不宜过多，应保证模块X、Y、Z方向上分别预留有1~2段可调管段，长度宜小于500mm，设置于设备进出口，管道系统起始、终止段。应设置在便于施工的位置，不宜设置在设备或管道的上方。

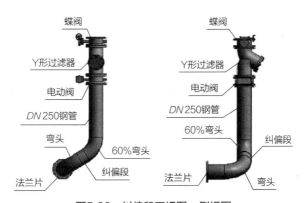

图5-23　纠偏段正视图、侧视图

单个泵组模块吊装重量不宜超过20t，各台水泵应属同一机电系统。

并联水泵的出口管道与总管连接时应采用顺水流斜向插接的形式，夹角不大于60°（图5-24）。

设备模块中的管道及其阀部件设置应符合原设计要求，阀门间距应满足压力表、温度计的安装要求。

设备模块的重量不宜大于机房内的最重设备，外形尺寸不宜大于4000mm×3000mm×3200mm。

体积过大或重量过重的设备模块可采用场外拆分、场内拼装的形式，各拆分构件的连接宜采用活套法兰、卡箍、丝扣等冷连接方式连接。

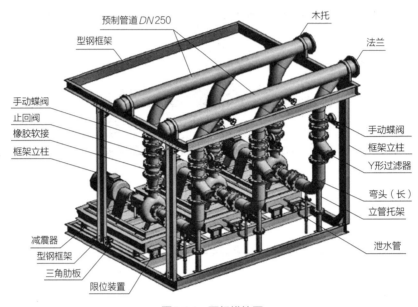

图5-24　泵组模块图

五、工程实例

某数据中心项目管井内预制立管管道施工（图5-25）：首先对管井进行综合排布，对管道进行分段处理，由预制加工厂进行加工处理，然后运送至施工现场，配合总包在结构浇筑前将预制立管摆放就位，然后整体浇筑、一体化施工。

图5-25　预制立管

机房区域管道施工：首先应用BIM对机房内综合管线进行合理排布，然后通过CAD绘图对冷却水泵进行分段处理，将图纸及阀门等材料发往预制加工厂进行加工，再将加工完成好的模块化制冷机组运输至数据中心，进行焊缝连接即可（图5-26）。

图5-26 模块化制冷机组

数据中心数据机房

第一节　数据机房概念

一、数据中心机房基本概念

数据中心机房一类特殊建筑的统称，用来集中放置和管理各类IT设备（包括网络交换机、服务器群、存储器数据输入/输出配线等）及其配套设施（电源、照明、空调等），包括服务器机房、网络机房、存储机房等功能区域，实现对大量数据的存储、运算、通信、网络服务等功能，为不同需求的用户提供实时高效的信息处理平台。

二、机房的环境要求

机房是安装信息系统的场地，设备在运转过程中会产生大量的热。温度过高或过低都会使电子器件的电气参数发生变化，加速元器件的老化；高湿会使金属生锈、接触不良；低湿加速静电的形成；灰尘易吸湿，对元器件产生腐蚀，甚至引起短路；振动、冲击会使连接件松动、接触不良；静电会引起计算机设备的随机故障而产生误信号等。因此，为保证设备可靠运行，机房必须具备一定的环境条件：

（1）空间大小。在满足数据中心机房系统可靠性的前提下，合理确定机房、机柜的布局和空间，同时要预留多出20%～30%的空间以备系统扩充。

（2）温度、湿度。计算机系统对温度、湿度的要求分为A、B两级，如表6-1所示。

计算机系统温度、湿度分级　　　　　　　　　　表6-1

项目　　要求　　级别	A级		B级
	夏季	冬季	全年
湿度	23±2℃	20±2℃	18±28℃
相对湿度	45%～65%		40%～70%
温度变化率	<5℃并不得结露		<10℃并不得结露

（3）防水。数据机房不允许出现漏水，需长期保持在无水状态。

（4）消防。数据机房内应设置气体灭火系统，且气体灭火后不会产生物质损害被保护的电子设备。

（5）尘埃。在静态或动态条件下测试，每立方米空气中粒径大于或等于

0.5μm的悬浮粒子数应少于17600000粒，即空气洁净度等级不小于8.7级。

（6）噪声。计算机系统停机时，在主机房中心处测试机房内的噪声应小于65dB（A）。

（7）照度。主机房和辅助区一般照明的照度标准值应按照300～500lx设计，一般显色指数不宜小于80。

（8）无线电干扰场强。主机房和辅助区内的无线电骚扰环境场强在80M～1000MHz和1400M～2000MHz频段范围内不应大于130dB（μV/m）。

（9）磁场干扰场强不大于800A/m。工频磁场（交流输变电设施产生的磁场）场强不应大于30A/m。

（10）在计算机系统停机条件下，主机房地板表面垂直及水平方向的振动加速度值不应大于500mm/s^2。

（11）主机房地面及工作台面的静电泄漏电阻应符合现行国家标准《防静电活动地板通用规范》SJ/T 10796—2001的规定。

（12）主机房和辅助区内绝缘体的静电电位不应大于1kV。

第二节　数据机房体系构造与基本要求

数据中心主机房用来集中放置和管理各类IT设备及其配套设施，且需要全年不间断地在恒温恒湿条件下运行。为保证数据中心机房平稳运行，对数据中心防水、气流、供冷、除湿、消防和装修等多方面提出了更严格的要求。

一、机房防水

1. 数据机房防水概述

数据中心机房内有大量精密的电子信息设备，对水极为敏感。水患是不容忽视的安全防护内容之一，轻者造成机房设备受损，降低使用寿命；重者造成设备损坏和信息丢失，带来严重甚至无法挽回的经济损失。因此，必须通过防水和排水等多种方案保障数据中心机房始终处于无水状态。

数据机房水源主要来自于室外水、事故水和给水排水漏水等，因此，数据机房防水可以从三个方面入手，即无水房间、室外防水和事故排水三个方面。

2. 无水房间

（1）数据中心不应有与主机房内设备无关的给水排水管道穿过主机房，相关给水排水管道不应布置在电子信息设备的上方。

（2）穿过主机房的给水排水管道应暗敷或采用防漏保护套管，同时应加装阀门。管道穿过主机房墙壁和楼板处应设置套管，管道与套管之间应采取密封措施。且给水排水管道应采取防渗漏和防结露措施。

（3）数据中心内安装有自动喷水灭火设施、空调机和加湿器的房间，地面应设置挡水和排水设施，防止流入主机房内部。

（4）主机房和辅助区设有地漏时，应采用洁净室专用地漏或自闭式地漏，地漏下应加设水封装置，并应采取防止水封损坏和反溢措施。

（5）机房模块间不得设置在厕所、精密空调间、消防水池等正下方。且不宜与厕所、消防水池等贴邻。如果贴邻，建议设置双墙隔离，相邻隔墙应做无渗漏、无结露等防水处理。

3. 室外防水

室外水来源主要包括室外雨水和室外地下水，分别从屋面、外墙和地下室进入数据中心内部，本节将从屋面、外墙防水和地下室防水两方面介绍。

（1）屋面和外墙防水

1）《数据中心设计规范》GB 50174中要求屋面防水为Ⅰ级防水。因此，在设计施工过程中要按照Ⅰ级防水标准严格控制防水质量。

2）外墙宜采用幕墙加防水砂浆的形式，将雨水隔离在外。同时，数据机房墙体不应直接采用外墙作为围护结构，应设置走道隔断。

（2）地下室防水

数据中心地下室防水等级应为一级，设置两道防水，同时要求地下室表面不允许漏水，结构表面无湿渍。

4. 事故排水

机房模块间在外部做好防水措施后，主要面临的水浸入风险为走道上的消防水和贴邻的精密空调间的冷凝水（图6-1）。

（1）精密空调间的隔水措施

数据中心精密空调主要浸水来源包括冷凝水，以及事故及检修时的泄水、排水。常见的隔水措施如下（图6-2）：

1）精密空调间做好防水处理，设置地漏不少于2个，精密空调和模块间设置反坎。

2）宜设置混凝土反坎，避免采用砖砌块砌

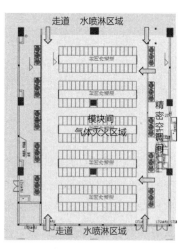

说明：

1. 模块间门浸入：如走道水喷淋动作后的消防水；走道冷冻、冷却水等水路管道检修、故障泄水；

2. 贴邻的精密空调间浸入：如精密空调冷凝水、管道检修、故障等泄水。

图6-1 事故排水

筑，混凝土反坎更牢固并具有更好的防水效果。

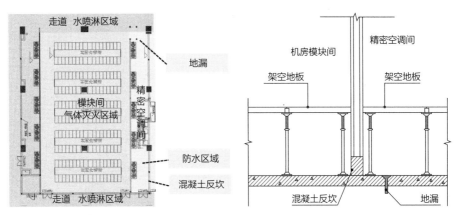

说明：

1. 精密空调间浸水来源：

正常运行时的冷凝水排水，事故及检修时的泄水、排水。

2. 解决措施：

（1）水冷及冷冻水精密空调间有水管道进入时需要进行防水排水处理。

（2）精密空调间内做防水处理，设置地漏，与模块之间设置反坎。

图6-2 隔水措施

（2）数据机房走道的隔水措施

数据机房走道浸水来源主要是消防喷淋水和给水排水管道漏水，因而需要在数据机房和走道相交位置设置防水措施，避免积水渗漏至数据机房内部。常见的走道的隔水措施有以下四种：

1）当模块间和走道均为架空地板时，走道需做好防水处理，设置地漏不少于2个，走道和模块间设置反坎（图6-3）。

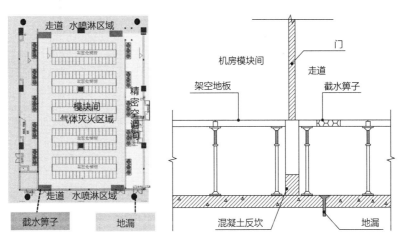

说明：当模块间和走道均为架空地板时防水措施：走道设置地漏，机房模块间门前区域设置截水功能的地板、截水箅子。

图6-3 走道隔水（一）

2）机房模块间架空地板与走道地面齐平时，如采用走道设置防水措施，可设置截水沟和地漏（图6-4）。

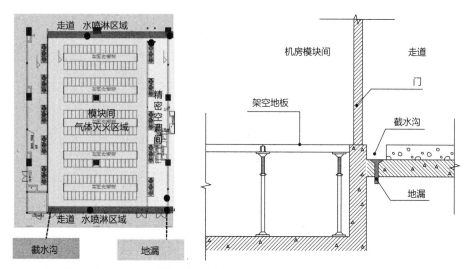

说明：机房模块间架空地板与走道地面齐平时走道防水措施：机房模块间门前区域设置截水沟，截水沟找坡低处设置地漏。

图6-4　走道隔水（二）

3）机房模块间架空地板与走道地面齐平时，如采用机房模块间内设置防水措施，模块间内可采取与精密空调间相似的措施，并将防水区与精密空调间联通，同时模块间内防水区宜高于精密空调间（图6-5）。

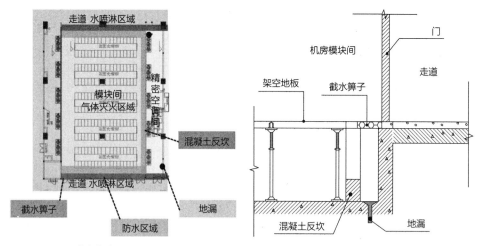

说明：机房模块间架空地板与走道地面齐平时机房防水措施：机房模块间门内区域设置混凝土反坎与机柜隔开，同时设置截水箅子和地漏，与精密空调联通。

图6-5　走道隔水（三）

4）模块间和走道均无架空地板时，数据机柜基础建议抬高避免水浸入造成损失（图6-6）。

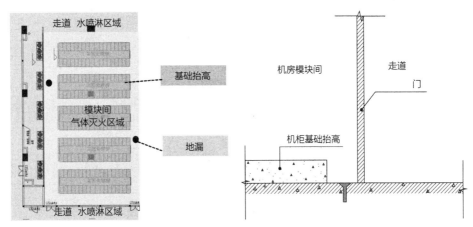

说明：模块间和走道均无架空地板时防水措施：机房模块基础抬高处理，并做好防水，机房内设置地漏。

图6-6　走道隔水（四）

二、气流组织与封闭冷/热通道

1. 机房气流概述

数据中心机房在使用过程中，设备会产生巨大的热量，由于设备是靠机房空调送入的低温风与其散热充分交换，带走热量，降低机架内温度，气流组织起到热交换媒介纽带作用。

气流组织同时也在改善机房内部存在的局部热岛问题，避免了冷空气与热空气直接混合，减少冷量的浪费。当机柜得到需求的冷量，整体机房的能耗PUE值就可以保持正常范围了。

2. 机房气流组织解析

（1）机架气流组织形式

机房机架通常是前部进风、后部排风或前部进风、顶部和后部排风的气流组织（图6-7）。

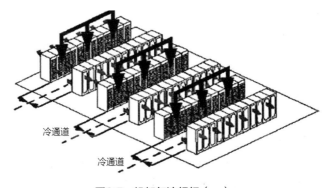

图6-7　机架气流组织（一）

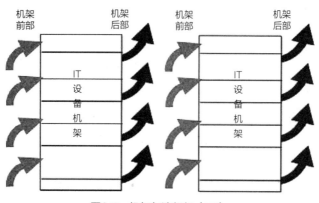

图6-7 机架气流组织（二）

（2）机房气流组织形式

根据机架气流组织形式，机房本身的结构，或机房内其他设备已确定了的位置，要求空调设备只能按一定的送、回风方式以获得最佳效果。根据机房的结构分为两类气流组织：下送风气流组织和上送风气流组织。

1）下送风气流组织

① 下送风＋送风机柜＋上回风

通过架空地板把冷风送至IT机柜内部，带走IT设备热量后，热气流从机柜后部或者上部排出，回到空调（图6-8）。

特点：标准机柜前部配有密封风柜，机柜布置灵活，可以背靠背布置也可同向布置，该方案投资小，标准化施工非常方便。只适合用于新建项目，但是送风柜的尺寸限制了机柜的风量，一般单机功率密度在3kW以下。

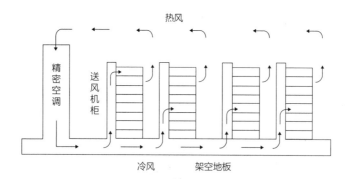

图6-8 "下送风＋送风机柜＋上回风"系统

② 下送风＋封闭冷通道＋上回风

各机柜以面对面成排的方式布置，并实现冷通道封闭形成一个"冷池"，空调冷风通过架空地板的静压箱后再进入冷池，进行气流二次均压后再对IT设备进行冷却，热气流从机柜的后部或者上部排出，回到空调（图6-9）。

特点：冷通道封闭有利于气流组织的二次均衡，使得离空调距离不同机柜的进风量更加一致，也使得同一架机柜不同高度的设备进风温差控制在2℃以内，较好地避免冷热不均。单机功率密度为4～8kW，如果需要冷却更高密度的服务器，需要增加冷池面积或者安装活化地板以获得额外的冷量。

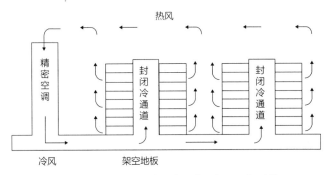

图6-9 "下送风＋封闭冷通道＋上回风"系统

③ 下送风＋封闭热通道＋上回风

通过地板下送风把冷风输送至机柜附近，对热通道进行封闭，热风通过风管进入吊顶回到空调（图6-10）。

特点：节能高效，但投资大，不宜施工，且不适用于蒸发式机房空调。热风需强制抽风回到空调，这种方式实际采用较少。适用于采用水冷空调的新建项目，单机功率密度可达5～8kW。

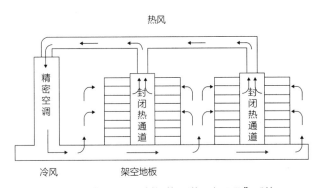

图6-10 "下送风＋封闭热通道＋上回风"系统

④ 下送风＋封闭冷热通道＋上回风（图6-11）

同时在数据中心封闭冷、热通道。地板下送风，部分使用活化地板，通过冷池二次均压送入设备机柜，热风通过风管进入吊顶回到空调。

特点：这是②和③的综合应用，属于超高热解决方案，缺点是投资过大。适用机柜功率密度可达12～20kW。

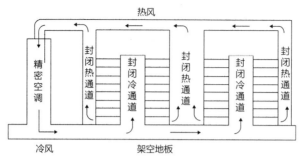

图6-11 "下送风＋封闭冷热通道＋上回风"系统

2）上送风气流组织

① 上送风＋风管送风＋前回风/后回风

通过风管、风量调节阀、风口等设备把冷风输送至机柜附近，根据风管和机柜位置的不同，采取下位送风或定向送风，但是冷气流在离开风口进入服务器前还无法避免与热气流混合（图6-12）。

特点：风量、风向可调，投资比较低，省去了架空地板。

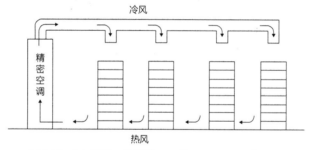

图6-12 "上送风＋风管送风＋前回风/后回风"系统

② 上送风＋风管直输＋前回风/后回风

通过风管、风量调节阀、门板式送风器等设备把冷风直接输入设备机柜内，这种方式冷通道封闭比较完整，为严格意义的精确送风。这种形式的送风，必须要考虑相邻空调设备的冗余互补，一旦某台空调出现故障，相邻的空调应通过联通的静压箱应急提供冷气流（图6-13）。

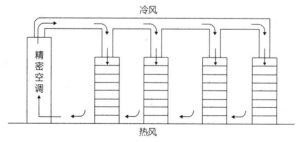

图6-13 "上送风＋风管直输＋前回风/后回风"系统

特点：可对每个机柜进行风量调整，但是风管制作成本高，投资较大。适合一些老机房的改建，适用单机柜密度为2~3kW。

③上送风＋封闭冷通道＋前回风/后回风/下回风

机柜面对面布置，进行冷通道封闭，通过风管、导风柜、封闭冷通道二次均压，送入设备机柜内（图6-14）。

特点：高热机房解决方案，气流组织合理，投资较大。适合一些老机房的基础上的新建项目，适用单机柜密度为5kW左右。

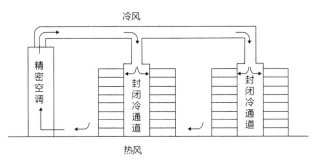

图6-14 "上送风＋封闭冷通道＋前回风/后回风/下回风"系统

④上送风＋风管送风/下位送风/定向送风＋前回风/后回风/下回风

这是一种混合方式，适用于机房内机柜功耗相差较大的场合，对可以封闭的机柜进行冷通道封闭，对无法封闭的机柜采用开放方式，但风管的出口风量可调，并尽量靠近设备的进风口，实现部分区域精确送风，对机柜的冷量需求实现差异化解决（图6-15）。

特点：对前面几种方案的综合应用。适用于改建项目，特别是复杂的非标准场所，根据主设备的要求来封闭。由于是风管上送风，故单机柜功率不宜超过2.5kW，否则应给予额外的风量和冷量。

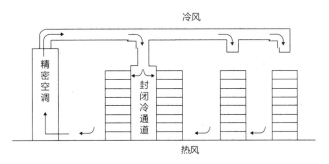

图6-15 "上送风＋风管送风/下位送风/定向送风＋前回风/后回风/下回风"系统

3. 送风形式及封闭冷、热通道的选择

目前机房制冷大多数采用上送风或下送风方式，从实际效果看，由于冷气流受热后自然上升，下送风气流流动效果会优于上送风，有利于设备冷却和降低风机功耗。如果机房条件允许，应尽量采用地板下送风方式。

封闭冷/热通道系统是基于冷热空气分离有序流动的原理，冷空气由高架地板下吹出，进入密闭的冷池通道，机柜前端的设备吸入冷气，通过给设备降温后，形成热空气由机柜后端排出至热通道（图6-16、图6-17）。热通道的气体迅速返回到空调回风口。机柜密闭式涡轮后门，把热气汇集，通过垂直风管与吊顶无缝连接。热回风与冷量完全隔离。因此，可提高内部的冷气利用率，带走更多设备产生热量，降低设备温度。

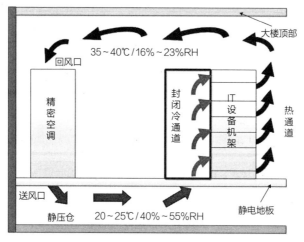

图6-16　封闭冷通道

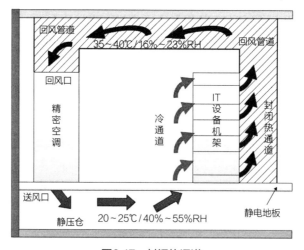

图6-17　封闭热通道

综合封闭冷、热通道的优、缺点来说，如果机房规模较小，发热量不高，封闭冷/热通道均可。若是发热量大的机房，冷通道能耗较低，并能确保输送至机

柜内部的冷气以最节约有效的方式全部输送给散热设备，冷通道要优于热通道
（表6-2）。

封闭冷/热通道对比表   表6-2

编号	对比项目	冷通道封闭	热通道封闭	备注
1	制冷能耗	较低	较高	热通道封闭时，空调回风温度提高，空调的COP相对较高
2	制冷效率	较高	较低	热通道封闭时，机房剩余空间处于冷空气区域，但设备不一定得到足够的冷气
3	架空地板	需要	可不设置	没有架空地板，只能做热通道封闭
4	开放区域凝露	无	可能出现	采用热通道封闭时，如果房间的防潮做得不好，外界环境漏湿进来，有可能会导致机柜表面或服务器进口结露，影响可用性
5	围护结构热交换	无冷量损失	有冷量损失	密闭冷通道，机房大面积处于回风温度，可以避免冷量随着开关门的散逸，以及减少通过围护结构的冷量散失
6	运维人员舒适度	较差	良好	冷通道封闭时，机房剩余空间处于热空气区域，运维人员舒适性不高
7	门禁管理	通道级门禁和机柜级门禁	只能设置机柜门禁	密闭冷通道中机柜都是面对面的，可以实现通道级门禁和机柜级门禁，而密闭热通道中机柜都是背对背，需要设置机柜级门禁

三、恒温恒湿控制系统

1. 数据机房温湿度的概述

由于机房存放有很多对空气温湿度要求较高的IT设备，良好的温湿度监控，对充分发挥IT设备的性能、延长机器使用寿命、确保数据安全性以及准确性是非常重要的，目前，机房温湿度监控是运营商运维部门最重要的工作之一。

（1）温度的影响

温度太低，会使水汽产生凝结，降低电路板的结缘性，使材料更硬、更脆，电子元器件更容易氧化；温度太高，会使机房设备运行不稳定，容易死机、停机，甚至是机房设备的配件损坏，烧坏主板。

（2）湿度的影响

低湿容易造成电子元器件的静电累积，从而导致较高的静电电压，最终对服务器构成危害；高湿会使金属生锈、接触不良，同时灰尘易吸湿，对元器件产生腐蚀，甚至引起短路。

数据中心机房湿度保持在恰当水平将发挥有益作用，湿度过高或过低都会导致潜在的问题，将湿度保持在恰当水平可以让空气本身稍微提高电导性并让空气的接触面稍微湿润，从而减少导致静电释放的"电荷效应"。

2. 温湿度控制的参数

《数据中心设计规范》GB 50174—2017选用露点温度作为控制数据中心湿度的参数，其主要原理是：当一定体积的湿空气在恒定的总压力下被均匀降温时，在冷却过程中，气体和水汽两者的分压力保持不变，直到空气中的水汽达到饱和状态，该状态的温度叫作露点（表6-3）。

数据机房的环境要求　　　　　　　　　　　　　　表6-3

冷通道或机柜进风区域的相对湿度和露点温度	露点温度5.5~15℃，同时相对湿度不大于60%
主机房环境温度和相对湿度（停机时）	5~45℃，8%~80%，同时露点温度不大于27℃

3. 温湿度控制原理

温湿度控制通常采用温湿度耦合控制的方式，依靠冷源使表冷器与空气间形成温差驱动传热，从而降低湿空气温度，同时，湿空气因温度降低使干空气分压力下降，而湿空气中的水蒸气分压力却保持不变，当湿空气的温度降低到水蒸气分压力所对应的饱和温度时，水蒸气达到饱和状态。如果湿空气的温度进一步降低，那么湿空气就会析出水滴，从而实现除湿的目的。

（1）温度控制原理

机房的温度主要是通过精密空调系统来控制的，其控制原理详见第四章第一节。

（2）湿度控制原理

1）除湿原理

① 升温除湿

用加热器对室内空气加热升温，空气在保持绝对含湿量不变而温度上升时，空气的相对湿度随着空气温度升高而降低。但是单一的升温既不能真正除湿，又不能通风换气，空气质量差，一般不宜单独采用。

② 降温除湿

蒸气压缩式除湿机又称冷冻除湿机，利用制冷系统中蒸发器表面温度较低（一般可以低于被处理空气的露点温度），使得空气中水蒸气凝结在蒸发器表面，以减少空气中的含湿量。在制冷过程中，不仅降低了室内温度，也将空气中的湿度带走，达到除湿的目的。

③吸湿剂除湿

通过固体或液体吸湿剂实现多种空气处理，可避免冷冻除湿过程中将空气冷却到机器露点而后再加热的冷热抵消现象，但是必须要有相应的吸湿剂再生设备，所以系统复杂，设备占地面积大，维护要求高，一般用于对湿度要求较高的生产过程或有特殊用途的房间。

2）加湿原理

①电极加湿

电极加湿系统，利用电极棒在水中通入电流进行加湿，具有体积小、安装维护简单、维护成本低、耗电量大、易结水垢等特点。

②湿膜加湿

利用水泵将水均匀地喷淋在湿膜上，湿膜上的水分与干燥气流进行热交换，气化成高湿空气进行加湿，具有体积较大、用水量、节能以及在加湿过程中可以产生制冷效果等特点。

3）方案对比与分析

对于除湿，常用的方式是制冷除湿法；对于加湿，常用的方法是湿膜加湿法，对于大型数据中心有很好的节能效益，基于一体化控制的原则，数据机房通常采用集降温除湿、湿膜加湿功能为一体的恒温恒湿精密空调来控制温、湿度。

四、消防布设

1. 数据机房消防系统概述

（1）机房的火灾危险

机房的火灾危险主要有以下几种：

1）机房内部火灾危险：一是机房内的供配电系统起火；二是机房内的用电设备起火；三是人为事故引起的火灾。

2）机房外部火灾风险：机房外部的其他建筑物起火后蔓延至机房。

（2）机房的防火基本要求

1）在机房设置火灾自动报警系统。

2）数据机房内部火灾种类主要有A类（固体物质火灾）和E类火灾（带电物体和精密仪器等物质的火灾），机房消防系统适合采用无腐蚀作用的气体自动灭火系统，避免对机房内设备、仪器等产生损坏。气体灭火系统采用暗管布设方式安装，不影响机房整体效果。

3）合理正确地使用用电设备，制定完善的防火制度。

4）应单独设置防火分区，这样可以有效地防止来自机房外部的火灾危险。在机房选址时应注意机房要远离易燃易爆物品存放区域。

5）进出机房区域的门应采用防火门或防火卷帘。穿越防火墙的送、回风管应设防火阀。以上措施应在机房平面总体设计及相关专业设计中进行。

6）机房建设采用防火材料。机房装饰应采用非燃（A级）或难燃材料（B级），材料的燃烧性能应符合《建筑内部装修设计防火规范》GB 50222—2017有关规定。不可避免的木质隐蔽部分应作防火处理。电线电缆选用耐火或阻燃电线电缆。

7）机房安全出口不应少于两个，并尽可能设于机房两端。

2. 数据机房火灾自动报警系统

（1）系统设置

根据信息机房的重要程度、火灾危害性、疏散和扑救难度等因素，大型数据中心、计算中心的火灾自动报警系统应按特级保护对象的要求进行设置。A级计算机房及面积大于140m²的信息机房的火灾自动报警系统应按一级保护对象的要求进行设置，面积小于140m²的B级计算机房的火灾自动报警系统应按二级保护对象的要求进行设置。

（2）机房火灾探测报警装置选择

火灾探测报警装置可根据信息机房的重要程度和火灾特点选择，具体如下：

1）传统的火灾探测器

鉴于信息机房内火灾多为电气火灾及A类火灾，发生火灾时发烟量大，故在机房内多选用传统的感烟探测器作为探测火灾的装置。但是在火灾发展的四个阶段中，其初始阶段时间较长，在此阶段，空气中存在肉眼看不见的很微弱的烟雾，普通的感烟探测器在此阶段基本没有反应，导致无法在此阶段及时发现火情并报警，无法为控制火灾发展赢得宝贵的时间，故在大型数据中心、主机房、基本工作间及其他A级计算机房不宜设置此类火灾探测器。面积小于140m²的计算机房及数据中心、计算中心内的第一、二、三类辅助用房可设置普通的感烟探测器（图6-18）。

2）空气采样烟雾报警器

空气采样烟雾报警器从本质上讲是一个感烟型烟雾探测器（图6-19）。它是一种通过抽气泵主动将空气样品由采样管道抽入激光探测器进行探测，并由微电脑分析判断，从而早期

图6-18　普通感烟探测器

判断是否有潜在火灾存在的报警系统。对大型数据中心、计算中心及A级计算机而言，为及时发现险情并控制火灾及减少损失，可采取空气采样早期烟雾探测报警系统与传统的火灾报警系统相组合的方式。由于该系统的侦测腔具有极高的灵敏度且其灵敏度连续可调，探测范围广，故可探测到很微弱的烟雾，火情报警时间大为提前，使值班人员有充足的时间寻找火源，采取适当措施，制止火灾的发生。在主机房及基本工作间内设置空气采样早期烟雾报警系统时，宜采用"空气处理单元"及箱柜取样的模式。

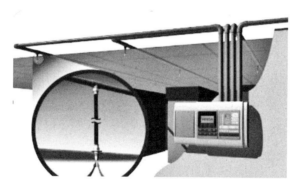

图6-19　空气采样烟雾报警器布置示意图

空气采样烟雾报警系统按采样管数量可分为单管型、双管型、四管型及多管；按分区可分为单区、双区、四区；按类型分为分区扫描、分区独立、标准型。根据环境要求不同选用不同规格的空气采样火灾探测器，极早期空气采样烟雾探测器有四个工作阶段，分别是预警、行动、火警1、火警2这四个阶段。

3）分布式感温光缆

信息机房内电气设备多，电气线路及计算机房信号线较多，为确保用电安全及数据传送安全，并迅速而准确地探测出被保护区内发生火灾的部位，建议在综合布线区、电缆井道、桥架处设置分布式光缆温度探测报警系统（图6-20）。

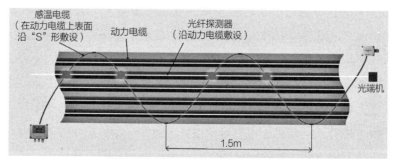

图6-20　分布式感温光缆敷设示意图

（3）火灾报警系统设置、联动中的特殊要求当机房内采用由火灾自动报警系统启动的自动灭火系统时，其火灾探测器宜在感温、感烟和感光等不同类型的探测器中选用两种，采用立体安装，共同监控各个不同的空间，当采用空气采样早期烟雾探测报警系统与传统火灾报警系统组合方式时，其中主机房及基本工作间应将空气采样等早期报警系统信号作为第一预警信号。

由火灾自动报警系统确认火灾后，应切断火灾区域的非消防电源，但对计算机设备而言，仅需切断市政或发电机的供电，对不间断电源供电并不切断，这是为了防止系统误报，导致数据损失。切断市政或发电机的供电后，值班人员应及时对报警区域的火灾情况进行确认、处理，一旦发现误报或灾情很小能及时处理完毕，应及时送电以确保计算机系统稳定运行。

如果机房内火灾自动报警系统并未报警，但值班人员在巡查中发现火情，应采用机械应急方式启动气体灭火系统，此时，火灾自动报警系统应联动所有相关消防设施，切断火灾区域的非消防电源。

3. 数据机房气体灭火系统

（1）灭火气体的选择

目前，国内外的相关标准都推荐数据中心机房采用气体灭火系统，在国内使用的气体灭火系统有：七氟丙烷、IG-541、高压、低压二氧化碳、三氟甲烷、六氟丙烷等系统。二氧化碳灭火系统由于有窒息作用，可能对机房内维护人员的生命安全造成威胁，二氧化碳气体的产生和灭火过程中会液态气化吸热，导致电子设备结露现象，现已很少使用。目前数据机房气体灭火系统主要采用七氟丙烷或IG-541系统。七氟丙烷和IG-541系统在适应性、安全性、可靠性、经济性方面各有优缺点，详见第三章第四节相关内容描述。

（2）气体灭火防护区的划分

气体灭火防护分区的划分尽量以自然区域为基础，当防护区域很大需要分割时，必须要考虑到分割用的材料的耐火等级和结构强度。现在许多数据中心机房、通信机房、电脑终端室等为了采光要求和美观，多采用铝合金框架式玻璃隔断，这时就要通过对玻璃的承压能力和耐火等级进行计算。目前大多数工程设计初始，没有考虑灭火喷放时的承压强度，甚至根本就不能保证轻型建筑结构最低的承压强度为1200Pa的要求，同时还要考虑当几个防护区合并为一个时，同时着火的可能性。另外，空调机房和数据中心机房合为一个防护区的分割方式较为合理，这样不仅不用安装大量的防火阀，使其出故障的联动设备减少，还能有效提高灭火的可靠性，同时也能确保空调设备得到可靠保护，增加了机房面积的使用率。

（3）数据机房气体灭火系统的设计要求

1）数据机房灭火装置的选择

灭火装置的容量选择：一是需考虑机房防静电地板的承重能力；二是考虑后期维修需要搬动灭火装置，防静电地板净高一般在20～30cm左右，搬上搬下台阶时容易损伤地板，也很容易伤到搬运人员。

2）泄压口设计

根据《气体灭火系统设计规范》GB 50370的要求，防护区存在外墙的，宜设在外墙上；防护区不存在外墙的，可考虑设在与走廊相隔的内墙上。机房泄压口一般土建施工时提前预留，后续施工要做好防尘处理。泄压口安装位置见图6-21～图6-23所示的以下三种方式，最后一种防护区既无外墙又无走廊内墙的安装，泄压口位置的选择应不影响泄压口正常工作，有利于超压的灭火气体快速畅通地排放到大楼外的空气中，排放的路径应最短。

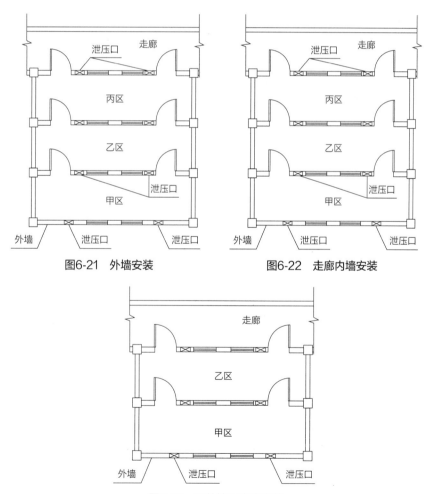

图6-21 外墙安装　　　　　　　　图6-22 走廊内墙安装

图6-23 无外墙无走廊安装

3）下送风道气体灭火系统管网的设计

因为数据中心大部分采用的是下送风、下走线和下送风、上走线两种方式，因此一般会预留500～700mm高的下送风风道。前者是风道和强弱电的电缆线均布置在活动地板下，这种方式需要在活动地板下设置气体灭火系统探测器和喷嘴（图6-24）；后者的风道没有电缆等可燃物，只具有送风功能，发生火灾的概率较低，可不必设置火灾探测器和喷嘴（图6-25）。需要注意的是下送风风道与机房的空间通过送风口相连，下送风风道容积需要计入机房容积。

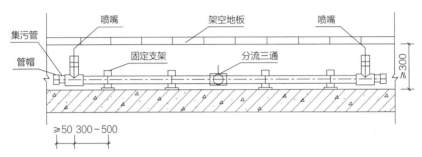

图6-24　架空地板内喷嘴安装

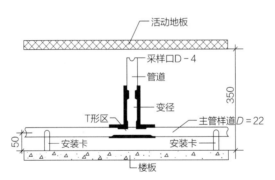

图6-25　架空地板内吸气式烟雾探测采样管安装

4）切电要求

《火灾自动报警系统设计规范》GB 50116规定：消防联动控制器应具有切断火灾区域的非消防电源的功能。机房系统非消防用电系统一般有空调或新风、照明等，需在烟感和温感同时动作时，将这些电源切掉。机房要配备专用的电箱。

5）烟温感火灾探测器位置设计要求

根据《火灾自动报警系统设计规范》GB 50116规定：点型探测器至空调送风口边的水平距离不应小于1.5m，并宜接近回风口安装。

探测器至多孔送风顶棚孔口的水平距离不应小于0.5m，在设有空调的房间内，探测器不应安装在靠近空调送风口处。这是因为气流影响燃烧粒子扩散，使探测器不能有效探测。

此外，通过电离室的气流在某种程度上改变电离电流，可能导致离子感烟火灾探测器误报。

6）信号反馈要求

机房气体灭火系统施工完后，还需将火警、故障、放气信号通过输入模块反馈到消防控制中心，气体灭火系统的控制器应向报警中心提供火警、喷放、故障三种信号，让消防控制中心值班人员可以第一时间了解信息中心消防安全状态。就算机房有人24h值班也要与报警中心通信，防止出现通信"盲区"。

7）机房防火玻璃、防火门设计要求

《气体灭火系统设计规范》GB 50370、《数据中心设计规范》GB 50174中对机房结构都有明确规定，《数据中心设计规范》GB 50174中要求电子信息系统机房的耐火等级不应低于二级，当A级或B级电子信息系统机房位于其他建筑物内时，在主机房与其他部位之间应设置耐火极限不低于2.00h的隔墙，隔墙上的门应采用甲级防火门。

4. 数据机房内消防系统基本要求

（1）机房区应有火灾自动报警系统和自动灭火系统，并对吊顶内、地板下、基本工作房间内（吊顶面与地板面之间）进行全方位监视和控制。

（2）自动灭火介质禁止水喷淋而应采用纯净气体灭火，并在吊顶内、地板下、基本工作房间内（吊顶面与地板面之间）进行全方位控制。

（3）机房外走道上应布置室内消火栓。室内消火栓的布置应保证有两支水枪的充实水柱同时到达室内任何部位。室内消火栓给水管道应布置成环状管网。

（4）采用管网式气体灭火系统或细水雾灭火系统的主机房，应同时设置两组独立的火灾探测器，火灾报警系统应与灭火系统和视频监控系统联动。

（5）设置气体灭火系统的主机房，应配置专用空气呼吸器或氧气呼吸器。

（6）与机房区无关的给水排水管道不得穿过主机房。

（7）机房空调系统给水排水管下方应有漏水检测装置，空调机周围应设挡水堤，新风管、空调机冷媒管等应采用难燃（氧指数＞32）或不燃材料进行保温，防止产生冷凝水。凡穿过空调机房墙的送风管在防火隔断处设置防火阀。防火阀与本系统的送风机联锁，当防火阀关闭后风机电源自动切断。

（8）强、弱电线缆槽架应离地20～30mm，防止意外水患对各种电线、电缆的影响。

（9）安装在灭火系统区域的门，必须全部往外开启且安装闭门器。

5. 工程实例

某数据中心项目共92个数据机房，机房区域全部采用七氟丙烷气体灭火系统；火灾探测采用吸气式感烟火灾探测报警系统。

（1）气体灭火系统

以4号厂房为例，共10个数据机房，每个机房与相邻的空调间划分为一个独立的保护区，设置10个气体灭火保护区。采用外储压式七氟丙烷组合分配气体灭火管网系统，储瓶的增压压力为4.2MPa（图6-26）。

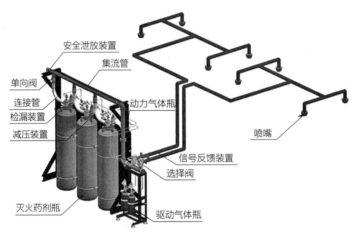

图6-26　外储压式七氟丙烷组合分配气体灭火管网轴测图

气体灭火系统控制：机房气体灭火系统具有自动、手动及机械应急操作三种启动方式。气体灭火控制器将火灾报警信号、喷放动作信号及故障报警信号等均反馈至消防控制室，消防控制室可经模块显示出火灾报警控制区域的地址。

（2）吸气式感烟火灾探测报警系统

某数据中心项目4号厂房，数据机房内设吸气式感烟火灾探测报警系统，系统在运维楼消防总控中心安装一套吸气式烟雾探测专用监控软件进行集中监控，把所有吸气式烟雾探测主机信号接入进行监控。现场设置吸气式烟雾探测器单元和手动报警按钮，报警语音音箱。探测器单元通过网络线与消防中心监控主机相连组成远程监控系统。

系统控制主机采用吸气式烟雾探测激光空气采样烟雾探测主机。主机有继电器输出端子，可以连接手动报警按钮和声光报警器（蜂鸣器及闪灯）等设备。主机配备数据通信输出接口。

五、电气与接地

1. 数据机房电气系统概述

数据中心要实现持续稳定运行，前提是其供电系统应稳定可靠、不间断。当前，供电系统包括高低压配电、后备发电机组、不间断电源、后备蓄电池、精密配电等子系统，数据机房是数据中心最核心的部位，供电系统采用全程双路由容错供电。

（1）数据机房末端配电方案

数据机房电气系统主要内容为末端配电，数据机房的末端配电一般是指从不间断电源输出柜到最终用电设备的配电部分，最终用电设备包括IT设备、动力设备和照明等。数据中心的末端配电较接近用电设备，是整个供配电系统中的关键环节，它的安全可靠十分重要（图6-27）。常用的末端配电技术有列头柜配电以及智能小母线配电两种。

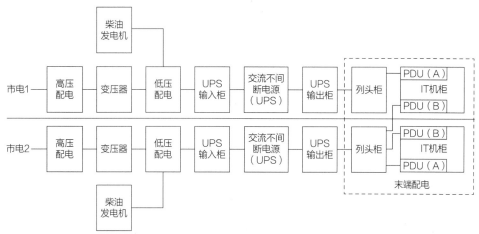

注：系统图中的方框部位为末端配电部分。

图6-27 数据中心典型配电系统图

（2）列头柜配电

按照国家规范的要求，A级数据中心的基础设施宜按容错系统配置。当数据中心的末端配电采用列头柜加电缆配电时，存在多种方案。以数据中心应用较多的封闭冷通道为例，配电方案主要有如下四种方案。

1）方案一：每个封闭冷通道设置两个列头柜，分别位于每列的头部，每个列头柜由不同的UPS系统引出，即列头柜A由2N双母线系统的UPS系统A引出，列头柜B由2N双母线系统的UPS系统B引出。

IT机柜的供电方式为：每个IT机柜内包括两路PDU、PDU（A）和PDU（B），其中PDU（A）通过电缆由列头柜A取电，PDU（B）通过电缆由列头柜B取电。

本供电方案的优点是实现了全程双回路供电，无单点故障点，供电架构清晰。缺点是IT机柜的供电需要跨列引电，布线有一定难度。

2）方案二：方案二的机柜布置和方案一相同，但列头柜的内部配置和配电电缆的敷设不同。具体方案是：每个封闭冷通道也设置两个列头柜，列头柜A和列头柜B，但每个列头柜内部又分为A、B两路，每路由不同的UPS系统引出，即列头柜A和列头柜B内的A路由2N双母线系统的UPS系统A引出，列头柜A和列头柜B内的B路由2N双母线系统的UPS系统B引出。

IT机柜的供电方式是IT机柜的两路PDU均来自于本列的列头柜，其中PDU（A）来自于本列列头柜中的A路，PDU（B）来自于本列列头柜中的B路；这种供电方式结构清晰，但当列头柜需要扩容、更换或移位时，后端IT机柜的割接难度和工作量较大。

3）方案三：方案三和方案二的不同之处仅在于IT机柜的取电方式不同，即IT机柜的两路PDU分别来自于不同的列头柜，且不同路，第1列的IT机柜的PDU（A）来自于列头柜A内的A路，PDU（B）来自于列头柜B内的B路；第2列的IT机柜的PDU（A）来自于列头柜B内的A路，PDU（B）来自于列头柜A内的B路；这种供电方式保证了IT机柜的供电为全程双路由，且不存在单点故障点，但布线比较复杂，现场接线容易发生错误，可能导致IT机柜由假双路电源供电。

4）方案四：每个封闭冷通道只设置1个列头柜，位于其中一列的头部，列头柜内部分为A、B两路，分别由不同的UPS系统引出。IT机柜的两路PDU分别由列头柜内的A路和B路取电。

这种方案的优点是只占用了一个机柜位置，节约了宝贵的机房空间资源。缺点是电缆需要跨列敷设，且当列头柜需要维修、扩容、更换或移位时，将造成后端所有IT机柜断电。

列头柜双柜、单柜配电方案如图6-28、图6-29所示。

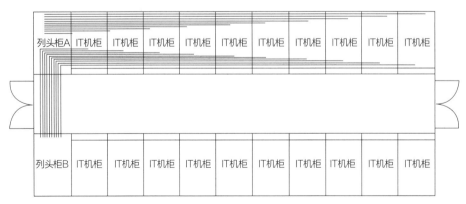

注：如图仅示出了其中一列机柜的配电电缆，另一列机柜同理。

图6-28 列头柜双柜配电方案

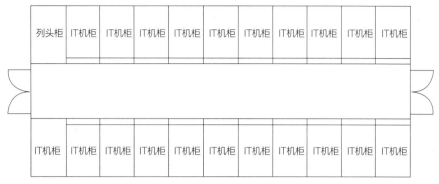

图6-29　列头柜单柜供电方案

5）列头柜配电方案对比及分析，如表6-4所示。

列头柜配电方案对比表　　　　　　表6-4

方案	方案一	方案二	方案三	方案四
列头柜数量	2	2	2	1
列头柜容量	等于通道内所有机柜的容量	等于通道内单列机柜的容量	等于通道内单列机柜的容量	等于通道内所有机柜的容量
电缆敷设	需要跨列	不需要跨列	需要跨列	需要跨列
配电结构	简单清晰	清晰	复杂、不清晰	简单清晰
可靠性	高	一般	高	一般
可维护性	好	一般	好	一般

综合列头柜的上述4种列头柜配电方案的优、缺点，采用配电方案一更佳。

列头柜配电技术要占用宝贵的机房资源，每台列头柜要占用一个机柜位置，使得可出租的IT机柜数量变少。

列头柜配电采用电缆进行出线，出线配置1P或2P空开，每一个出线回路连接一根电缆到一台机柜，再通过工业连接器或者直接连接到PDU的端子排上，为服务器进行供电。列头柜在设计中往往会配置一些备用回路，以备日后机柜扩容或者维修，当列头柜方案落地实施后，再进行调整和更改会非常麻烦，甚至需要停机进行作业。采用电缆出线，如果双路配电的方案，会有大量的电缆需要部署，后期维护、增加或减少机柜、调整机柜布局、增加机柜容量等难度很大。另外，电缆中间没有监控，长期通过大电流出现绝缘老化时无法提前预警，对运营带来潜在危险。

（3）智能小母线配电

相比于列头柜要占用宝贵的机房资源，且配电不够灵活，智能小母线配电则是更加灵活可靠的末端配电技术。

智能小母线是相对应用于低压配电系统的大母线而言的，应用于机房末端配电，且电流一般在800A以下的小型母线系统。

1）智能小母线分类

智能小母线按照结构可以分为滑轨式小母线和直列式小母线（表6-5）。

滑轨式小母线和直列式小母线的特点对比 表6-5

智能小母线种类	滑轨式小母线	直列式小母线
铜排导体布置	环绕式布置	上下并列平行布置
分支回路介入	支持全程全点位介入、灵活	固定点位、不够灵活
插接箱安装方式	母线槽的下方向下安装	母线槽的左右两侧水平安装
IT机柜顶部到母线距离要求	要求450mm以上	要求300mm以上
两条智能小母线的间距	较小，可在150mm以内	较大，要求550mm以上
维护便利性	便于维护	维护困难
建造成本	较高	较低

所谓滑轨式小母线，是指铜排导体采用环绕式布置，中间形成一个连续的空间通道，底部连续开槽，支持在任意点位插接取电的母线形式。

滑轨式小母线具有全程全点位接入分支回路的特点。插接箱在母线槽的下方安装，即插即用，母线槽无须断电即可实现插接箱的在线插拔；母线槽为模块化结构，支持分步实施、延续、扩展和重构，支持部件的按需分项采购和部署。

所谓直列式小母线，是指铜排导体采用上下并列平行布置，母线左右两侧可间隔或密集布置插孔接入分支回路的母线形式。

直列式母线结构简单，成本更低。但其插接箱是固定的，不能根据需求灵活移动，插接箱在母线槽的左右水平方向安装，插接口的数量有限，整体扩容性差。另外，插接箱的体积大、占用空间大，不易更换，维护困难。因此，直列式小母线适合后期方案不进行调整、大范围固定配置的部署。

由于滑轨式小母线的插接箱在母线槽的下方向下安装，两条智能小母线间距可以控制在150mm以内，占用IT机柜上方的水平空间较小，一般可以在500mm以内。插接箱朝向机柜后侧，便于操作和观察。而直列式小母线占用IT机柜上方的水平空间较大，一般都在600mm以上，不便于安装，且不便于后期的操作和观察。因此，智能小母线采用滑轨式小母线更佳。

2）智能小母线的配置方式

对于封闭冷通道，智能小母线有单列单母线和单列双母线两种配置方式

（图6-30、图6-31）。

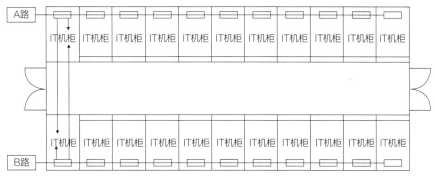

图6-30 智能小母线单列单母线配置图

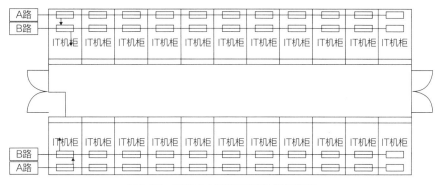

图6-31 智能小母线单列双母线配置图

由于采用单列单母线方式，需要跨列桥架，布线难度很大，采用单列双母线配置方式更佳。

IT机柜通过插接箱从母线取电，即母线通过插接箱将电送至IT机柜内的PDU。插接箱有单路输出和三路输出两种，单路输出的插接箱一般为单相，有的具备调相功能。三路输出的插接箱输入一般为三相，输出自然分相，有利于三相平衡。因此，插接箱的配置方式可以分为一对一模式和一对三模式（图6-32）。

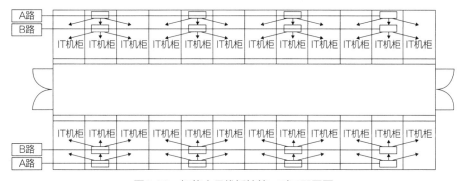

图6-32 智能小母线插接箱一对三配置图

插接箱一对一的配置方式清晰方便，发生故障时只影响一个机架，但成本较高。考虑到IT机柜有两路供电，两路供电同时发生故障的可能性很低，而且，一对三方式采用一般三相输入，输出到三个机柜自然分相，不需要额外考虑三相平衡问题，综合考虑一对三的配置方式更佳。

3）末端配电技术对比分析

传统的机房末端配电技术采用列头柜加电缆的配电方式，列头柜需要占用机柜安装位置；需要安装走线架，施工难度大，电缆较多，且一般需要一次性建成；IT机柜的配电容量固定，无法灵活调整；若机房搬迁，列头柜、电缆、走线架等一般无法重复利用。

智能小母线配电技术采用了进线箱、母线槽和插接箱，为模块化结构，不需要占用宝贵的机柜安装位置；无须走线架，施工工期短；若IT机柜容量调整，插接箱可热插拔，只需更换插接箱即可；若机房搬迁，设备均可重复利用。整体应用更优于传统列头柜加电缆的配电方式。

智能小母线的缺点主要表现为：

① 对机房高度要求更高。采用列头柜配电方式，为满足走线要求，一般要求IT机柜上方有不小于500mm的高度，而智能小母线，要求上方高度不小于800mm。

② 维护操作不方便。智能小母线的安装位置较高，操作人员如果要对开关进行分合闸等操作，比较不方便。

③ 设置复杂。若插接箱内的空气开关故障，就要更换插接箱，而且插接箱更换后需要厂家重新设置通信地址。

综上所述，如果是一次性部署服务器或是方案固定的数据中心，一般会采用列头柜加电缆的配电方案。如果是需要分批次部署服务器的数据中心，或后期需要进行末端负荷调整的数据中心，推荐采用全点位、滑轨式的智能小母线配电方案。

（4）数据机房电气系统选型

末端配电是数据中心供配电系统的末梢环节，它的可靠性、稳定性和可维护性直接关系到IT设备的安全供电。数据中心的末端配电方式主要包含两种：一种是采用列头柜加电缆的配电方式；另一种是智能小母线配电方式。两种方式各有优缺点，总体分析如下：

1）对于封闭冷通道，如果采用列头柜加电缆的配电方式，建议采用上文中的方案一，即每个冷通道配置2个列头柜，每个IT机柜分别从2个列头柜各取1路电源。

2）智能小母线分为滑轨式小母线和直列式小母线，考虑到机房的实际应用环境，推荐采用滑轨式小母线，不建议采用直列式小母线。

3）智能小母线推荐采用单列双母线方案。

4）智能小母线的插接箱推荐采用一拖三方案。

5）对于分批次部署服务器的数据中心，或后期需要进行末端负荷调整的数据中心，强烈建议采用滑轨式的智能小母线配电方案；如果是一次性部署服务器或是方案固定的数据中心，可采用列头柜加电缆的配电方案。

6）智能小母线造价相对较高，投资回收期约为2年。

总的来说，由于智能小母线具有不占用机柜位置、配电回路清晰、模块化结构、工期短、可重复利用等优点，虽然其造价相对较高，但在整个运营期内可以为投资方带来更大的收益。因此，数据中心智能小母线末端配电技术的应用更佳。

2. 数据机房接地系统

微电子网络设备的普遍应用，使得防雷问题显得越来越重要。由于微电子设备具有高密度、高速度、低电压和低功耗等特性，这就使其对各种诸如雷电过电压、电力系统操作过电压、静电放电、电磁辐射等电磁干扰非常敏感。

（1）机房防雷系统

防雷接地系统是弱电精密设备及机房保护的重要子系统，主要保障设备的高可靠性，防止雷电的危害。中心机房是一个设备价值非常高的场所，一旦发生雷击事故，将会造成难以估量的经济损失和社会影响，根据《建筑物防雷设计规范》GB 50057和《建筑物的雷电防护》IEC61024-1-1标准的有关规定，中心机房的防雷等级应定为二类标准设计。

防雷器采用独立模块，并应具有失效告警指示，当某个模块被雷击失效时可单独更换该模块，而不需要更换整个防雷器。

二三级复合防雷器的主要参数指标：单相通流量≥40kA（8/20μs），响应时间≤25ns。

（2）接地系统

《计算机场地通用规范》GB/T 2887—2011及《数据中心设计规范》GB 50174—2017中计算机机房应具有以下四种地：计算机系统的直流地、交流工作地、交流保护地和防雷保护地。

各接地系统电阻如下：

计算机系统设备直流地接地电阻不大于1Ω。

交流保护地的接地电阻应不大于4Ω；

防雷保护地的接地电阻应不大于10Ω；

交流工作地的接地电阻应不大于4Ω。

1）机房室内等电位连接

在机房内设立一环形接地汇流排，机房内的设备及机壳采用S形等电位连接形式，连接到接地汇流排上。

用50×0.5铜铂带敷设在活动地板支架下，纵横组成1200×1200网格状，在机房一周敷设30×3（40×4）的铜带，铜带配有专用接地端子，将编织软铜线机房内所有金属材质的材料都做接地，接入大楼的保护地上。

工程中的所有接地线（包括设备、SPD、线槽等）、金属线槽搭接跨接线均应做到短、平、直，接地电阻要求小于或等于1Ω。

2）机房屏蔽设计

整个机房屏蔽采用彩钢板进行六面体屏蔽，屏蔽板之前采用无缝焊接，墙身屏蔽体每边跟接地汇流排接地不少于2处。

3）机房接地装置设计

由于机房接地电阻要求较高，在计算机机房附近另外增加人工接地装置，在地网槽内打入15根镀锌角钢，用扁钢焊接起来，并采用降阻剂回填。机房静电接地采用50mm²多股铜芯线穿管引入。

接地装置的接地电阻要求小于或等于1Ω。

（3）机房防雷接地基本要求

1）数据机房的接地系统中，禁止设备机架等采用架间（串）复接的方式。配电设备的正常不带电部分均应接地，并严禁作为接零保护。

2）所有的配电柜和配电箱的金属框架及基础型钢必须接地（PE）可靠。箱门和框架的接地端子间用裸编铜线连接。接地（PE）支线必须单独与接地（PE）干线相连接，不得串联连接。照明配电箱内的漏电保护器的动作电流不大于30mA，动作时间不大于0.1s，当灯具距地面高度小于2.4m时，灯具的可接近裸露导体必须接地（PE）可靠，并应有专用接地螺栓和标识。

3）UPS电源柜输出端的中性线（N极），必须与由接地装置直接引来的接地干线连接，作重复接地，联合接地电阻小于1Ω，单独接地小于4Ω。外电源进线至机房电源管理间时，应将电缆的金属外皮与接地装置连接。金属电缆桥架及其支架全长应不少于2处与接地（PE）干线相连接，电缆桥架间连接板的两端跨接铜芯接地线，接地线最小允许截面积不小于6mm²，接地（PE）在插座间不串联连接。

4）考虑到雷电或其他电信设备的干扰，计算机机房不宜设置在大楼的顶层或靠外墙侧，特殊情况限制的，应设置屏蔽层防止雷电干扰。对于特别重要的计算机系统，应考虑设置独立的屏蔽机房。建筑物（包括计算机机房）内设备及管线接地安装应按照相关规范执行，做好等电位联结。

5）防止雷电危害还应防雷击引起的电磁脉冲，计算机房的配电箱应设置SPD（防电磁浪涌）保护装置，防止机房供电电源由于雷击电磁脉冲而造成断电。另外，对于重要的系统主机，其通信电缆也应设置SPD保护装置，由于通信电缆数量一般比较多，因此，通信线的保护设置应根据具体情况合理设置。

6）电气接地系统宜采用TN－S接地系统，PE线与相线分开，机房电源接入处应做重复接地。

7）机房接地一般分为交流工作接地、直流工作接地、安全工作接地、防雷保护接地。

（4）机房防雷接地做法

防雷接地的方法有两种：① 直流地悬浮法，即直流"工作地"不接大地，与地严格绝缘；② 直流地接地法，即直流"工作地"与大地经过低阻抗相连。无论采用何种形式，均须有接地母线，接地地杖，在此特别强调建议采用接埋地网络地板接地做法，能更好地引导至大地。

3. 工程实例

某数据中心项目采用电缆＋小母线或直接电缆的方式分别为对应机房的IT机柜提供A、B两路完全独立的交流不间断电源。

直接电缆双电源供电方式：在IT机柜端头设置列头柜，UPS输出柜与列头柜之间采用电缆连接，再用电缆从列头柜给IT机柜供电（图6-33）。

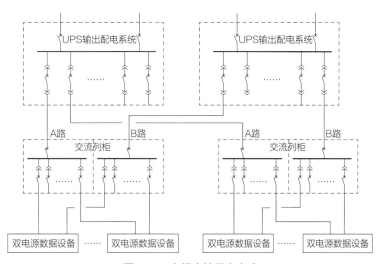

图6-33 电缆直接供电方式

电缆＋小母线供电方式：在IT机柜端头设置小母线始端箱，UPS输出柜与小母线始端箱之间采用电联连接，滞后采用小母线连接至机柜，并设置小母线插接箱连接至IT机柜内（图6-34）。

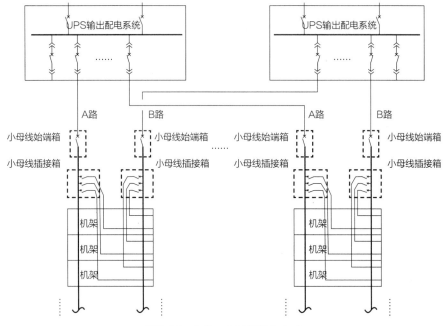

图6-34　电缆＋小母线供电方式

低压配电系统接地形式采用TN-S系统。数据中心大楼采用联合接地方式，将围绕建筑物的环形接地体、建筑物基础地网及变压器地网相互连通，共同组成联合地网，接地电阻应小于等于1Ω。建设单位应对地网的接地地阻进行定期测试，考察地阻的变化情况，了解地网的运行状况是否变坏。

室内等电位接地可采用网状、星形、网状-星形混合型接地结构。禁止设备机架等采用架间（串）复接的方式。

配电设备的正常不带电部分均应接地，并严禁作为接零保护。严禁在接地线中加装开关或熔断器。室内走线架及各类金属构件必须接地，各段走线架之间、电池支架之间必须采用电气连接；机架、管道、支架、金属支撑构件、槽道等设备支持构件与建筑物钢筋或金属构件等，应电气连接。接地线截面积及施工要求应符合《通信局（站）防雷与接地工程设计规范》GB 50689—2011的要求。严禁使用中性线作为交流接地保护线。

接地线与设备及接地排连接时必须加装铜接线端子，并必须压（焊）接牢固。接线端子尺寸应与接地线径相吻合。接线端子与设备及接线排的接触部分应平整、紧固，并应无锈蚀、无氧化。接地线应采用外护层为黄绿相间颜色标识的阻燃电缆，也可采用接地线与设备及接地排相连的端头处缠（套）上带有黄绿相间标识的塑料绝缘带。接地线布放时应尽量短直，多余线缆应截断，严禁盘绕。机房就近接地示意如图6-35所示。

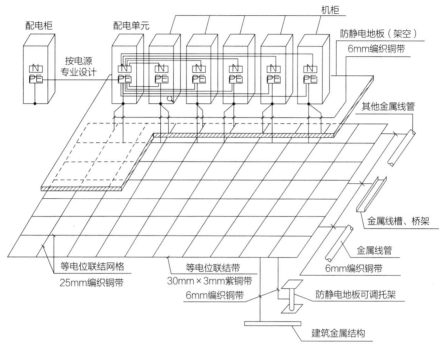

图6-35 机房就近接地示意图

六、机柜布设及基础

1. 机房的分区要求

机房充分考虑不同数量机柜的灵活组合，包括机房区域和运维区域。总体原则要求采用标准化、模块化的设计理念，在模块大小及其数量进行组合时，既要进行充分的市场调研，考虑出租和运维的需要；还要根据消防要求及项目地块实际情况，考虑设计和建造等因素。

2. 建筑装饰的模数设计

（1）模块机房按大空间设计，面积合理，通用性强，设备排列灵活，平面利用率高，采用跨度较大的柱网，满足日后可能采用的集装箱式微模块设备。

（2）机房走道、模块机柜摆放区域地面采用标准化块材装饰，在建筑设计时就要充分考虑机柜及地板的排布，充分利用机房空间，在设计时要考虑其长宽尺寸应是块材尺寸的整数倍，机柜的定制尺寸需充分考虑地板的倍数关系，尽量避免边角处非整块材料，影响机房的整体效果。开门位置与宽度，应考虑墙地面材料对缝原则，保证机房简约美观。

3. 模块机柜基础

（1）机柜基础宜采用双层可拆卸组装型支架底座系统，按照一定的模数场外加工生产，现场调平组装，避免现场动火作业（预防明火隐患），成品机柜支座需具备一定的抗震效果，具体抗震等级根据项目实际情况决定（图6-36）。

图6-36　成品支座现场图示

（2）机柜支座材质要求：机柜底座由支架及方管横梁组成，上下横梁采用优质镀锌钢材≥40×40角钢、≥40×40方通等，壁厚不小于2mm。上下横梁由平头支架及配件连接，竖向支架管径≥32mm，支架上下微调平整度±25mm调节空间。

（3）机柜支座需根据相应的力学计算，满足机柜的承重要求，机柜支座的承重荷载应≥1000kg/m²。地震作用应满足：地震烈度：8度；水平地震影响系数最大值：0.160。

七、机房装修

机房室内装修之前，首先需了解结构类型、测量柱网尺寸、层高、梁高、楼板厚度、窗体尺寸及围护结构墙体材料、厚度等，然后才能做出可行的、符合要求的二次装修设计。

1. 机房区域装修设计原则

（1）数据中心机房室内装饰应选用密封性能好、不起尘、易清洁，并且在温、湿度变化作用下变形小的材料。

（2）机房外墙内壁抹灰到顶板、梁下，不得裸露清水砖，避免积尘、起尘，以便装修吊顶板防尘洁净化处理；机房内墙饰面，宜采用金属面层不燃性板材，寿命长、易清洁，并具有抗电磁波干扰等物理屏蔽作用。

（3）机房室内吊顶宜选用不起尘、不燃性材料，顶棚表面应平整，减少积灰面。

（4）机房与外墙相邻时，根据外墙厚度，决定内墙饰面采取防潮、隔热、保温做法，以减少室外高温、高湿天气对机房内恒温恒湿环境条件精度的影响，节省空调设备的能耗。

（5）当主机房和基本工作间设有外窗时，为不影响大楼外立面保留外窗，外窗采用硅胶密封固定；室内应采用窗艺技术，减小窗墙比、设遮阳板、增加一层内玻璃窗。

当主机房和基本工作间有玻璃幕墙时，幕墙与每层楼板、隔墙处的缝隙应采用不燃材料严密填实，玻璃幕墙上的活扇窗硅胶密封固定；室内应采取窗艺技术减小窗面积，必要时设置遮阳板，增加内玻璃窗，以避免阳光直射和透热造成的机房内温度的波动，节省空调设备的能耗。

（6）数据中心机房绝大部分在建筑地面上安装和使用防静电活动地板。

2. 机房装饰装修用材及技术要求

（1）数据机房

1）模块机房吊顶：吊顶装饰为开放吊顶，因模块机房内管线较多且与机柜相连接，便于后期的维护及检修。开放吊顶宜采用原顶喷涂深灰色水性无机涂料饰面，防火等级：A级。工艺要求：喷涂前需对混凝土表面进行清理、打磨毛糙处理；表面必须无刷痕，无起泡，无透底；色泽均匀一致，光滑平整，无挡手感；无咬色，串色或局部变色；无流持现象。

2）模块机房墙面：机房内侧墙宜采用轻钢龙骨彩钢板进行装饰或选用无机涂料装饰，视项目情况决定。彩钢板隔墙场外加工，安装便捷，易于施工，效果简洁大方，耐久性好，多被市场选用；无机涂料则为常规材质，工序较多，存在交叉施工，耐久性较差且容易磕碰刮花。

彩钢板墙面即在建筑墙体上安装轻钢龙骨，外侧安装彩钢板；彩钢板面层采用0.8mm厚优质氟碳喷涂彩钢板，内衬采用12mm厚石膏板，彩钢板颜色为米白色。防火等级：A2级。无机涂料墙面防火等级A级，其技术要求同吊顶。

3）模块机房隔墙体系及饰面：机房内隔墙宜采用轻钢龙骨彩钢板墙体或采用轻钢龙骨水泥纤维板外饰无机涂料，视项目预算情况决定。轻钢龙骨体系采用厂家标准的墙体轻钢龙骨体系，轻钢龙骨骨架内置防火保温岩棉填充饱满，满足防火要求。

4）模块机房地面通常选用架空地板，是为了数据中心冷却系统在地板以下空间进行气流组织，若数据中心冷却系统无须采用地板以下空间进行气流组织，那么就不需要设置架空地板。架空地板环境提供了灵活性，以适应未来不在初始设计范围内的IT设备的技术要求。防静电活动地板尺寸为600mm×600mm×32mm，基材为硫酸钙、三聚氰胺（HPL）贴面，底层为镀锌钢板，阻燃性胶条封边，整体原厂生产、包装。防火和阻燃等级为A级，集中载荷＞5000N，均布载荷＞23000N/m²（图6-37）。支架与横梁为优质镀锌钢材，支架垫圈与横梁垫片为阻燃、导电材质，地板与支架之间应确保接地良好。防静电活动地板支架、横梁与地板同品牌，由厂家统一配套供应。

图6-37　硫酸钙防静电架空地板图示

5）模块机房冷通道采用铸铝通风地板，通风地板采用顶部可调式铸铝材质出风口地板，出风率调节范围在0～50%，最大出风量允许超出50%。出风口要求喷涂防火、防静电涂料，满足机房要求。支架与横梁为优质镀锌钢材，支架垫圈与横梁垫片为阻燃、导电材质，地板与支架之间应确保接地良好。

6）模块机房架空地板以下区域，需采用橡塑保温材料铺贴面饰0.8mm厚镀锡钢板，能更好地达到防尘、保温的效果。保温板防火等级不低于B1级，但以满足消防验收规范为准。橡塑保温材料应达到以下技术指标的要求：发泡材料必须不含石棉物质，为非燃材料；应具有高倍率、闭孔型独立微气泡结构；柔性好、不吸水、高弹性、耐老化、耐低温、防水、化学性能稳定、不生霉、对相邻材质无腐蚀性；粘结、热合、分切等加工性能尤为优良；适用温度-40～105℃；密度：80～120kg/m³；导热系数0.039W/（m·℃）；湿阻因子≥10000。所用胶水、胶带为原厂配置的不燃性环保胶水、胶带。保温材料用难燃胶水粘贴，不得有泄漏空气及能量流失的隐患。机房地面保温层之上，采用优质镀锌钢板进行覆盖，材质厚度为0.8mm，尺寸610mm×610mm，要求根据铺设的地板支架加工四个圆弧角，以便现场安装。

（2）屏蔽机房装饰装修技术要求（图6-38）

图6-38 屏蔽机房图示

1）屏蔽体宜选择优质冷轧板；

2）考虑屏蔽体材料屏蔽效能因素的同时还兼顾电磁屏蔽室整体的机械性能。

3）根据屏蔽壳体不同部位承载力的不同，设计制作不同截面积的矩形钢龙骨作屏蔽体的加固支撑，龙骨采用矩形管依附屏蔽体钢板内壁焊接。

4）屏蔽壳板加工制作成单元模块，现场安装采用熔焊工艺进行连续的焊接（CO_2保护焊），此种工艺确保了模块板之间接缝处的屏蔽效能与无接缝处的钢板相同，同时还能提高焊缝的抗电化腐蚀性。

5）预留波导窗、滤波器、中央空调风口及其他需要穿越屏蔽壳体线缆或设备的安装孔口。

6）检查各个单元模块四角的焊接点（焊接采用CO_2），确定无泄露后镀锌。单元模块屏蔽体镀锌后，在包装搬运过程中，注意不能划伤或受到重力冲击。

7）屏蔽壳体与大地都应作绝缘防潮处理，绝缘材料：5mm厚B1级阻燃黑色工业橡胶板。

3. 机房区域施工要点

（1）数据中心整体部署原则：按照先吊顶、后地面，先隐蔽、后饰面，先埋线、后安装的总施工顺序原进行部署，在此原则下的施工顺序为：吊顶→墙面→

地面，即：基层龙骨施工→吊顶面层施工→墙面基层施工→墙面面层施工→地面基层施工→地面面层施工。

（2）在空间上的部署原则：基于交叉立体施工方面的考虑，贯彻空间占满时间连续，均衡协调有节奏，力所能及留有余地的原则，保证工程按总体施工进度计划完成，需要采用装修和安装各工种的立体交叉施工。

第七章

数据中心的智能化技术及智慧园区

第一节　数据中心智能化基本要求

一、智能化概述

数据中心作为机构的重要数据处理存储场所，承载着重要的业务和数据资源，且要保证一年不间断安全稳定地运行，所以设计时要确保其功能、性能和安全的要求。具体来说，一方面要求数据中心具有极高的安全可靠性及可用性，能高效地、安全稳定地运营；另一方面要求数据中心降低能源消耗和运营成本，且具备灵活的扩展能力，以应对多变的业务需求及未来的发展需要。

数据中心的安全性需要建立安防系统，如视频安防监控系统、出入口管理系统、入侵报警系统、巡更系统等，防入侵、防盗窃、防抢劫、防破坏等通用的技术防范工程。

数据中心要建立动环监控系统、建筑设备监控系统（BAS）等来保证数据中心的动力设备安全稳定地运行和机房环境的稳定。各子系统相互关联，根据动环监控系统的反馈，控制建筑设备的运行，联动控制。为了统一地管理和运行，建立基础设施管理平台，集成动环监控系统、建筑设备监控系统、电力系统等。

目前，随着信息化时代的到来，数据的存储量和处理量也变得庞大，数据中心向着大规模集群发展，数据中心的规模变得越来越庞大，变成了数据中心园区，里面建立配套的服务和功能区。传统园区的信息化往往是孤立的烟囱式子系统，数据无法互通，服务体验差，运营效率低下。智慧园区运用新一代信息通信技术，具备迅捷信息采集、高度集成、所有子系统相互关联，可以实现一站式管理运行。

二、安防系统基本要求

数据中心作为特殊的建筑形式，从功能使用上划分为多个安全防范级别，每个级别对应的区域有特定的安防要求。数据中心既要满足面向客户、来访人员参观，又要保证其内部的硬件设备、辅助设备以及服务器中运行的数据、保存的资料的安全。通过安防级别的划分进行合理布置，可以有效提高数据中心的整体安全性。

数据中心安全防范系统应遵循人防、物防和技防相结合，探测、延迟和反应相协调的原则，形成分区设防、分级设检和分流设口的全方位、纵深性及集成化的安全防范体系。

数据中心的安防系统主要包括出入口控制系统、视频监控系统、人员定位系统、电子巡更系统、入侵报警系统和可视对讲系统等。目前，大多数建筑都会采用以上的安防系统，后文不再一一介绍，对数据中心的视频监控系统、出入口管理系统的解决方案的阐述详见第七章第二节。

安防系统对数据中心的重点区域进行实时视频监控，对数据机房以及一些重要区域的出入口实施门禁管控，对可能发生入侵的场所实施报警管理。通过信息共享、信息处理和控制互联实现各子系统的集中控制和管理。安防系统对于安保运维人员及时发现警情和故障、快速处理并解决问题起着重要作用。

三、基础设施管理系统基本要求

DCIM（数据中心基础设施管理系统）是对数据中心资产设备、资源设备运行状况进行的全面监控和管理，包含基础设施监控和基础设施管理两大功能模块。集成了机房动力环境监控、楼宇自控系统（BAS）、电力监控等，还可以提供接口接入安防监控和消防监控系统。除了能监控建筑基础设施的基本情况，系统还具有智能运维、人员管理、数据分析、日志管理、告警与联动、能效统计及分析、接口互联等功能，通过对数据的分析和聚合，实现统一管理，并且串联各子系统，实现系统质检的数据共享以及联动控制，最大程度提升数据中心的运营效率与可靠性。

DCIM系统基本要求：实时监控和故障管理的可靠性、实时性是数据中心管理的基础。

（1）可靠性：系统的硬件平均无故障时间（MTBF）≥100万h，平均修复时间（MTTR）<0.5h。

（2）实时性：监控实时数据响应时间要求不超过5s，告警和控制响应时间不超过3s。

（3）准确性：监控系统测量上报的数据、告警要准确，在监控终端上显示的数据精度应符合相关要求，告警准确性应达到100%。

四、建筑设备监控系统（BAS）基本要求

建筑设备监控系统（BAS）是建筑技术、自动控制技术与计算机网络技术相

结合的产物，使大楼具有智能建筑的特性。现代智能化建筑内有着大量的机电设备，如中央空调系统、通风系统、冷热源系统、给水排水系统、电梯系统、照明系统等设备，这些设备多而分散。多，即数量多，被控、监视、测量的对象多，多达上千点以上；散，即这些设备分布在各楼层和各个角落。如果采用分散管理，就地控制、监视和测量是难以想象的。采用建筑设备监控系统，就可以合理利用设备，节约能源，节省人力，确保设备的安全运行，加强楼内机电设备的现代化管理，并创造安全、舒适与便利的工作环境，提高经济效益。

数据中心对PUE的要求愈发严格，数据中心的机房内一般常年需要制冷，能耗巨大，尤其是空调冷源系统，如何降低PUE的值，BAS系统极为重要。采用楼宇自控系统，就可以合理利用设备，节约能源，节省人力，确保设备安全运行，加强楼内机电设备的现代化管理，并创造安全、舒适与便利的工作环境，提高经济效益。

数据中心的建筑设备监控系统（BAS）集成主要包括对空调系统应对温度、湿度及新风量自动控制，预定时间表，自动启停，节能优化等控制功能进行检测。着重检测系统测控点（温度、相对湿度、压差和压力等），与被控设备（风机、阀门、加湿器及电动阀等）的控制稳定性，响应时间和控制效果，并检测设备的连锁控制和故障报警的正确性。

BAS系统具备以下作用：

（1）本系统是数据中心智能化运行的骨干系统

由于项目建筑面积庞大，设计功能完善，如空调控制系统中就涉及冷热源系统、变风量系统，因此，本系统的成功实施和良好运行是保证数据机房内是否满足环境要求的关键，是智能化运行的最基本体现。

（2）本系统是实现优化管理的核心系统

由于数据中心建筑功能复杂，经由建筑自动控制系统监控的各类机电设备众多，因此，系统是否能够成功实施直接影响到数据机房的环境控制效果，直接影响到项目的节能、高效的控制和管理，直接影响到项目的运行成本。

（3）本系统必须充分体现当前科学技术的最新应用成果

楼宇自控系统在我国的应用是于20世纪80年代才开始，经过近20年的实践，其重要性已经越来越被人们认可。而系统本身也从最初的基地式的气动仪表、液压仪表、电动单元组合仪表发展到今天的集散式和现场总线式，应用当前最新网络通信技术、最新数据库管理技术，开放的、可持续发展的综合管理系统。

五、动环监控系统基本要求

由于数据中心设备众多、巡查效率降低，应建立动环监控系统，通过物联网等对机房的动力系统的运行状况和机房环境进行实时监控。提高数据机房机柜运行的安全性、稳定性（图7-1）。

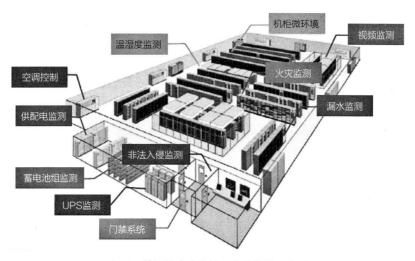

图7-1 数据机房内监控及安防监控示意图

系统主要监控内容：柴油发电机、UPS及电池、供配电柜、精密列头柜、防雷监控、精密空调、漏水检测、温湿度监控、新排风机监控、氢气检测等。系统主要由现场传感器、检测设备、通信设备、上位机和软件组成。系统通过串口服务器连接设备专网（TCP/IP），将总线采集的现场数据信息上传至动环服务器（双机热备）。柴油发电机、UPS电源等应自身带监控系统，主要参数通过通信协议纳入监控系统。

漏水检测：采用感应线缆将有水源的地方围起来，一旦有液体泄漏碰到感应绳，感应绳通过控制器将信号上传，及时通知有关人员排除。

蓄电池检测：在数据中心电源区，动环监控系统通过UPS厂家提供的智能通信接口及通信协议在线监测UPS整流器、逆变器、旁路、负载、蓄电池组的单体电池压力、内阻、总电压、电池表面温度以及充放电电流等，以TCP/IP网络（以太网）或者串行口的方式上传实时数据，通过各楼栋的动力中心和运维中心的监视器进行监控。

温湿度监控：机房关键位置安置液晶显示板温湿度传感器，遇到异常情况应立即开启警报信息。温湿度传感器不可以安置在设备热风口位置。温湿度传感器可以监测环境温湿度，液晶面板显示实时数值，借助总线将信号传入数据采集器中，开展远程监测，同时控制精密空调系统的阀门开关度实现远程调控。并与建筑设备监控系统进行联合调控，满足数据机房的温湿度要求。

动环监控系统是整个数据中心智能化的重要基础组成部分，是保证数据机房的动力和温湿度环境的关键一环，依托于动环监控系统可以实现机房环境的精准控制。

机房动力环境设备出现故障，便会影响到计算机系统的运行，对数据处理、传输、存储以及整个系统运行的可靠性构成威胁，若机房动力及环境设备出现故障不能及时被发现，从而没有得到及时的处理，不但会影响整个单位业务系统的正常运行，而且会造成计算机和通信设备故障甚至报废等损失。尤其对于银行、税务、证券、电信、电力、大型企业等需要实时交换数据的单位的机房，一旦系统发生故障，造成的经济损失更是不可估量，因此，机房实时监控管理显得更为重要。

动环监控系统的基本要求要满足以下几点：

（1）系统稳定性：使用高稳定性、具备本地数据处理和存储功能，同时可直接接入视频的嵌入式设备，以保证机房监控系统稳定运行，网络出现问题时不受影响。机房动环监控系统的软硬件均需采用成熟的设备，能够365d×24h不间断连续工作，平均无故障时间（MTBF）大于20万h，平均修复时间（MTTR）小于2h。系统的误报率要小于0.1%。

（2）系统可扩展性：系统的建设采用模块化结构，具有灵活的多级组网功能，模块化结构有利于扩容与扩展。系统支持RS232、RS485、RS422、TCP/IP、SNMP、OPC、DDE、MODBUS、ASCII、LONKWORKS、BACNET、C-BUS等各种标准化协议和接口，以用于快速方便地将各监控对象集成到系统中。

（3）技术先进性：监控设备均选用国际技术最新的产品，软硬件均为模块化结构，电气隔离。采用RS232/485、SNMP和TCP/IP接口，要符合国际最新潮流。系统软件采用当前最先进的技术，系统配置和画面组态具有方便性，而且系统的体系结构灵活开放。

（4）系统实时性：系统根据监控设备的多少自动分配线程，实现负载均衡。机房监控所有设备的通信间隔控制要在1min之内，每个监控单元可实时处理和存储监控数据。

（5）系统可靠性：系统的硬件和软件要采用技术成熟的产品，各模块相互独立，互不干扰，保证系统全天候正常运行，局部故障不影响系统的正常工作。

（6）电磁兼容性：现场监控设备本身不被监控设备的正常工作的电磁干扰，具有较强的抗电磁干扰能力。

（7）系统开放性：监控系统预留多种对外接口，能向上级集中监控平台提供监控软件的所有监控数据及报警信息，其中数据接口包括TCP/IP接口、SNMP协议接口、OPC接口以及XMIL接口等。

第二节 智能化系统架构

一、智能化系统网络架构设计

常规项目所采用的智能化系统架构为二层网，传统的二层的网络，由于采用生成树协议，无法提供等价多路径ECMP的能力，也就无法提供大规模计算集群无阻塞交互的带宽。数据中心通常采用三层交换机作为接入交换机，以利用三层的ECMP的支持能力。这种模式把数据中心网络切分成了很多小块的二层网，在部署虚拟化应用时，有很大的局限性，因此，新一代数据中心的网络需要在二层上提供大规模的网络扩展能力。

常规智能化系统采用二级网络架构，只有接入层和核心层，二级网络架构只能搭建小型的局域网。数据中心一般采用三级及三级以上网络架构，有接入层、汇聚层和核心层，三级网络架构可以组建大型的网络，可以将复杂的大且全的网络分成三个层次进行有序管理（图7-2）。

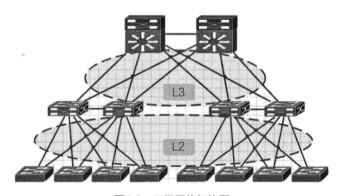

图7-2 三级网络架构图

由于数据中心的智能化子系统较多，数据传输量较大，数据中心的接入式交换机在数据机房所在的每层都会设置接入交换机。常规项目接入式交换机只是在3~5层设置一个，供3~5层楼的末端点位接入。数据中心采用的三级架构多了一个汇聚交换层，数据中心通常有多栋数据机房，在每栋楼均设置一个汇聚交换机。由每栋数据机房的汇聚交换机接入动力机房的核心交换机，某些项目会根据要求设置运维中心，由动力机房的核心交换机接入运维中心核心交换机或由各楼栋汇聚交换机接入运维中心核心交换机。

接入汇聚层共有四种连接方式，分别为倒U形接法、U形接法、三角形接法和矩形接法，这里所谓不同类型的接法是以二层链路作为评判依据，比如说矩形接法，从接入到接入，接入到汇聚、汇聚到汇聚均为二层链路连接，因此，形成了矩形的二层链路接法。

推荐数据中心的网络架构采用三角形接法（图7-3），三角形连接方法具备以下两点好处：

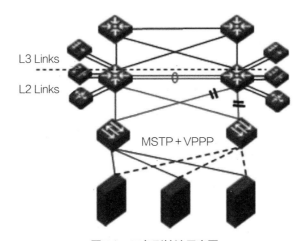

图7-3　三角形接法示意图

（1）链路冗余，路径冗余，故障收敛时间最短；
（2）VLAN可以跨汇聚层交换机，服务器部署灵活。

二、安防系统

1. 安防系统架构

数据中心安防系统通常采用三级拓扑架构，首先，由底端的监控设备，如人员定位基站、摄像机、可视对讲、门禁控制器，与接入交换机采用10G/40G链路进行连接，弱电间的交换机采用48口交换机（带POE）。其次，接入交换机与弱电机房的汇聚交换机进行连接，将数据等信息汇聚，汇聚交换机再连接到安防网核心交换机。由于安防系统的重要性，核心交换机会建立一层防火墙与互联网接入，采取以太网TCP/IP协议利用Internet/VPN或者专线接入互联网区，同时与总控中心相连。

整个园区通常会采用一套系统，方便运维管理，但数据机房和配套园区办公会采用逻辑方式进行隔离，将数据机房和办公区分别管理，互不产生干扰。安防系统软件选择上应支持多种接口协议，增加开放性以及可扩展性。

2．安防系统安全区域等级

针对数据中心园区不同功能区域，可将安全保障定义为4个安全保障等级区域：

（1）一级安全保障等级区：一般为数据中心楼内的模块机房及监控中心区域；

（2）二级安全保障等级区：一般为数据机房楼机电设备区、动力保障区；

（3）三级安全保障等级区：一般为运维办公区域；

（4）四级安全保障等级区：一般为园区周界区域。

针对不同的安全级别的区域选择不同的安全防范技术手段（图7-4、图7-5）。

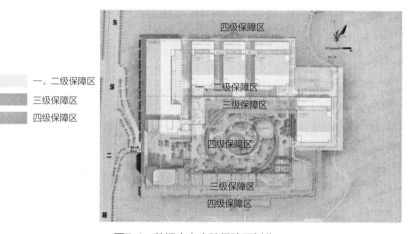

图7-4 数据中心安防保障区划分

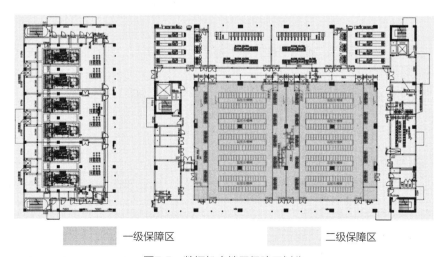

图7-5 数据机房楼层保障区划分

3. 视频安防监控系统

（1）系统设计原则

视频监控系统建设的总体设计和实施，应以"前瞻性、可靠性、开放性、成熟性"为基本原则。

1）前瞻性和成熟性

系统尽可能采用最先进、最有前瞻性的技术、方法、软件、硬件，确保系统的先进性，同时兼顾成熟性，使系统成熟而且可靠。系统能够在满足全局性与整体性要求的同时，适应未来技术发展和需求的变化，使系统能够可持续发展，适应ITS迅猛发展的要求。

2）可靠性

通过采用业内成熟、主流的设备来提高系统的可靠性，尤其是录像设备存储的稳定。根据各数据中心项目的要求设置录像储存时间和分辨率，通常重要区域录像储存为6个月以上，分辨率要求1080P。

3）开放性

系统可以接入其他厂家的摄像机、编码器、控制器等设备，能与其他厂家的平台无缝对接。

（2）视频监控系统架构，如图7-6所示。

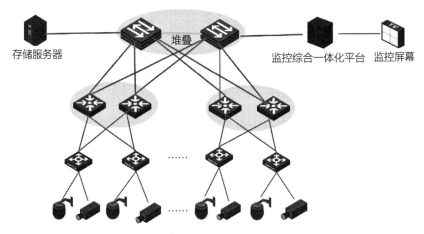

图7-6　视频安防监控系统架构

（3）视频监控系统硬件

前端部分支持多种摄像机接入，在数据中心根据建筑装修格局采用半球摄像机、枪式摄像机，根据安全需求，特殊区域可以设置人脸识别摄像机，并且所有摄像机采用红外识别。

传输部分，前端网络摄像机采用POE以太网供电方式，由支持POE的以太网接入交换机集中供电。视频监控系统信号采用网络化传输，前端摄像机图像传输至各楼层弱电间，通信传输线缆均为六类非屏蔽4对双绞线，楼侧光弱电间内的交换机设备为具有POE供电功能的千兆网络交换机。整个数据中心的监控视频采用统一平台，进行综合管理统一调度。

4. 出入口管理系统

（1）设计原则

1）出入口控制系统即门禁系统作为数据中心园区安全防范系统的主要子系统，担负两大任务：一是完成对进出数据中心园区各重要区域和各重要房间的人员进行识别、记录、控制和管理的功能；二是完成其内部公共区域的治安防范监控功能。

2）系统要求能满足多门互锁逻辑判断、定时自动开门、刷卡防尾随、双卡开门、卡加密码开门、门状态电子地图监测、输入输出组合、反胁迫等功能需求。控制所有设置门禁的电锁开/关，实行授权安全管理，并实时将每道门的状态向控制中心报告。

3）通过管理电脑预先编程设置，系统能对持卡人的通行卡进行有效性授权（进/出等级设置），设置卡的有效使用时间和范围（允许进入的区域），便于内部统一管理。设置不同的门禁区域、门禁级别。

（2）出入口管理系统架构，如图7-7所示。

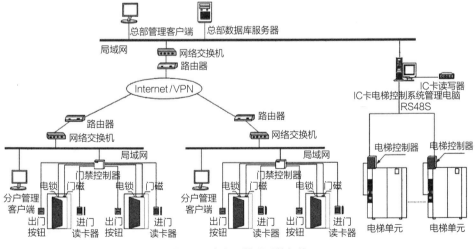

图7-7　出入口管理系统架构

（3）出入口管理系统硬件

出入口控制系统采用实时联网控制的智能网络出入口控制系统，主要由系统主机及管理软件、门禁控制器、感应式IC读卡器、门磁、电锁及出入读卡器、人脸识别设备等门禁设备组成,同时具有考勤、巡更功能,发卡、授权等管理功能。

三、基础设施管理平台

1. 系统硬件部署方案

基础设施管理系统可采用B/S或C/S结构,系统独立于任何子系统,作为独立的第三方软件平台,系统采用BACnet、Modbus、OPC等标准开放系统来接入其他的子系统,做到即插即用。整体系统采用的技术要达到国际先进水平,不限制接入的用户个数。系统常用于单体项目以及园区或集团型项目,所以支持局域网、私有云或云部署。系统采用账户角色访问管理,支持点到点的权限控制。整体系统支持多种客户端,如IOS、安卓、Windows、平板。为了方便管理,接入平台的子系统之间的联动尽可能采用可视化配置,支持报警点与电子地图及视频的联动。平台可对外提供标准化数据接口,协议建议采用HTTP,接口方式用REST-API,数据格式可用JOSN。

2. 基础设施管理平台业务架构

具体如图7-8所示。

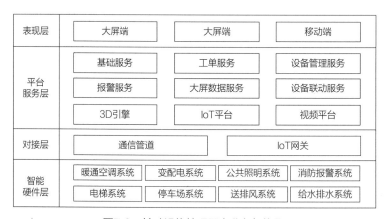

图7-8 基础设施管理平台业务架构图

3. 网络安全方案

(1)网络物理安全

网络的物理安全是整个网络系统安全的前提。物理安全的风险主要有地震、水灾、火灾等环境事故,电源故障,线路截获,高可用性的硬件,双机多冗余的设计,机房环境及报警系统,安全意识等。

因此,网络机房采取网络设备冗余结构,可实现网络集群,避免网络设备单点故障，同时，网络机房配备UPS电源，支撑机房故障下48h不间断支撑。

（2）网络结构安全

网络拓扑结构设计也直接影响到网络系统的安全性。本系统网络结构私有化部署，与外部网元进行隔离，外网如有访问必要，可通过VPN拨号的方式接入内网，对外部的所有操作进行日志监控，做到实时可查询。

在做到结构安全的同时，需要对内网服务进行严格的网络访问策略，服务请求加以过滤，只允许正常通信的数据包到达相应主机，其他的请求服务在到达主机之前就应遭到拒绝。

（3）应用系统安全

系统平台可采用高可靠的Linux系统，并按固定频率进行系统软件补丁更新，避免操作系统的漏洞攻击。同时，管理系统的登录过程采用安全用户鉴权登录的方式，与用户手机号码绑定，通过短信验证的方式进行用户登录确认，降低非法用户登录的风险。

系统平台内的数据采用国密加密算法加密，数据交互的过程采用私有密钥解密的方式进行数据翻译，避免数据截获后可直接使用的风险。

4. 数据获取、存储和处理方案

采集、存储各种监测数据，并按后台服务器指令定时向后台服务器传输监测数据和设备工作状态。对所收取的监测数据进行判别、检查和存储；对采集的监测数据按照统计要求进行统计分析处理。

5. 支持北向接口能力

平台支持北向接口，主要方法是：北向接口接收来自综合网管的请求，其中，北向接口提供与综合网管进行连接的接口和一个或多个与专业网网管连接的接口，综合网管通过北向接口与一个或多个专业网网管连接；北向接口确定请求对应的专业网网管，并将请求分发给请求对应的专业网网管，并将请求的响应反馈给综合网管。灵活、有效地管理多个专业网网管，避免了同一类北向接口的重复开发，从而在减少人力物力开销大的同时，又降低了北向接口不同版本差异性的隐患，提高了系统的性能。

北向接口处理信息的方法包括：北向接口接收来自综合网管的请求，其中，所述北向接口提供与所述综合网管进行连接的接口和一个或多个与专业网网管连接的接口，所述综合网管通过所述北向接口与所述一个或多个专业网网管连接。

所述北向接口确定所述请求对应的专业网网管，将所述请求分发给所述请求对应的专业网网管，并将所述请求的响应反馈给所述综合网管。

其中，所述北向接口将所述请求的响应发送给所述综合网管，包括：所述北向接口将所述请求对应的专业网网管对所述请求的响应分别转换成相同的格式的响应；将所述相同格式的响应反馈给所述综合网管。

其特征在于，所述北向接口将所述请求分发给所述请求对应的专业网网管，包括：所述北向接口将所述请求转换成所述请求对应的专业网网管所适配的请求；所述北向接口将所述适配的请求分发给所述请求对应的专业网网管。

四、建筑设备监控系统（BAS）

1. 系统硬件架构方案

具体如图7-9所示。

数据中心的BAS系统建议采用C/S架构，安全指数高。BAS系统部署3台服务器（包含两台建筑设备监控系统服务器及1台建筑设备监控系统上传服务器）。其中2台建筑设备监控系统服务器采用镜像双机热备方案，两台服务器同时数据双份存储，2台服务器各一份，能够进行历史数据快照和查看历史数据，数据安全性及可用性更高；上传服务器负责将BAS系统数据进行转发上传，在保证底层系统运行效率的同时，满足上层平台数据采集需求。

数据中心通常包含2套制冷系统（制冷系统A、制冷系统B），互为备用，每套制冷系统根据项目需要设置不同的制冷单元，但同一项目2套系统的制冷单元数量相同。每套制冷单元的设备的反馈与控制信号全部接入一台IO子站中，每套制冷单元的控制相互独立，任意一套IO子站故障不影响其他的制冷单元。

制冷系统A、B分别设置一套（一主一备）CPU，CPU实现主要功能为控制制冷单元模式切换、故障切换、加减机动作、加减机条件的筛选、设定值的控制等。主备CPU的同步是通过热备冗余同步模块实现的，冗余PLC系统可以有效避免控制器故障引起的停机和数据丢失的风险，确保设备的高可用性。如果一个CPU失效，备用CPU将自动接管程序控制工作，可以防止数据丢失，并且程序可以快速恢复运行。

数据中心每层设置相应的分布式IO子站，以接入支路水管温度传感器、支路水管压力传感器、漏水探测器、阀门、新风机、排风机、氢气传感器、热感应器、稳压泵、潜污泵、液位计等相关的反馈与控制信号。在屋顶设置TF控制单元以及冷却塔控制单元，分别接入空调补水箱的液位计、补水电动阀以及冷却塔风机的反馈与控制信号。

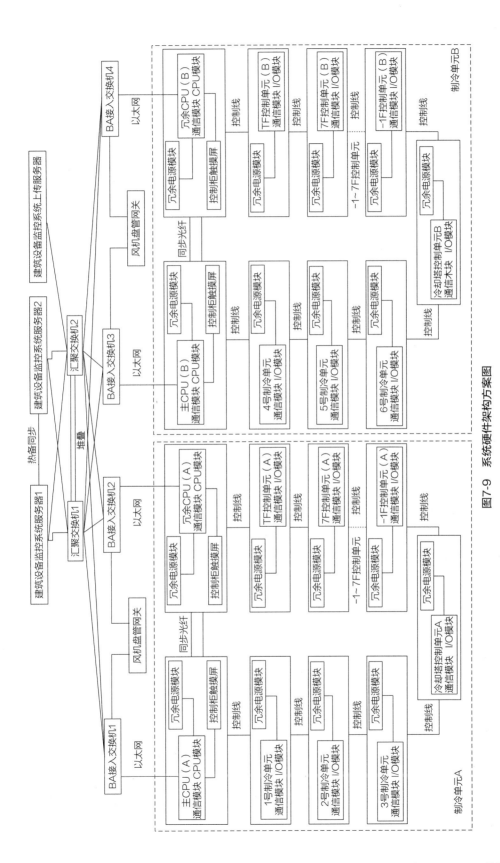

图7-9 系统硬件架构方案图

风机盘管系统用联网型温控器，控制盘管的三速风机和电动水阀。联网型温控器通过风机盘管网关接入交换机，将控制及反馈信号传输至BAS系统，实现对末端风机盘管的实时监测与远程控制。

监控对象具有RS485/232等智能接口，监控系统采用智能数据接口对上述设备进行全面监控。系统对机房专用设备进行24h实时监控，自动检测报警，其系统建设具有可扩充性和开放性，既满足现有需求，也同时满足以后不断增长的需求，实现方便的新设备、新系统在线接入。

2. 系统冗余配置方案

（1）软件冗余配置方案

数据中心通常采用双层数据冗余机制，系统采用双机热备/服务器主备冗余方案以及高可靠的配置和历史数据备份与恢复策略，保证系统的可用性、可靠性和安全性。

数据采集本地缓存，数据缓存到本地磁盘缓存文件，保证在数据入库出现故障后，仍能从本地磁盘恢复故障期间的中断数据。

采用主从服务器实现数据的统一存储。BAS系统的配置数据采用数据库自身流复制同步，历史数据部分由数据采集模块缓存上传程序同步上传至主从数据库，保证数据的一致性。一台数据库宕机，另一台数据库都有数据，不会对BAS系统业务功能造成影响。即便是两台数据库同时宕机，恢复后仍能从服务器本地缓存中恢复中断期间的数据。

主备数据采集服务器通过TCP应用层的心跳报文相互侦听，主备机相互发送心跳报文，心跳报文间隔默认1s一次（可设置），3s超时，当备机3s没收到心跳则自动切换成主机。

（2）PLC系统冗余方案

基于PLC的自控系统采用冗余控制器作为主控中心，用分布式IO从站接入相应的受控设备；控制系统为全冗余系统，具备双机冗余热备功能，包括冗余的控制器以及用于采集通信的冗余通信模块、冗余服务器等。能确保任何时候的系统可靠性、所有的重要部件都是冗余配置。

如图7-10所示，控制器具备在线容错功能，平时主CPU工作，冗余CPU处于热备状态，当主CPU出现故障，冗余CPU可以直接接替，实现无扰动的控制器切换，PLC系统采用硬冗余方式，通过光纤同步模块实现冗余热备，主备切换时间<100ms。冗余CPU与系统均有并行的接口，接受系统对它们进行组态和组态修改，同时，冗余配置CPU处于后备状态时也能不断更新其自身获得的信息。

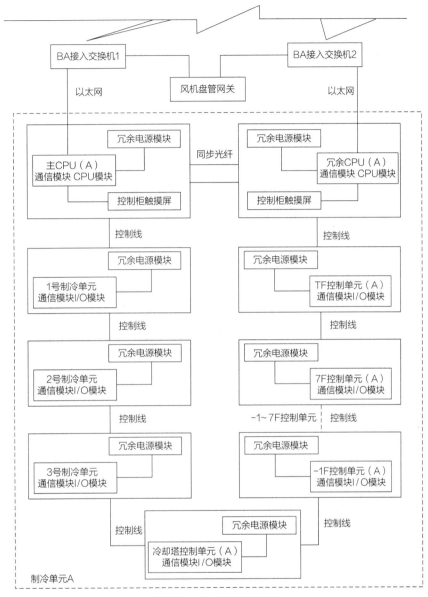

图7-10 PLC系统结构图

冷站制冷单元以及各楼层末端设备的分布式采集单元使用模块化设计，主要包含通信模块、数字量模块（DI/DO）、模拟量模块（AI/AO）这三大类。各种受控设备直接连接分布式采集单元，分布式采集单元通过冗余环网的方式将数据传输到CPU控制器。冗余控制环网与上层网络的电气层、网络协议层均为相互隔离状态，上层网络出现问题，自控系统保持正常运行。冗余环网出现单点故障，底层采集数据仍可以单向向上传输，CPU控制器仍可以接受设备点位控制及反馈信息，正常执行控制逻辑判断，保证在线冗余。

PLC系统具备模件级的自诊断功能,系统内任一组件发生故障均不影响整个系统的工作。一旦某个工作的组件发生故障,系统能自动地以无扰方式,快速切换至与其冗余组件,并在操作员站报警,且PLC均支持断网控制。冗余切换时间保证系统的控制和保护功能不会因冗余切换而丢失数据、延迟或故障。

五、动环监控系统

1. 动环监控系统架构

动环监控系统对发电机、UPS等动力设备监控和温湿度、漏水等环境监测,并与门禁、消防、视频等系统联动控制。当发生报警时可以通过短信、电话、邮件、声光报警器进行报警通知。

2. 动环监控系统硬件要求

为了保障系统可靠性,服务器、网络交换器以及数据采集器配备双电源、双网口,组网架构上采集器接入组网支持双链路冗余,核心交换、接入交换和汇聚交换分别由两台交换机做设备冗余保护,互为备份(图7-11)。系统手机的数据应根据业主需求设置保存时间,采集器要支持断网重连后补充数据,因此,采集器本身要有一定内存。

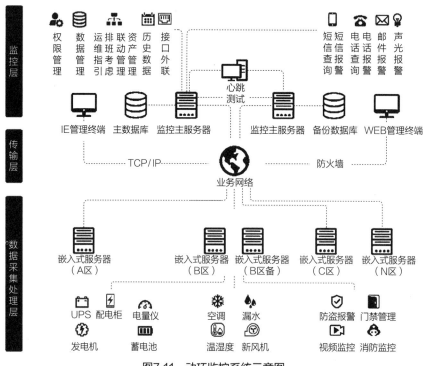

图7-11 动环监控系统示意图

采集器采用RS485等标准接口的总线通信方式，同一总线上只传输同类设备的信号，单串口可连接智能设备数量须按所选产品性能确定，且满足监控和实时管理要求。各采集器根据业主需求和发展规划应预留一定的额定容量（端口）。

为了提高系统的安全性，当需要高水平的运行安全性时，需要采用必要的可靠性方法。

（1）采控设备的冗余：用于控制计算机与控制器之间通信、双向数据传输操作和备份的装置，可提高传输的可靠性。

编码器控制计算机，操作系统通常用于PC平台硬件，因此，操作系统主要是Windows 2000和XP。由于计算机硬件、操作系统和控制软件本身的故障，系统停止。安装了相同软件的两台计算机使用局域网TCP/IP协议在热备盘模式下工作，其中一台可以设计为能够使用该计算机。

（2）计算机冗余：即双机热备，用于实时数据、应急信息和变量历史记录的热能。当服务器从设备收集数据并生成事件通知和信息时，主机/主机计算机工作正常。从设备或计算机获取实时数据和通知，而不是通过网络。

主机/主机记录每个变量的数据。此外，网络拦截设备、设备和节点的拦截是以查询的形式进行的。如果机器从给定时间（请求间隔）正确响应到节点的请求，则主机将正常响应。在机器上传输节点网络数据，获取活动状态，从下一个设备获取数据，并生成活动通知和信息。

第三节　数据中心智慧园区

一、智慧园区概述

1. 智慧园区必要性

近年来，在各行各业智慧化转型的浪潮中，园区也从传统型园区向智慧型园区演进。近年各行各业也在积极部署和建设数据中心，要想打造"世界一流行业信息技术中心"，势必要洞察数据中心智慧园区发展的规律，摸清数据中心智慧园区发展的脉络，思考数据中心智慧园区建设的方向。

大型数据中心规划建设整体性越来越强，基础设施的配套也越来越完备，如基于安防考虑的出入口管理系统、人员定位系统、视频监控系统、电子巡更系统等，基于节能运行考虑的动环监控系统、BAS系统、电力监控系统以及大型数据中心产业园区的照明系统、车辆管理系统、办公系统等多个子系统。传统的信息化往往是孤立的烟囱式子系统建设，数据不互通，业务难融合，长期面临服务体验差、综合安防弱、运营效率低、管理成本高、业务创新难等痛点。

2. 智慧园区定义

智慧园区是运用新一代信息与通信技术，具备迅捷信息采集、高速信息传输、高度集中计算、智能事务处理等能力，深度融合"人事物"的有机生命体和可持续发展空间。

（1）运用新一代信息与通信技术，"数字中国""新基建""互联网＋"等策略部署，在金融科技行业乃至国家信息化发展战略中不断地被提出和强化，其中都包括了"以技术创新为驱动"这一理念。所以，在园区转型和建设智慧园区的过程中，运用新一代信息与通信技术具有极为重要的战略意义。

新一代信息与通信技术包括人工智能、区块链、云计算、大数据、物联网、机器人、智能终端和5G技术等。其中以云计算、大数据、5G为代表的全新基础设施和人工智能、机器人、智能终端等全新解决方案相结合，为智慧园区建设奠定了技术基础。

（2）智慧园区和传统园区相比较，具备迅捷信息采集、高速信息传输、高度集中计算、智能事务处理等能力。同样，这些需要具备的能力也是传统园区当前发展的瓶颈和未来转型时迎接的挑战。

（3）未来的智慧园区将是融合了各种元素，并可以像"生命"一样能有机调动这些元素，做到可持续发展的绿色、高效物理空间。未来的智慧园区是"人事物"深度融合的有机整体，是可持续发展且具备良好可扩展性，既满足当前生产需要又保持一定的发展潜力。通过创新的技术和服务，不断提升园区的技术能力和空间价值。同时，未来智慧园区也是可自我更新的，具备完整的自我进化动力。通过各元素的协同和促进，不断地迭代更新技术能力和业务产品。

3. 数据中心智慧园区平台

智慧园区的主要建设任务由两部分组成：一是建立智慧园区数字平台；二是集成弱电等其他系统。

数据中心的智慧园区平台集成多个智能化系统，如安防系统、办公系统、动环监控系统、电力监控系统、建筑设备监控系统，以及车辆管理系统等园区配套系统。智慧园区实现一站式运营。智能化子系统通过TCP/IP协议或HTTPS（REST API）协议与平台集成，进行数据互联。

智慧园区系统是运维管理系统的重要组成部分，承担着整个数据中心园区的集中管理任务，连通园区各种设备、应用和园区其他系统，支持智能化场景落地，实现产品力、运营力及数据价值提升等重要目标（图7-12）。

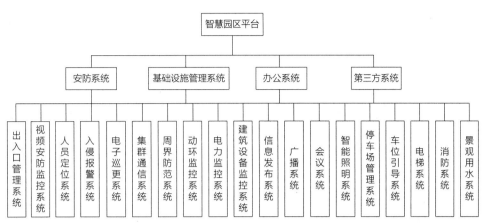

图7-12　智慧园区平台集成系统

二、智慧园区技术方案

1. 设计方案

（1）设计原则

为确保智慧园区信息化平台建设能够充分满足实战的需要，实现效益的最大化，系统建设将全力贯彻以下原则：

1）先进性和成熟性的原则

充分应用先进和成熟的技术，满足建设的要求，把科学的管理理念和先进的技术手段紧密结合起来，提出先进合理的业务流程；系统将使用先进成熟的技术手段和标准化产品，使系统具有较高性能，确保系统具有较强的生命力，符合未来的发展趋势。

2）高集成性和兼容性的原则

采用一体化的设计理念和开放式系统架构，选用标准化的网络、通信、图像、视频接口和协议，提高产品兼容性；采用先进的系统融合和数据交换技术，建立统一的数据规范和标准统建数据共享中心，综合考虑外部系统接口利于业务功能整合。

3）可扩展性和易维护性的原则

充分考虑系统升级、扩容、扩充和维护的可行性，并针对本系统业务繁杂的特点，充分考虑如何大幅度提高业务处置的响应速度以及统计汇总的速度和精度。

4）可靠性和稳定性的原则

须考虑采用先进成熟的平台技术，在安全体系建设和系统切换等各方面考虑周到、切实可行，建成的系统将安全可靠、稳定性强，把各种可能的风险降到最低。

5）安全性和保密性的原则

系统在各个层次对访问都进行了控制，设置了严格的操作权限；通过身份认证、授权、系统日志、系统监控、系统容错、数据加密等多种技术手段保障系统和数据的安全性、可审计性。

（2）业务与应用架构（图7-13）

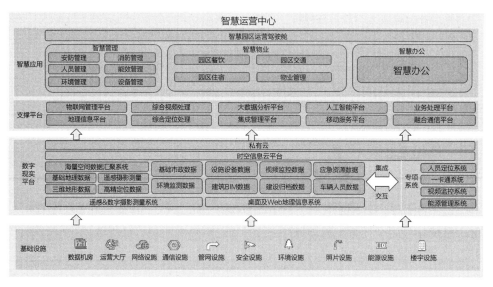

图7-13 智慧园区业务与应用架构

基础设施层：基础设施层以专业系统对接和物联网技术为核心，将智能终端同数字平台层相关的信息系统进行连接，为智慧园区综合管理平台提供原始数据和底层控制能力，包括终端原始信息识别、信息采集、终端监测和终端控制等。使智慧园区万物具有感知信息和执行指令的基本能力。

数据层：智慧园区综合管理中心将各类基础数据库中的基础数据，以增量的方式，通过数据网关转换成统一格式进行传输，组成各部门基础数据库，结合业务决策模型对数据进行深度加工，为领导决策支持、部门之间的综合查询等应用提供数据共享和分析服务。

支撑平台：数字平台包括通用平台、业务平台、数据平台、集成平台和开发平台等主要模块，其中通用平台至少包括但不限于物联网、人工智能、可视化、GIS、统一认证、综合视频处理、综合定位管理等主要功能。

智慧应用层：面向园区运营层面管理人员，实现园区集中的运营管理功能，如可视化的运营中心、园区的综合态势呈现、综合安防消防监控、综合物业管理、能效查询、园区人员信息和情况、资产、设施与环境管理等应用功能。面向高级管理者及决策者，通过运营中心提供全面的园区运营情况和集中的调度管理平台，对业务的关键KPI进行量化呈现，实现园区总体的数字化运营分析服务，以及高层级指挥管理。通过BOP/OA接口和移动端，为客户、员工、第三方、来访人员提供集中、安全、舒适的环境和便捷智能化的服务，如来访、交通、餐饮、住宿、会议等。

（3）安全与可用性设计

系统安全性设计遵循国家信息、网络安全以及信息系统应用等相关法律法规，严格控制系统建设运行中的资料信息监测、使用和管理，维护系统敏感信息安全。平台方案从物理安全、网络安全、主机安全、数据安全、应用安全及管理安全六个方面设计安全性。

1）物理安全

物理访问控制方面，将内外网设备、不同功能的网络设备、不同安全等级的应用系统设备按功能和安全级别分区域部署；重要区域配置电子门禁系统进行管理。防盗窃防破坏方面，建议采购条形码形式的设备标签，粘贴至主要计算机设备上，扫描条形码可显示本单位信息、设备名称、设备编号、设备型号、设备等级、上线时间、责任人、IP/掩码/网关等；部署防盗报警系统和监控报警系统。防雷击方面，建议在机房建筑上设置避雷装置；防火方面，部署火灾自动消防系统；安装防水检测仪表；部署精密空调。防静电方面，重新部署防静电地板。电力供应方面，协调供电局安装冗余或并行的电力电缆线路；安装适当的电磁屏蔽机柜。在系统设备的选用方面，必须对各产品的安全功能进行调查、选用。要求对系统设备提供冗余功能，如冗余电源、冗余风扇、可热插拔驱动器等。

物理环境安全策略的目的是保护网络中计算机网络通信有一个良好的工作环境，并防止非法用户进入计算机控制室和各种偷窃、破坏活动的发生或者物理层面故障的发生。

2）网络安全

采用合理的安全域划分，将数据中心的网络功能分区划分到不同的安全域内，网络安全基础设施用以实现所划分安全域间的隔离和访问控制，包含防火墙、入侵防御、防病毒、VPN等功能。

安全域是一个逻辑范围或区域。同一个安全域中的信息资产具有相同或相近的安全属性，如安全级别、所面临的安全威胁、安全弱点、风险等。同一安全域内的系统相互信任。安全域级别定义与划分是各类安全控制设计和部署的基础。不同网络之间的通信必须验证，遵守相关的规定，设置防火墙或者网闸进行安全隔离。

3）主机安全

服务器、客户机在操作系统平台上，应进行如下设置：系统的超级用户口令应由专人负责，密码应定期变换；建立数据库的专用用户，系统在与数据库打交道时，应使用专用用户的身份，避免使用超级用户身份；在系统的其他用户的权限设置中，应保证对数据库的数据文件不能有可写、可删除的权限。

选用较高安全级别的操作系统，时刻了解操作系统以及其他系统软件的动态，对有安全漏洞的，及时安装补丁程序。

采用各种网络管理软件，系统监测软件或硬件，实时监控服务器、网络设备的性能以及故障。对发生的故障及时进行排除。

4）数据安全

在数据库层面，针对数据库存在的安全风险，从数据库访问行为审计出发，对威胁人员进行震慑。使用数据库审计技术，能够监视并记录对数据库服务器的各类操作行为，通过对网络数据的分析，实时地、智能地解析对数据库服务器的各种操作，并记入审计数据库中以便日后进行查询、分析、过滤，实现对目标数据库系统的用户操作的监控和审计。同时，数据库管理员（SA）的密码应由专人负责，密码应定期变换。客户端程序连接数据库的用户绝对不能使用数据库管理员的超级用户身份。客户端程序连接数据库的用户在数据库中必须对其进行严格的权限管理，控制对数据库中每个对象的读写权限。

数据访问方面，对数据资源的存储以及传输进行安全性保护。

① 认证与标识：确认任何用户访问系统资源，必须得到系统的身份认证以及身份标识，如用户的数据证书、用户号码、密码。当用户信息与确认信息一致时，才能获准访问系统。在本系统中，对操作系统、数据库系统和应用系统都有相应的用户和权限的设置。

② 授权：对系统资源，包括程序、数据文件、数据库等，根据其特性定义其保护等级；对不同的用户，规定不同的访问资源权限，系统将根据用户权限，授予其不同等级的系统资源的权限。

③ 日志：为了保护数据资源的安全，在系统中对所保护的资源进行任何存取操作，都做相应的记录，形成日志存档，完成基本的审计功能。

④ 加密：为了保护数据资源的安全，在系统中对在网络中传输的信息必须经过高强度的加密处理来保证数据的安全性。敏感信息需要加密存储。

5）应用安全

在应用防护方面，按照等级保护要求，通过在核心应用服务器前端部署WEB应用网关设备，实现基于HTTP/HTTPS/FTP协议的蠕虫攻击、木马后门、间谍软件、灰色软件、网络钓鱼等基本攻击行为，CGI扫描、漏洞扫描等扫描攻击行为，SQL注入攻击、XSS攻击等WEB攻击的应用防护。从而保证了所有访问指挥中心信息系统各自区域内网站的用户数据交互的安全性，保障指挥中心信息系统对外发布网站的可用性和完整性。

应用数据安全方面，按照等级保护要求，在三级以上系统应建立数据备用场地，提供本地数据备份及恢复功能，数据备份至少一天一次，备份介质要场外保存，并需要利用网络将备份数据传送到备用场地。同时关键链路也要采用冗余设计，为避免单点故障，指挥中心平台网络在核心架构上预留双机热备方式。

6）管理安全

组织相关人员制定安全管理制度，比如运维安全管理、使用系统人员的安全管理，并对制定的安全管理制度进行论证和审定；安全管理制度讨论通过后，按照程序以文件形式发布；各个使用系统的部门及个人都应严格遵守相应的安全管理制度。同时，应定期对安全管理制度进行评审和修订，对存在不足或需要改进的安全管理制度进行修订，定期组织相关部门和相关人员对安全管理制度体系的合理性和适用性进行审定。

2. 技术与数据架构

（1）技术架构

数据中心的智慧园区平台的总体技术架构应包括如下内容。

1）平台界面风格

采用可视化图形场景界面设计风格，以二维图形场景或三维虚拟场景或GIS为背景对监控设备进行可视化管理（图7-14）。

图7-14 可视化管理界面

2）操作系统支持

系统兼容Windows、IOS、Android等桌面和移动端操作系统。

3）数据库支持

平台支持OpenGauss、OceanBase、TDSQL、MySQL、SQL Server等各种数据库。

4）集成接口

平台采用高效的通用接口技术，通过对多种协议支持（OPC、BACNET、MODBUS、LONWORKS、API、ODBC、Web Service等），从软件应用层和智能硬件两个层面无缝集成各种智能化系统和智能硬件设备。

5）日志管理

平台提供系统日志查询功能，包括用户操作日志、系统运行状态日志、报警日志等；所有日志可以根据查询条件即时生成报表，并可打印输出；系统日志不可被任何人修改；除最高级用户外，系统日志也不能被删除。

6）多种客户端支持

C/S客户端、B/S客户端、手机客户端。

7）远程访问

系统支持基于B/S和C/S两种客户端访问方式，允许网络上的任一工作站通过统一的界面对各子系统设备的运行数据和运行状态进行实时监测、采集和管理。C/S客户端适合对监控中心拼接屏的控制管理，以及供监控中心值班人员使用，根据自己的职责完成对设备的监视和管理工作。B/S客户端适合管理人员在远程进行设备状态监看、运行数据查阅、报警接收、历史数据查询等管理功能。

技术基础支撑平台如图7-15所示。

图7-15　智慧园区技术支撑平台架构图

① 物联网平台

物联网子模块是对园区各个物联设备、应用和系统进行信息集成与数据集成的平台，以"分散控制、集中管理"为指导思想，实现信息资源的共享与管理，提高工作效率，及时对全局事件做出反应和处理，提供一个高效、便利、可靠的管理手段。

物联网平台的建设，考虑综合安防、楼宇、能耗等设备设施的数据采集、日志和安全传输外，进一步考虑设备管理、鉴权认证、故障诊断、联动规则、告警过滤和分析。同时将园区安防、楼宇、能效设备以及其他传感器的数据、状态经过分析和过滤上报给智慧园区上的各个应用。

② GIS平台

可视化和GIS地理平台是一个二三维一体化的服务平台，采用数字孪生技术充分利用模型、数据仿真园区实际情况，尽可能达到"孪生效果"。实现对园区空间静态数据的采集、储存、管理、运算、分析、显示，并支持与位置服务系统集成，实现室内的人员定位与导航基本功能，与智慧园区其他数据及信息集成实现统一可视化的园区管理。

可视化具备对CAD或BIM图纸的处理、构造能力，以为各种设备、人、事件提供基础的位置信息。提供构造建筑体、搭建修改建筑空间的功能，包括添加建筑、编辑楼层信息、CAD图纸导入、BIM模型导入、生成3D模型、删除建筑、启用模型、禁用模型等功能。实现空间数字化，对于建筑、楼层、设备点位都与空间真实映射。支持将各式各样的图纸模型文件格式转换成通用的格式，从根本上解决模型文件流通性差的问题，为运维、开发节省大量整改模型的时间。

③ 综合视频处理平台

综合视频处理是智慧园区平台视频处理模块结合弱电系统中视频监控子系统一起实现的重要功能，是智慧园区的重要组成部分。综合视频处理与视频监控系统的不同之处在于，既处理通过系统集成接收到的摄像头、人脸门禁、BOP的影像与图片，也处理通过物联网接收到的无人机、机器人、智能前台、执法仪等设备的影像与图片，并通过智能算法综合分析形成结果，为园区运营管理人员提供便捷有效的管理方法和手段。综合视频处理模块既接受视频监控系统的输出，也接受视频监控系统的输入。综合视频处理模块将处理后的影像发回给视频监控系统保存，将生成的日志信息发送给大数据模块保存。园区视频、音频、图像的智能处理应考虑同视频监控系统一同建设，避免功能缺失或重复建设的情况。

④ 综合定位处理平台

园区位置服务采用被动定位，依靠定位系统结合视频、门禁、闸机、一卡通、车位管理系统、来访申请和办公系统等综合确定人员、车辆的具体位置。

⑤ 业务处理平台

符合BPMN2.0规范要求，具有统一的业务流程梳理、业务流程定制、流程运行监控功能、工作页面定制与管理以及表单的定制、展示、打印等功能。具有报表制作和统计分析功能，具有数据项约束和数据库字段适配等功能，能够实现业务服务的管理和业务系统集成整合，能够实现单点登录、页面设计与集成、内容管理。

⑥ 大数据处理平台

数据平台作为园区项目的数据底座,主要负责完成各异构子系统(综合安防、人员通行、一卡通、停车管理、能耗管理等)的数据集中建模管理和使用,实现园区数据的基础数据整合,统一规划数据语言,向下通过集成平台或直接提供已接入子系统应用的数据集成接口,把对应的源数据转换成结构化数据,保存在数据平台组件的相应主题库中;向上提供数据服务、计算能力接口给智慧平台应用,以供其他系统调用数据接口和消费相关数据。数据平台具备大数据处理和AI能力,实现事件关联、事件原因分析、指标异常检测等功能。大数据适配多种主流数据引擎,具备深度的开放性和兼容性,支持市面上各类主流图像处理算法的接入、上下架、分配和启停等操作。主要支持的数据引擎包括:离线计算,MapReduce、Spark;实时计算,Flink、Spark Streaming;全文搜索,ES,SQL/NoSQL;数据存储,MySQL、Oracle、HBase、Hive;高速缓存,Redis;文件/对象存储,HDFS、FastDFS、OSS、FTP,MPP存储,SnowballDB、Greenplum。

⑦ 集成管理平台

集成平台实现服务集成、消息集成、数据集成等全链接,支撑园区应用、数据、服务、资源等的协同,集成平台提供API集成、数据集成和消息集成服务,并提供场景应用的接口组件。

API集成是集成平台的API管理组件,聚焦在API轻量化集成,实现从API设计、开发、管理到发布的全生命周期管理和端到端集成。

数据集成是集成平台的数据集成组件,支持文本、消息、API、结构和非结构化数据等多种数据源之间的灵活、快速、无侵入式的数据集成,可实现跨网络、跨机房、跨数据中心、跨云的数据集成方案,并能自助实施、运维、监控集成数据。

消息处理是集成平台的消息集成产品,基于高可用分布式集群技术,搭建了包括发布订阅、消息轨迹、资源统计、监控报警等一套完整的消息服务。

(2)数据架构(图7-16)

图7-16 智慧园区数据架构

智慧园区范围内现存的全要素点状、线状、面状的空间信息,包括公用设施、道路交通等数据,路灯、快速路等空间信息的全要素信息以及各行业应用信息数据资源。

第四节 智能化系统施工

数据中心的智能化工程，在施工中，主要是弱电间常规弱电设备、摄像头和闸机等安防设备、温湿度探头等监测设备的安装、弱电防雷接地以及综合布线的施工。其中设备和防雷接地均采用常规手段施工，不再过多赘述。数据中心的线缆量大，因此，综合布线的施工是数据中心智能化工程的重点关注部分。综合布线的设计要点和施工要点详见本书第三章第五节综合布线系统。

第五节 智慧运维

一、智慧运维概述

数据中心运维工作主要包括配置管理和监控，运维人员每天要进行大量的模块维护操作。运维的操作程序更新、配置修改、数据传输以及各种自定义的命令执行。在运维过程中，这些大多通过手工操作或编写脚本的方式，将模块更新到生产环境中，手工操作不可避免地带来误操作，效率低下，甚至出现过模块上线操作排队现象。另外，还有对数据中心运行的监控，数据中心运行着成千上万的设备，经常会出现问题，等故障反映到业务层面，实际上已经造成了损失。如果在发生重大事故之前，能够发现一些设备运行的异常表现，及时消除就可以减少故障对数据中心造成的一些重大影响，可以将危险消灭在摇篮之中。然而，数据中心的设备、应用程序、子系统很多，非常复杂，若依靠人员去进行检查，效率低且容易出现错漏，所以，智慧运维应运而生。智能化的运维可以通过机器检查所有运行的设备，并且对设备进行实时监控，发现隐患和不正常的数据波动，及时告警。当运维中心收到告警可以更快速地做出反应。智能化运维不但将运维人员从繁琐的工作中释放，还提高了运维的效率和安全。因此，数据中心的智能化运维是必不可少的一项。

数据中心的智慧运维中心作为报告中心、指挥中心、统一入口，具有运营状态可视、业务分析、事件预警、辅助决策、操作执行等能力，并融合各类应用，提供用户统一入口，实现大楼的可视、可管、可控、可分析、可审计等功能，最终实现建筑的数字化、智能化运维目标（图7-17）。能源管理模块通过对接智慧水表、智能电能表等设备，在平台统一管理，定时自动抄录水电表的计量数据，并进行统计分析，以结构化、图像化方式实时展示能效数据，分项、分类、分区域计量能耗数据。通过对能耗数据进行深度挖掘分析，进行统计和规划处理，进行二次计算、统计分析，辅助管理人员加强用能管理，提供节能策略。设备设施运行管理模块实现对建筑内的设备设施进行实时运行监测，处理故障报警及运行模式管理。碳排放管理模块实现对项目的总碳排放进行统计分析；对项目各类空间碳排放进行分析；对项目各主要系统进行碳排放分析，根据对应分析给出最优碳排放运行策略。环境监测模块通过统一数据采集，将楼宇内的环境监测传感器数据收集并进行整理和分析，通过数据和报表进行发布，通过控制系统对楼宇内环境进行管理。智能云诊断模块通过神经元网络算法对归档历史数据学习训练，形成一个设备或工艺系统的正常运行模型，并将其与实时运行状态进行比较，计算出当前值和机组模型计算出的期望值之间的偏差，并提供故障和劣化趋势早期预警功能，以降低设备故障的风险，提高设备运行的可靠性。通行管理模块包含人员、车辆、门禁的管理。应急智慧管理模块包含视频监控与巡查、视频报警及联动管理、辅助指挥决策、应急预案管理等。物业管理模块包含服务综合概览、多端保修管理、资产维护管理等。移动APP模块包含移动端APP和微信小程序。弱电系统集成模块包含空调通风系统智能接口、给水排水系统智能接口、智能变配电系统智能接口、冷热源系统智能接口、智能环境系统智能接口、智能照明系统智能接口、智能安防系统智能接口、智能电梯系统智能接口、智能停车系统智能接口、能耗分析系统智能接口、泛光照明系统智能接口、智能消防系统智能接口、水浸报警系统智能接口、智能通讯系统智能接口、一卡通系统接口，实现弱电智能化系统集成。

图7-17　智能化系统集成界面

二、安防管理

综合安防管理作为智慧园区系统的子模块，以视频监控系统为核心，结合门禁、闸机、周界围栏、入侵检测、无人机、机器人、AR、执法仪、访客等多种安防及管理系统进行建设，实现智慧园区各安防设备及系统间的集成、联动能力，并具备"集中管理""安防可视""灵活联动""决策支持"等特性，全面提升园区安防的效率，降低安防人力成本，最终实现系统安全智能可视化的管理。

1. 视频监控

通过与园区内的视频监控系统对接，实现智能化、可视化、统一化的监控摄像机和监控视频管理（图7-18）。

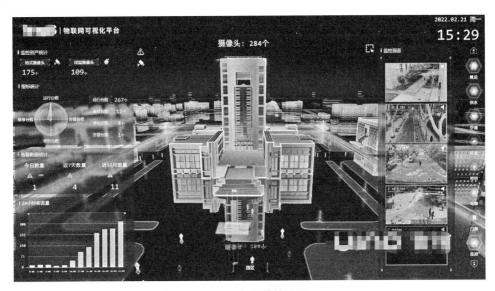

图7-18 视频监控界面

平台集成视频监控系统，对园区内的视频进行统一智慧化管理，在三维地图上显示各个部位的监控点。当视频状态出现故障，视频点以不同的颜色进行状态告警。点击电子地图中的摄像头，弹出现场的实时画面。需实现如下功能：

实时监控：支持视频播控—实时浏览，播放实时视频云台控制。

录像回放：支持同时回看多路摄像头实时画面，多画面同屏显示（可分为1/4/9画面显示），可对播放的视频录像进行暂停、拖放、停止、全屏等操作。

可视化管理：系统以直观的图标方式标识摄像机，基于图形场景界面对摄像机进行可视化展现；直观显示视频监控点位的设备名称和图像信息，用图标区分设备类型，地图上直接点击摄像机即可浏览摄像机实时画面。

设备监测：可显示视频监控系统主要设备的运行状态，如设备出现故障，可显示设备编号等信息。具有视频图像丢失报警功能，当视频信号断开，在系统列表显示报警信息。

2. 巡更管理

视频监控与地图联动，可选择地图任一摄像头加入视频巡更计划，摄像头按设置的巡更次序轮播视频实况。视频巡更和人工电子巡更路线科学规划，优势互补。园区的操作人员需要能通过视频监控园区各种异常事件，如果发现异常，可以手工创建告警事件与工单。

视频监控、门禁、闸机、人员定位与地图联动，可在地图中规划人员巡更路线，并选择路线上任一设备加入人员巡更路线，摄像头按设置的巡更次序轮播视频实况，并可通过视频进行人脸打卡，确定安保在岗状态形成记录与报告。具体功能如下：

路线管理：支持添加巡更路线，并对路线内需要巡更的摄像头点位进行增加、删除操作。

人员分组：支持添加、删除巡更人员操作，并对现有巡更路线进行人员的添加、删除操作。

巡更计划：支持设定新的巡更计划，包括设定计划的起始执行日期、设定允许误差、设定执行的巡检计划模式、支持添加计划执行的巡检人员、支持添加计划执行的巡检时段。

巡更考勤：可查看巡更路线内的相关巡检记录和结果，比如打卡人员、打卡时间、打卡结果等。

视频巡更：可支持使用人员在平台上对巡更路线内的巡更视频点进行查看视频、提交查询结果等操作。

3. **物理周界**

通过园区周界围栏、门禁、闸机、入侵检测等物理安全设施监控，确保园区物理周界安全。并通过告警与摄像头联动，消除物理周界误报告警，避免不必要的人力浪费。园区运营人员可管理周界任务，包括新增任务、启动任务、停止任务、删除任务以及查看任务详情；园区运营人员可查看和处理上报的电子周界告警，结合视频监控，确认是否误报，对于真实的入侵行为，派发工单给安保人员到现场进行处理。

告警推送，当有人非法翻越或破坏围墙，探测器可立即将警情传送到管理中心，电脑上会弹出入侵区域的监控画面；同时，外界的录播喇叭开始发出声音驱赶，中心值班人员通知巡逻中的保安人员立即赶往现场处理。

4. **告警联动**

实现如下告警联动功能：

关联摄像头：门禁、闸机、入侵检测、周界围栏、人员定位以及人员上报的安全告警事件都能与摄像头关联；点击告警列表中的某条告警事件，应能选择该告警事件关联的摄像头列表。以在事件周围不同距离（5m、10m、15m、20m、

500m）列出不同的摄像头列表，可查看摄像头实况和事件录像视频。在可视化和GIS地图上显示告警事件周围不同距离（5m、10m、15m、20m、500m）的摄像头，可查看摄像头实况视频和事件录像视频。对设备应能新增、删除关联的摄像头，可显示及查看设备已关联的摄像头。

播放视频：点击告警列表中的某条告警事件，应能查看告警事件关联的摄像机列表。设备产生告警时，可选择播放关联的摄像头实况和录像。在告警事件详情页面会实时播放一路视频。在告警事件详情关联视频栏可以查看事件发生前30s到事件发生后30s的回放视频。录像播放过程中可录屏、抓拍作为告警附件，附件支持本地下载保存。

告警附件管理：摄像头告警录像可保存在视频监控子系统，并支持查看。可将视频文件、图片上传为告警附件，上传的视频文件和图片能按照指定的目录保存下来。点击告警事件时，保存的视频和图片应该能在界面上显示，供点击详细查看。告警到期自动清理时会将告警关联的附件一并清理。

设备关联：点击告警列表中的告警事件，通过视频和人员消除误报。根据事件告警，控制告警事件的周边设备，如闸机、门禁、广播、信息发布屏幕等，阻止人员入侵等情况。

5. 人员监控

对进入园区人员进行实时监控，实现黑白名单管理、黑白名单布控管理、黑名单告警处理、黑名单轨迹查询以及人员可视化等一系列功能，实现园区人员实时监控管理。

6. 车辆监控

对进入园区车辆进行实时监控，实现黑名单管理、告警处理、轨迹查询以及车辆可视化等一系列功能，实现园区车辆实时监控管理。

7. 安防告警中心

安防告警中心实现告警列表展示、告警地图呈现、告警信息推送、告警处理及工单派发等功能，实现对告警发现、处置、解决的全流程处理功能。

8. 安防告警档案

对所有告警事件进行归档，实现告警事件列表查询，以及告警详情查看、告警自动清理和备份等功能。

9. 安防工单管理

对所有安防工单事件进行归档，实现列表查询、详情查看、工单处置与转发等功能。

安防系统界面如图7-19所示。

图7-19　安防系统界面

三、消防管理

通过对接消防系统，实现消防报警主机、NB烟感、电气火灾监测等系统对园区消防状态进行实时监控和可视化管理，辅助园区管理者对园区内消防时间与类型的掌握，发生警情时联动相关系统快速应对。

平台对园区消防状态进行实时监控与告警联动。当发生警情时，对火警地点精确定位，并联动火警触发地附近的摄像头，实现视频联动，管理者查看火警场景，对火灾进行精确、高效确认。同时平台可联动打开相关的通道闸，便于人员快速撤离。实现如下功能：

消防设备状态可视：支持在三维环境中管理消防监控设备的空间分布，可通过顶牌查看基本信息。消防设备监测（状态信息）可视，如消防栓、水压、防火门、烟感、油气感应器等状态，在可视化模型中，基于消防设备业务信息告警展示（业务信息）。

消防告警可视：消防告警发生后，在IOC展示火警位置及周边环境情况。

消防联动：对告警真实性进行确认，关联周边摄像头、人员定位等设备可查看周边视频，需要进行疏散时，可远程开启周边门禁、闸机，可远程调用广播、信息发布、集群呼叫系统。当发生消防告警时，信息发布屏应自动展示当前位置的消防疏散示意图。

消防通道占用识别：系统需要支持对消防通道占用的摄像头识别，并且触发告警，由IOC值班人员对告警进行实时处置，并且下发工单。

平台显示不同区域消防负责人信息，包括姓名、电话、负责区域。显示报警事件，对最近的5起消防报警事件详细显示，对近1个月报警事件发生数量按区域的统计展示，进行统计分类。针对消防事件高发区域和高发类型，做专项治理优化，保障园区消防安全（图7-20）。

图7-20 消防系统界面

四、人员管理

人员管理系统作为智慧园区项目子模块，通过人脸采集终端、人行闸机（集成人脸PAD、刷卡、刷二维码、刷身份证）、一卡通、视频系统、定位系统、访客自助终端、访客在线预约等应用对员工、客户、访客、施工人员、安防人员、物业人员进行管理（图7-21）。

图7-21 人员管理界面

综合门禁、闸机、摄像头、定位、班车、一卡通、办公系统等数据，实现智慧人员的考勤；采用人脸识别通行技术，便利化园区内人员的通行和服务；结合"安防管理"功能实现智慧园区的员工和访客的安防管理，实现位置和轨迹可查。同时，通过大数据分析园区内人员情况和数据，为管理和服务人员提供决策，提升园区服务质量。实现如下功能：

人员信息管理：实现管理人员信息、查询人员信息、录入人员属性、管理照片、隐私保护、人员车辆管理、证件管理等功能。

群组信息管理：实现群组名单类型管理、群众成员管理。

人员刷脸授权：提供录入人员和人脸的服务接口、提供根据人脸搜索人员实例的接口、提供根据人脸校验通行权限的接口、人脸记录等功能。

人员刷卡授权：提供校验一卡通的服务接口，业务应用或第三方系统可以通过调用系统服务接口来校验一卡通是否可以使用当前设施，如通行、消费、借阅、使用等。使用刷卡通行时，系统生成人员通行记录，类型为刷卡通行。记录中应包含人脸通行的内容，方便未来审计。

人员定位：实现人员定位、定位分析、电子围栏、人员热力、机房人员情况等功能。

人员画像：对人员出入情况、消费情况、违规记录进行实时查询与分析。

五、能源管理

平台对接智慧水表、智能电能表等设备，在平台统一管理，定时自动抄录水电表的计量数据，并进行统计分析，以结构化、图像化方式实时展示能效数据，分项、分类、分区域计量能耗数据（图7-22）。通过对能耗数据进行深度挖掘分析，统计和规划处理，二次计算、统计分析，辅助管理人员加强用能管理。

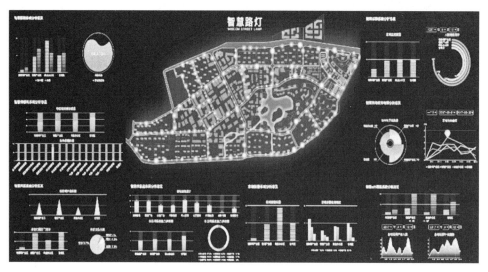

图7-22　智慧路灯界面

1. 能效实时监测

实时数据监测：通过基础设施数字管理平台获取能源系统运行状态和参数的接入和监测（电流、电压、功率、电能、流量、压力、温度）。通过基础设施数字管理平台获取能源系统管网运行状态或参数的接入和监测。

能流图：以能流的形式，将能源的采购、输配、使用根据计量数据分层分级直观展示。

报表：提供报表制定。报表类型可扩展，可由用户自定义报表，可保存报表模板，可对报表模板进行修改。

可视化：将能源输配、用能设备在可视化上标注。支持用不同颜色模型展示设备的不同工作状态信息，支持用顶信息牌的方式展示每个设备的实时监测数据。或当鼠标点击或移动至某个能源设备标注上时，能以Tips形式显示该设备模型、运行状态参数和数据。支持在三维环境中直观展示设备、管道的走向和分布，以信息面板、图表的形式分类展示不同用途的用水用电的统计信息、占比或对比信息，方便用户直观了解楼宇用水量情况。支持在三维场景中进行设备的搜索定位。如点击设备列表中的设备，可以直接跳转到该设备的具体位置。支持可与水电设备进行对接，提供三维场景中实现设备开关的合闸或分闸的能力。

视频关联：在页面上提供能源设备视频监控入口，点击可调用视频系统的视频流，查看能源设备附近的视频。

2. 能效事件查看

事件展示：点击事件卡片或者地图上的事件图标展示事件基本信息和详情。可根据需要设定过滤展示规则。

关联摄像头：从事件详情关联摄像头，调阅视频信号对告警事件、能源设备故障进行确认，可根据事件详情对需要处置的事件进行任务派发。

设备关联：关联摄像头，从事件详情关联摄像头，调阅附近视频查看。

关联广播：从事件详情关联广播系统，调阅附近广播使用。

告警视频查看：在页面上提供能源设备视频监控入口，点击可调用视频云的视频流，查看能源设备附近的视频。视频查看用于提供调度人员确认告警的手段。

六、设备管理

设备管理结合物联网、信息化和可视化技术，实现园区设备全场景的"人、财、物、事"在线闭环管理（图7-23）。实现对弱电各系统的综合性监控，实现事件、设备、系统拓扑、物理位置和人员等的关联可视性监控。并实现如下功能：

图7-23　设备管理界面

设备管理：实现设备查询、设备画像、管线架构管理、物联架构管理、架构运维管理、电梯设施可视化、设备可视化等功能。

设备告警管理：实现设备告警、告警管理、地图显示告警设备位置、地图显示人员位置、告警信息诊断、设备画像信息、告警处置、告警归档、移动工单作业等功能。

任务工单：实现工单派发、工单处置、工单统计分析等功能。

七、环境管理

环境管理是通过统一数据采集，将客户园区内、楼宇内的环境监测传感器数据收集并进行整理和分析，通过数据和报表进行发布，通过控制系统对楼宇内环境进行管理（图7-24）。实现如下功能：

图7-24　环境管理界面

环境实时数据监测：实现环境监测数据的采集、接入和呈现。当设备出现故障时，可以通过点击告警查看到设备的当前告警信息，可联动跳转到系统拓扑和三维可视化展示。

环境监测数据内容包括空气质量、天气信息、温湿度、噪声、风速等。支持在可视化三维空间中显示数据中心各个环境监测设备的分布和位置。支持查看各个监测设备的属性信息和性能参数。支持以雾状、气泡等不同的形式展示环境指标的状态信息。

环境信息发布：提供多种方式的环境信息发布方式，如：室外显示屏、智慧路灯显示屏、移动端、PC端监测发布。对环境异常数据和指标，经分析后提供告警。

视频监控：在页面上提供环境监测点的视频监控入口，点击可调用视频系统的视频流，查看附近视频。

照明管理：支持在三维环境中直观展示园区内的路灯、景观灯和楼宇内所有公共照明设备的空间分布情况和光场范围。

智慧路灯：实现智慧路灯的监控与管理，统一管理智慧路灯上的摄像头、环境监测、信息发布等设备。支持以信息牌的方式展示智慧路灯的数量统计信息、业务功能信息、实时能耗、历史数据等。

空调管理：支持在三维环境中展示所有空调设备（如冷水泵、出风口、空调机组）的空间分布及状态（正常的、异常的用不同颜色标识）。支持在三维场景中用动画的方式展示设备间、管道的流向。支持直观展示各楼层的温度、湿度、空气质量值等；可根据统计数据形成温湿度云图。支持用顶信息牌的方式展示重点监控的冷源调设备的监测值，如实时压力值、实时频率等。支持数据中心配套建筑的温控设备对接，可控制空调开关、温度、送风等。

空间环境管理：支持数据中心的实际建筑的3D建模，实现以仿真和科技的形式完整呈现建筑物整体轮廓及在三维地图中的位置。

灌溉系统：实现园区灌溉设备、景观喷泉以及相应用水系统的监控与管理，支持3D可视化中的呈现与控制。支持信息牌的方式展示设备的数量统计信息、业务功能信息、实时能耗、历史数据等。

第六节　工程案例

某数据中心项目信息网络系统采用星形拓扑结构，支持最新主流网络协议，支持集数据、语音、视频、图像于一体的通信。该项目的所有网络采用接入层、汇聚层、核心层三层组网结构。接入层配置多台交换机，采用堆叠技术组网。楼层弱电井/间内的接入交换机按照末端点位的120%进行配置。该项目安防和办公共用一套核心交换机、汇聚交换机，核心交换机、汇聚交换机配置双电源、双交换引擎。动力网采用独立的核心交换机、汇聚交换机、接入交换机。汇聚、核心交换机配置双电源、双交换引擎。

一、安防系统

1. 视频监控系统

某数据中心的监控系统的服务器设置在4号厂房4层园区网总机房内，监控系统接入总控中心进行统一管理。视频监控系统采用400万像素低照度红外摄像机，利用POE供电（图7-25）。该项目的数据摄像机的部分核心区域具备人脸识别功能，监控视频系统采用三层网络架构。核心、汇聚交换机配置双电源、双交换引擎。该项目的监控设备较多，因此，在数据机房每栋楼内均建立机房对该楼栋的视频监控管理，并且在运维楼建立对全园区的视频监控。

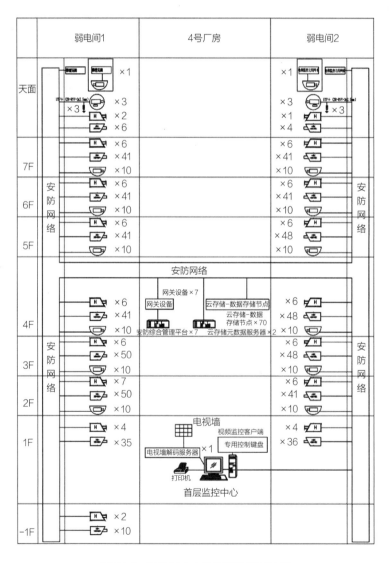

图7-25 某数据中心的视频监控系统图

楼栋的视频监控系统与门禁采用数据接口通信，门禁报警可以与视频安防监控系统联动，跳出报警地点的信息；也可以与火灾自动报警系统联动，当接收到火灾报警信号时，视频监控系统在中控台上切除报警点及周边区域视频监控图像。

各楼宇出入口、连廊及机房门口摄像机的储存时间不少于6个月，其他区域储存时间不少于3个月。

2. 出入口管理系统

某数据中心的出入口控制系统采用智能网络出入口控制，根据数据中心的安全等级以及业主要求，采用的是人脸识别和读卡，进出数据机房重要区域需要卡加人脸识别，所有人员必须凭有效卡才能进出相关的门禁区域或办公区。本项目设置电梯管理系统对电梯乘坐人员进行控制和管理，要求每台电梯具备刷卡功能，刷卡后才能选层启动电梯，对于指定权限卡能实现刷卡到指定楼层，门禁系统通过数据通信接口对各台电梯及逆行数据采集与控制，监测电梯的状态和位置等，电梯提供标准开放的通信协议。门禁系统与园区共用一套系统，且门禁记录保存时间大于1年。

二、基础设施管理系统

某数据中心项目所设计的基础设施管理系统主要集成了动环监控系统、电力监控系统和建筑设备监控系统等。本项目基础设施管理系统采用B/S架构，支持北向接口连接，各子系统实现联动控制和管理，如火灾报警和门禁系统、视频监控联动、入侵警报和视频监控联动等。项目的基础设施管理平台实现设备监控、告警管理、容量管理、能效管理、2D/3D可视化、联动控制等功能。平台硬件采用容错配置，配置备份装置用于保存数据。服务器、网络设备和其他用电设备配备双电源、双网口，保证系统可靠性。平台开放数据供第三方系统调用和使用，满足差异化与二次开发需求，并预留3个系统接口。

三、动环监控系统

某数据中心项目动环监控系统架构采用三级网络架构，将信息和数据逐级上传，交由总控中心统一监控管理，且各楼栋均有各自的监控中心，各楼栋监控中心对该楼栋的监控设备具有监控管理功能。系统收集到的数据在数据库保存时间大于2年，采集器支持断网重连后补传数据。本项目动环监控系统主要监测内容有低压配电、重要电力回路、列头柜、小母线等电流和电压参数，恒温恒湿空调机组运行状况和参数，主机房及配套区温湿度，空调机房漏水监测，UPS的运行状况和相关参数，蓄电池单体的电流、电压、温度、内阻等。

四、建筑设备监控系统

某数据中心项目的BAS系统主要监管冷源系统、空调机组、新风机组等，空调末端预留RS485通信接口，与建筑设备监控系统对接。该项目控制方式采用集散式网络结构的控制方式，由上位计算机、网络控制器、可编程逻辑控制器PLC和现场检测设备构成。网络控制器与PLC质检通过总线方式传输，上位计算机与逻辑控制器之间通过智能化专网传输。网络控制器具有TCP/IP数据接口，直接接入智能化专网。本项目BAS系统由服务器、工作站、现场控制、远程I/O模块和传感器、执行器等组成，系统采用一套服务器软件平台，系统主要功能是最优化启停、PID控制、时间通道、能耗统计、设备故障报警等功能。本项目建筑设备监控系统预留了不少于15%的I/O通道作备用，系统及软件预留不少于15%的监控点备用。系统具有自诊断、故障报警、历史数据储存与趋势曲线显示功能，系统工作站及其设备由弱电机房UPS集中供电。

五、智慧园区

某数据中心建设有运维楼、数据机房、研发楼等。智慧园区平台采用TCP/IP、OPC、ODBC等协议集成了安防、火灾报警、DCIM、办公、园区配套系统等（图7-26）。智慧园区平台为了满足后期扩容的要求，预留了5个数据接口。智慧园区平台采用华为的NetEco 6000，实现视频监控、能效监控、设备监控等运维管理。平台支持C/S客户端、B/S客户端和手机App客户端。系统数据库实时冗余热备份，支持在线备份，系统具备自检、自修复与自适应功能，服务器故障修复后，可自动重新启动，并自动转换为热备份服务器。

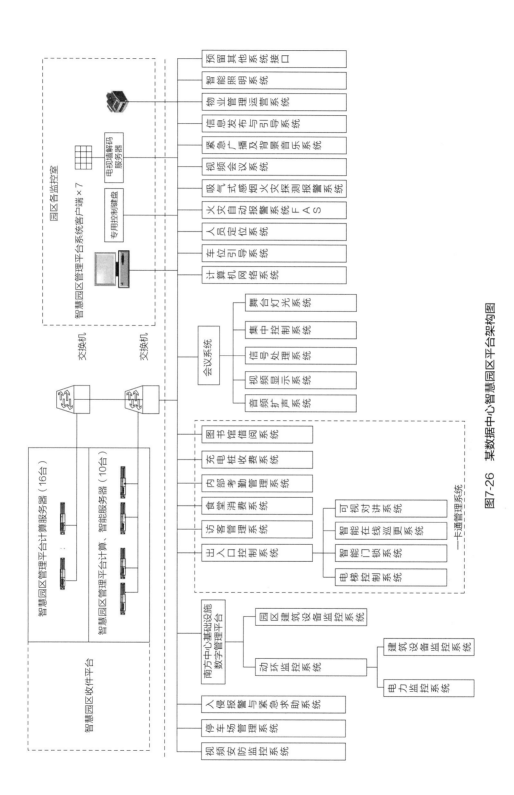

图7-26 某数据中心智慧园区平台架构图

第八章

数据中心节能环保技术

第一节　节能环保概述

随着数据中心建设规模的不断壮大，数据中心高能耗的问题日益显现。据统计，2018年数据中心能耗占全球能耗的比例约为1%，预计2025年将上升至4.5%，2030年将高达8%。我国数据中心的能耗形势同样十分严峻，自2010年起，我国数据中心总用电量连续8年以超过12%的速度增长，2018年达到全国总电耗的2.35%。2020年全国数据中心能耗约为1507亿kW·h，约合二氧化碳排放量9485万t，预计2035年将超过1.5亿t。随着国家对"碳达峰"和"碳中和"要求的提出，低碳高效的绿色数据中心将成为未来数据中心建设的重要方向。

根据《数据中心节能技术及发展方向分析》一文，数据中心耗能内容主要分为三大部分，分别为IT设备和软件、供配电系统、空调系统，各部分耗能统计如图8-1所示。耗能占比中，IT设备能耗占数据中心总能耗约42.3%，空调系统占40.2%，两者是数据中心的最大耗能单位，因此，成为节能降耗设计的潜在重点。同时，由于建筑结构保温效果对空调系统制冷的影响较为显著，因此，数据中心节能的关键在建筑节能和机电节能两方面。

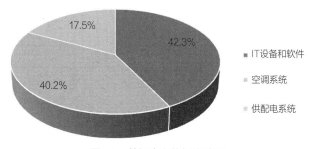

图8-1　数据中心能耗构成图

第二节　建筑节能

数据中心作为一种特殊的公共建筑，与一般的公共建筑在节能方向上有一些特殊之处。一般的公共建筑服务对象为人，在规划设计方向上从人的角度出发，需要冬暖夏凉，有足够的照明、合理的通风等要求。数据中心服务对象为IT设备，其对环境要求极高，更加注重的是散热，基本不考虑照明。只是从选址布局、功能空间布局、围护结构、气流组织等方面进行合理的选择，以达到数据中心节能的目的。

一、合理布置数据中心

数据中心是一个高能耗、高供冷的建筑，因此，数据中心应优先在能源相对富集、气候条件良好、自然灾害较少的地区建设，提高能源供给能力和空调制冷系统综合能效。

二、建筑与结构设计

（1）数据中心建筑总平面的规划布置和设计，宜充分利用冬季日照和夏季自然通风，并利用冬季主导风向。

（2）数据中心建筑主要朝向宜选择本地区最佳朝向或接近最佳朝向，避开夏季最大日照朝向。

（3）数据中心建筑形体设计时应控制其体形系数，严寒、寒冷地区建筑的体形系数应小于或等于0.40，提升数据中心保温效果。

（4）装饰材料应选用保温、隔热、防火、防潮、少产尘的产品，充分隔绝机房与外界环境的冷热自然交换，避免主机房空调冷量的流失。所选材料除隔热保温外还应有防止结露现象的功能。

三、提高围护结构性能

（1）围护结构选型应在满足保温、隔热、防火、防潮、少产尘等要求的前提下，尽量使用导热系数小的建筑材料，有利于夏季"隔热"。同时外墙、屋面热桥部位的内表面温度不应低于室内空气露点温度。

（2）针对部分长期处于较低温度的地区，主机房区域围护结构的热工性能应根据全年动态能耗情况分析确定最优值，降低围护结构低保温性能，提高数据机房散热效率。

四、设计全封闭型数据中心

（1）数据中心主机房区域宜位于建筑物内，当有外围护结构时，不宜设置外窗，宜设计全封闭型数据中心。取消外窗，既能防止因吸收太阳辐射热而消耗能量，又能保持数据中心的正压值，防止机房温度随外界温度的变化而波动，降低精密空调能耗。

（2）当主机房设有外窗时，外窗的气密性不应低于现行国家标准《建筑外门窗气密、水密、抗风压性能检测方法》GB/T 7106规定的8级要求或采用双层固定式玻璃窗，外窗应设置外部遮阳，遮阳系数按现行国家标准《公共建筑节能设计标准》GB 50189确定，减少数据机房因吸收太阳辐射热引起的能量消耗。

五、合理设置分区和层高

（1）数据中心IT设备在未完全安装时，其设备空置区域应进行隔断，调整空调系统送风、回风位置，仅针对设备运行区域进行供冷，提高制冷效率。

（2）新建数据中心或既有数据中心改造中，当层高过高时，在满足消防要求的前提下，宜增设满足运行维护空间需求的吊顶，以减少空调空间，降低空调冷负荷。

第三节　机电节能

一、供配电系统节能技术

数据中心功率密度高且需要连续不间断地运行，电气能源消耗量巨大，因此，电气系统无论是系统架构，还是设备选型，都始终贯彻节能环保的设计理念。设备选型除满足可靠性外，也应从节能环保角度考虑，降低机房PUE值。

1. 配电系统节能技术

根据数据中心的送电距离、负荷容量及电源性质，合理地选择供电电压，合理地设计供配电系统，以减少电能损耗，具体措施如下：

（1）数据中心配电系统需要考虑长期运行的技术经济合理性，同时，也要考虑分期投入在线扩容的需要。对于分期建设有明确规划的数据中心，应按照扩容计划采用多台变压器方案，避免设备轻载运行而增大损耗。

（2）对于具有多电压等级的供配电系统，应在设计过程中尽量减少电压层次，避免多级变压带来额外损耗。

（3）数据中心采用多层布置时，变压器尽量设置在各个机房层，深入负荷中心，减少低压线路损耗。

（4）备用柴油发电机组应尽量设置在本建筑物内，如果条件不允许，也应尽量靠近负荷所在建筑物，以减少线路损耗。

2. 电力变压器节能技术

应采用低损耗节能干式变压器，接线组别D，yn11。根据数据中心的负荷性质，变压器普遍为2N或N＋1冗余情况，大部分数据中心变压器长时间在低负载情况下运行。变压器在低负载率工况运行下，空载损耗在总有功损耗中占比较高。

非晶合金变压器相比较硅钢片变压器的空载损耗下降60%～80%，就是与目前常用的SCB13变压器对比，非晶合金变压器的空载损耗依然能达到60%以上。特别适用于数据中心变压器负载率较低的场合。但是非晶合金变压器存在初投资较高、线圈或铁心发生损坏后维修难度大、耗时长等缺点。

3. 不间断电源系统节能技术

数据中心UPS不间断电源系统，应采用效率高、低能耗的UPS产品。

机房所有的IT设备和保障空调必须由UPS供电，大型数据中心的UPS装机总容量均已达到大容量或超大容量等级，所以效率高、低能耗的UPS可有效降低PUE。

一般情况下，UPS的效率会随着负载率的提高而提高，当负载率在70%～100%，基本达到效率最高区间。数据中心UPS由于其特殊性，如超前规划、冗余配置 [2N或者2（N＋1）或者N＋1]、设计余量等，大多数的数据中心UPS实际负载率低（20%～40%）。高频UPS模块化休眠技术是模块化的一项特殊技术，其可以提升系统的整体效率，降低UPS自身损耗，UPS逻辑控制系统可以根据实际负载率调整功率模块的投入比例，使功率模块始终保持在高负载率下，降低UPS损耗。但是模块化UPS总投资较高，比塔式UPS至少高出30%～60%。

4. 配电线路节能技术

降压变压器尽量靠近负荷中心，以缩短低压线路送电距离；导体截面可在适当的情况下予以增大，以降低线路损耗，但必须符合数据中心的经济合理性。

5. 照明节能技术

根据建筑布局和照明场所合理布置光源，并选择照明方式和光源类型，是降损节能的有效方法。推广高效节能的电光源，以电子镇流器取代电感镇流器；应用电子调光器、延时开关、光控开关、声控开关、感应式开关取代跷板式开关，将大幅降低照明能耗和线损。

绿色照明及控制技术是指通过科学的照明设计，采用效率高、寿命长、安全和性能稳定的照明灯具。

智能照明控制是以计算机技术、自动控制、网络通信、现场总线及嵌入式软件等多种技术为基础的分布式控制管理系统，用以实现照明设备智能化集中管理和控制，具有联动控制、定时控制、远程控制、场景模式等功能，控制方式智能灵活，从而达到良好的节能效果，有效延长灯具的寿命，管理维护方便，改善工作环境和提高工作效率。因此，具有全部开启模式、分区域开启模式、值班照明模式、夜间照明等不同场景与模式等。

机房智能照明控制系统，是根据机房内无人状态或局部有人状态等不同场景下的自动照明，以达到节约能源的目的。为现代化的机房照明提供了一套科学管理、节能减排、精简人员、节省运营成本和提高服务质量的完整的信息化建设及智能控制的系统解决方案。在数据中心机房设计中配置智能照明系统，既可独立操作，又可通过网络接入机房智能环境监控系统或者大楼BA系统等，实现现场或远程的各种场景的模式控制。

智能照明的节能控制管理方法：根据实际应用要求和各照明区域的特点来编写照明管理程序；通过时间、日光照度、人体感应控制等手段，灵活设定各种应用模式和控制程序，包括就近控制（直接控制）、远程控制（中央集中控制）、定时控制、有人无人动态感应自动控制、联动控制、区域控制和场景控制。

对于数据中心，可接入多种传感器并进行自动控制，人体移动传感器可实施人来自动开灯、人走自动关灯；照度传感器可根据室外光线的强弱，自动调整室内照明。也可根据上下班时间，自动调整公共场所的照明，使一些走廊、楼道、洗手间等区域的"长明灯"得到有效控制，从而节省能源。

二、空调系统节能技术

根据相关调查数据显示，数据中心运行的能耗中，空调系统等调节环境的设备耗电量占总能耗的40.2%左右，IT设备的耗电量占比42.3%左右，UPS供电设施的耗电量占比17.5%左右。由此可见，空调系统的运行能耗最大，接近总耗电量的一半，因此，空调系统的节能设计成了数据中心整体节能降耗的重中之重。

1. 空调冷源节能技术

目前，数据中心的冷源选择有以下几种基本形式：最简单且应用最广泛的有风冷直接蒸发式系统、水冷直接蒸发式系统、水冷式冷冻水系统、风冷式冷冻水系统、自然冷源系统或是上述基本形式的组合。数据中心机房规划设计时，可以根据数据中心的特点，选用不同的机房空调系统，实现数据中心的节能降耗。

（1）风冷直接蒸发式空调系统

风冷直接蒸发空调系统属于分体式独立控制系统，系统分成室外机和室内机两个部分，系统使用制冷剂冷媒作为传热媒介。

整个制冷循环在一个封闭的系统内进行。制冷剂经过压缩机做功后，形成高温高压气态制冷剂，进入冷凝器，在冷凝器内经过等温冷凝相变，释放热量，制冷剂变为液态，然后经过膨胀阀膨胀降压，进入蒸发器，在蒸发器内经过等温蒸发相变，吸收热量，之后进入压缩机，完成一个制冷循环，从而吸收机房内的热负荷排放到室外大气中。风冷直接蒸发式空调系统示意如图8-2所示。

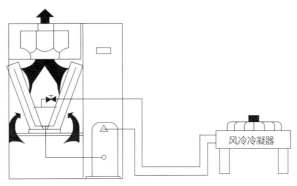

图8-2　风冷直接蒸发式空调系统示意图

目前，风冷空调机组在数据中心机房的建设中得以广泛应用，它的优点是：系统设计、安装及维护简单，技术成熟，建设灵活；每个机组都有自带的压缩机，可以实现每台空调系统独立循环和控制，可以在每个机房内实现N+X的备份方式，系统没有单点故障带来的负面影响；能方便增减机组设备，有利于系统分期分批建设，初期投资低；机房无须引入冷冻水或冷却水，因没有水系统，机房内水系统漏水的潜在威胁小，也不需要考虑水系统的维护；室外机安装分散，不需要考虑太多室外机承重问题。

缺点是：系统的能量调节靠启停压缩机，开启频繁，由于启动时电流较大，不利于节能；系统依靠提高冷凝器温度提高蒸发温度，防止运行时过多除湿，因此，运行效率低；室外温度降低时不能有效降低冷凝温度，依靠室外风机的启停控制冷凝温度，不利于节能；室外散热逼近空气干球温度，散热效率低；室内机、室外机距离和高差受到限制，室内外管路长度过长时无法使用，室外机与室内机距离较大时，增加了冷媒传输距离和阻力，增加了压缩机负荷；室外机由于过于分散，需占用大量的面积，不适合大型机房的建设；室外机大量集中摆放，容易形成热岛效应，不利于散热和连续制冷，增加了能耗。

（2）水冷直接蒸发式空调系统

水冷直接蒸发式空调系统属于分体式独立控制系统，系统分成室内机和室外冷却设备两部分，室内机和室外冷却设备使用冷却水管路进行传递。室内机由压缩机、蒸发器、膨胀阀、水冷冷凝器、室内风机及控制器等组成；室外冷却设备由冷却塔或干冷器及水泵组成单独冷却水环路。水冷直接蒸发式空调利用冷却塔提供的冷却水来冷却机房环境，整个压缩机制冷循环均在室内机组进行，室内机配置水冷冷凝器，由冷却塔提供冷却水。制冷剂吸收机房内的热量，其吸收的热量通过水冷冷凝器传递给回水管道，然后通过冷却塔水循环散发到室外大气中。

水冷直接蒸发式空调系统与风冷直接膨胀式系统的不同之处是增加了一个水冷冷凝器，实现冷却水与制冷剂的热交换。室外部分主要有开式循环和闭式循环两种方式。水冷直接蒸发式空调系统示意如图8-3所示。

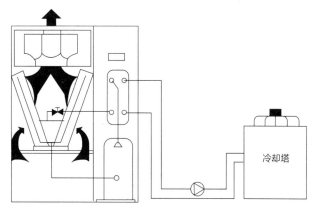

图8-3　水冷直接蒸发式空调系统示意图

采用冷却水的水冷直接蒸发式空调系统时，合理选择冷却水供回水温度是冷源节能的关键因素之一。

水冷直接蒸发式空调系统的优点是：水泵循环供水，不存在室内、室外机距离和高差的限制。每个机组的冷凝器、蒸发器均在室内机内部，制冷循环系统在室内机组内部完成，制冷效率较风冷直接蒸发式系统高；每台水冷型机组都有独立的制冷循环系统，所有机组的冷却水可以做成一个冷却水循环系统，多台室内机可以共用一台冷却塔，因此，室外机组占地面积相对较小；空调机组在工厂内就配置好制冷系统，现场接好水管后即可投入使用，水冷冷凝器有利于压缩器的稳定运行；系统可以灵活地分期建设，但冷却水系统需要增加一次性投资。

水冷直接蒸发式空调系统的缺点是：数据中心内部带有水循环系统，对数据中心安全运行形成潜在威胁，需要设置防漏水检测系统和防护措施；施工过程（包括压力管道施工等）相对复杂；日常维护的工作比风冷型复杂；对于水冷直接蒸发式空调系统，整个数据中心机房可以采用一个冷却水循环系统，成本较低，但系统存在单点故障问题，而对安全性要求较高的A级机房，需要采用双路冷却水系统设计，系统前期投入高。

水冷直接蒸发式空调系统与传统风冷空调方案相比，水冷机组能效比高，因此，系统更节能。同时水冷直接蒸发式空调系统的节能，还可通过空调机组在水冷或乙二醇冷却的蒸发器上增加自然冷却的盘管，在室外环境温度降低至机房所需温度以下，通过控制器精确地控制水管阀门，自然冷却盘管将吸收的机房高温传导至室外，采用上述自然冷却可减少压缩机的运行，实现系统节能。

（3）水冷式冷冻水空调系统

水冷式冷冻水空调系统属于集中式中央控制系统，主要由水冷冷冻水机组、冷冻水泵站、冷却塔、冷却水泵站、热交换器、冷水式机房空调等设备组成（图8-4）。水冷式冷冻水空调系统利用水冷冷冻水机组提供的冷冻水冷却机房，冷却塔在室外散热，机房热空气通过冷水式机房空调的换热盘管时被冷却，冷冻水流量通过两通阀或三通阀进行调节，确保机房的应用环境温度。

水冷式冷冻水空调系统示意如图8-4所示。

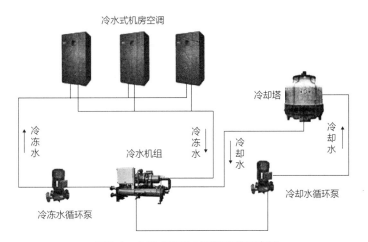

图8-4 水冷式冷冻水空调系统示意图

水冷冷冻水机组系统的优点是采用螺杆或离心式压缩机，效率高（离心式又比螺杆式效率高）；散热依靠冷却水蒸发，可以逼近湿球温度，冷凝温度低，冷冻机效率高；能量调节方便，冷冻水温度可控，可以提高冷冻水温度，节省压缩机能耗；可以比较容易采用自然冷却方案，冬季不开冷冻机，实现系统节能；方便蓄冷，实现连续冷却，当市电中断，柴油发电机启动，冷冻机重新启动到正常供冷前的一段时间，采用蓄水池供水，保证末端空调不中断，实现连续供冷。

缺点是中央空调系统存在单点故障隐患，在可用性要求较高的场合需要采用冗余设计，费用较高，系统较复杂；整体投资较大，且冷水系统需要一次性完成投资；运行维护复杂，蒸发器和冷凝器需要定期清洗，阀门和管道需要维护，需要专业运维人员；便于集中管理但自动控制流程较复杂；需要补水，一旦停水会对系统运行造成威胁，冷却水补水的贮水量应满足相关规范的要求。

（4）风冷/冷冻水空调系统

风冷/冷冻水空调系统属于集中式中央控制系统，系统主要由风冷/冷冻水机组、冷冻水泵站、冷水式机房空调等设备组成。风冷/冷冻水机组作为主要冷源设备，可以集中布置在屋顶或室外地面，集中制取冷冻水，冷冻水温度为中温冷冻水。

风冷/冷冻水空调系统与水冷/冷冻水空调系统的不同之处是风冷冷冻水空调系统采用室外风机散热，而水冷/冷冻水空调系统采用冷却塔（包括冷却水泵及冷却水管道等）进行室外冷却水散热。因此，在较高安全等级的数据中心应采用双盘管冷水式机房空调的冗余设计，减少系统的单点故障，提高数据中心机房冷却的可靠性。

风冷/冷冻水机组系统的优点是室外机与室内机一体化连接，减少了冷媒传输距离，提高了制冷效率；较水冷/冷冻水机组系统少了一套冷却水系统，系统比水冷/冷冻水机组运行维护简单；能量无级调节，冷冻水温度可控，可以提高冷冻水温度，提高制冷效率；随着室外温度降低，可以降低冷凝温度，提高制冷效率；可以比较容易采用自然冷却方案，冬季不开冷冻机，实现节能；在耗水量上远小于水冷/冷冻水机组，不需要大量补水，无须预备蓄水池设施，实现连续冷却，一旦停水不会对系统运行造成威胁。

缺点是没有冷却塔，靠室外风机向空气散热，逼近干球温度；制冷效率比水冷冷冻水机组低；运行维护较复杂，蒸发器和冷凝器需要定期清洗，阀门和管道需要维护，需要专业运维人员；便于集中管理但自动控制流程较复杂。

（5）双冷源空调系统

双冷源机房空调系统由两套独立的系统构成，双冷源空调机组的冷量分别为两种冷量，分为风冷/冷冻水及冷冻水/冷却水双冷源系统。

1）风冷/冷冻水系统。风冷/冷冻水双冷源系统分别由风冷直接蒸发制冷系统和冷冻水机组制冷及盘管组成。该系统通过控制器控制系统运行，通常将风冷直接蒸发式空调系统作为冷冻水空调系统的备份系统，运行时优先使用冷冻水机组制冷系统，当冷冻水供应中断或者水温不足以承担全部的负荷时，控制器自动启用风冷直接蒸发制冷系统。

2）水冷/冷冻水系统。冷冻水/冷却水双冷源系统是在冷却水直接蒸发制冷系统上，平行引入一组冷冻水机组制冷及盘管，通常将冷却水直接蒸发式空调系统作为冷冻水空调系统的备份系统，并通过控制器控制系统运行。该双冷源系统通常适用于可以提供冷冻水的场合，优先使用冷冻水机组制冷系统，当冷冻水供应中断时，控制器自动启用膨胀阀冷却水制冷系统。

双冷源空调系统的优点是：双冷源系统互为备份，安全、可靠性高；系统适应性强，具备灵活的冷却方式；可以充分利用中央空调提供的冷冻水，能够充分利用冷冻水机组的节能模式。缺点是初期投资较大；管线较多，占用空间大，给安装带来麻烦；初期投资较大；维护工作量大，费用高。

（6）不同空调冷源形式的分析比较

冷冻水空调系统的优点是能效高、结构紧凑、无传输距离限制，且冷水机组还能更好地利用自然冷源。冷冻水型机房空调无室外机组，冷却塔集中放置，可节省安装空间；冷冻水型机房空调的冷冻水输送采用水泵作为输送动力，可远距离输送冷冻水至各个机房空调。因此，数据中心空调系统可利用COP曲线（在COP高值下运行）控制水冷冷冻水机组负荷分配与启停的策略实现数据中心空调系统的节能。

水冷/冷冻水空调系统与传统的风冷/水冷直接蒸发式空调系统、风冷/冷冻水空调系统方案相比，水冷/冷冻水空调系统方案能效比更高，节能性更好，可使用机房所在建筑的空调冷水盘管，末端可灵活布置，比如将冷水盘管安装在机柜内部，冷却效果好。由于冷冻水机组的COP可以达到6.0，大型离心冷冻水机组甚至更高，采用冷冻水空调系统可以大幅降低数据中心运行能耗。

有条件的区域，数据中心在采用水冷冷冻水空调系统规划时可采用冷冻水机组＋自然冷却系统，整个系统由冷冻水系统和冷却水系统组成，包括冷冻水机组、板式换热器、冷却水泵、冷却塔、冷冻水泵、定压补水装置、加药装置、蓄冷水罐和冷水式机房空调等设备。系统可分为：正常制冷、部分自然冷却和完全自然冷却三种工作模式。在冬季湿球温度较低时可以采用预冷的方式，使用部分冷冻水机组。在室外湿球温度低于一定程度时，可以不启动冷冻水机组，完全用自由冷却系统对机房降温，大幅减少了能源的消耗。

数据中心机房空调设备的选择需要考虑适用的机房等级、制冷量需求、气流组织方式、机房冷却方式、机房形态、机房内设备布局和设备能效比等因素，同时应符合系统设备的可靠运行、经济适用、节能和环保的要求。机房各类空调冷源类型的对比见表8-1。

数据机房空调冷源类型对比表

表8-1

冷机类型	系统特点	适用范围及环境	维护及维修	与自然冷却结合	系统能耗
风冷直接蒸发式空调系统	分体式独立控制系统；系统简单，控制方便，可靠性高，易于冗余配置；初期投资低；室内外冷媒管道长度和高差受到严格限制，需大空间的室外机放置平台；受室外气温影响大，噪声高	适用热密度不高的中小型数据中心机房	维护、维修方便，系统在冗余或容错配置时，可消除系统单点故障	不易与自然冷却设施结合	能耗较高

续表

冷机类型	系统特点	适用范围及环境	维护及维修	与自然冷却结合	系统能耗
水冷直接蒸发式空调系统（闭式冷却塔）	分体式独立控制系统；系统控制简单；室外闭式冷却塔不与空气直接接触，换热效率低，室内外冷水管道长度和高差不受限制；闭式冷却塔占用空间较开式冷却塔大，水损耗少，水系统清洁、维护简单；冬季在低温环境下需采用防冻措施；对运行安全高的数据中心，需采用双路冷却水系统设计，系统前期投入高	适用热密度不高的中小型数据中心机房，缺水或补水不易的数据中心	维护较风冷直接蒸发式空调复杂，冷却塔和冷却水管路是系统的单点故障隐患	具有自然冷却可选功能	能耗较使用开式冷却塔的高，但比风冷直接蒸发式空调系统的能耗低
水冷直接蒸发式空调系统（开式冷却塔）	分体式独立控制系统；系统控制简单，夏季换热效率高于闭式冷却塔，室内外冷水管道长度和高差不受限制；开式冷却塔占用空间小，但循环水损耗大，需要设置补水装置和冷站，水系统清洁、维护工作量大；冬季在低温环境下需采用防冻措施；对运行安全高的数据中心，需采用双路冷却水系统设计，系统前期投入高	适用热密度较高的中型数据中心机房，不缺水的数据中心	维护较风冷直接蒸发式空调复杂，冷却塔和冷却水管路是系统的单点故障隐患	具有自然冷却可选功能	能耗较低
风冷冷冻水空调系统	集中式中央控制系统；采用散热风机，系统运行稳定；室内外冷水管道长度和高差不受限制；冷却风扇采用变频控制，系统需配备冬季防冻设施；对运行安全高的数据中心，需采用双路风冷机组设计	适用热密度较高的中大型数据中心机房，缺水或补水不易的数据中心	系统维护较为复杂，需要专业人员进行维护，冷机、散热风机和冷水管路是系统的单点故障隐患	风冷冷冻水机组内置自然冷却用空气冷却器，用以自然冷却和预冷	能耗高于水冷冷冻水空调系统
水冷冷冻水空调系统	集中式中央控制系统；主机能效比高，系统运行稳定；室内外冷水管道长度和高差不受限制；开式冷却塔占用空间小，但循环水损耗大，需要设置补水装置和冷站，水系统清洁、维护工作量大；冬季在低温环境下需采用防冻措施；对运行安全要求高的数据中心，需采用双路冷却水系统设计，在系统电力故障时，采用蓄水罐（池）解决发电机启动到送电时冷水的供水问题，系统前期投入高	适用热密度较高的大型数据中心机房，以及不缺水的数据中心	系统维护较为复杂，需要专业人员进行维护，冷机、冷却塔和冷水管路是系统的单点故障隐患	冬季或换季时采用自然冷却＋换热器方式实现自然冷却	能耗较低
风冷/冷冻水或水冷/冷冻水双冷源空调系统	双冷源系统互为备份，安全、可靠性高；具有自然冷却功能可选，室内外机不受距离和高差的限制；根据不同环境选择不同的冷却环境；优先使用能耗低的冷冻水机组制冷系统；系统复杂，由两套系统组成，管线较多，占用空间大，维护量大，成本高	适用于安全可靠性高的大型数据中心机房，不缺水的数据中心	两套系统，维护复杂，需要专业人员进行维护，双冷源系统，可消除系统单点故障	冬季低温时不开压缩机，采用冷却塔直接供冷冻水的自然冷却	能耗较低

2. 磁悬浮制冷压缩机节能技术

数据中心在运行工况稳定的基础上，利用新技术和新装备最大程度地减少能耗，优化升级改造制冷系统成为当前行业内的重要课题。其中，磁悬浮变频离心式冷水机组技术的应用成为一种新型节能空调产品。磁悬浮技术的磁轴承和定位传感器是利用径向轴承和轴向轴承组成数控磁轴承系统，其中，径向轴承由永久磁铁和电磁铁组成，实现压缩机的运动部件悬浮在磁衬无摩擦地运动。磁轴承上的定位传感器为电机转子提供超高速的实时重新定位，以确保精确定位。

磁悬浮变频离心式冷水机组的突出特点是舍弃了传统的机械轴承。采用数字控制的磁悬浮轴承系统，无油润滑磁悬浮轴承无任何接触摩擦、无轴承润滑油、无换热器油膜热阻，可提高蒸发、冷凝换热效率，提升机组运行效率，可增加机组的可靠性，同时也方便维护，如图8-5所示。

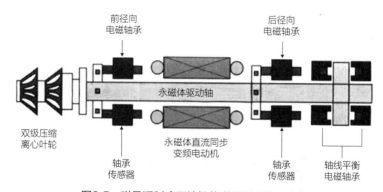

图8-5 磁悬浮制冷压缩机的磁悬浮系统示意图

磁悬浮制冷压缩机的优势如下：

（1）普通压缩机为机械轴承，需要润滑油，润滑油会大大影响制冷效率，且每年需要更换润滑油，维护保养费用高，而无润滑油磁悬浮轴承运行可节能约8%。

（2）采用稀土永磁电机，与传统压缩机的电机相比节能约5%。

（3）压缩机采直流变频，与传统压缩机相比节能25%～30%。

（4）传统螺杆或离心压缩机噪声高达90dB以上，磁悬浮压缩机噪声低于70dB。

（5）传统螺杆机与离心机均需要较大的启动电流，高压离心机甚至需要专门的变压器，而磁悬浮压缩机起动电流很小，只需要2～4A的起动电流，对电网几乎无冲击。

（6）由于减少了油路系统、油泵等零件的故障，可靠性提高30%～50%，机组运行寿命增加一倍。

（7）根据系统需求负荷的变化，优化机组的运行，使机组的工作效率达到最高水平；磁悬浮机组最低负荷到10%不会喘振，解决了传统离心机需要备用螺杆机的耗能方式。

3. 机房空调系统气流组织节能技术

对于数据中心专用空调系统而言，合理的气流组织可避免机房内存在气流死角，保障IT机柜的有效散热，实现设备的高效运行。在设计前期建议做数据机房空调系统的CFD模拟试验，可深入了解机房内的气流速度场和温度场的分布，据此可优化冷量调配设计方案，获得最佳的空调送风回风分布状态，在满足机房机柜设备散热需要的同时达到降低机房空调能耗的目的。

进行CFD模拟应用时，应首先提出一个初步的机房空调气流组织方案，然后对该方案进行建模、网格处理、计算以及根据计算结果的可视化分析气流组织方式的合理性，空调效率是否较低、能否满足节能要求等内容，直到形成一个理想的分析结果。

同时，建议风冷型机柜数据机房采用合理的冷通道封闭或热通道封闭形式，以降低能量的损耗。如图8-6所示为目前常用的冷通道封闭的气流组织模拟结果。

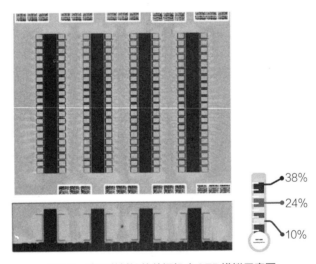

图8-6　冷通道封闭的数据机房CFD模拟示意图

目前，绝大多数服务器机房机柜设计为从机柜前面吸入冷空气，从后面排出热空气，因此，为了避免吸入机柜的冷空气和排出机柜的热气流混合，提升机房空调的制冷效率，通常在机柜布置时建立冷通道和热通道。数据机柜的摆放一般采用面对面布置或背对背的布置方式，即在冷通道两侧机柜面对面（前面）布置，在热通道两侧机柜背对背布置。这种方式能够有效进行服务器内部的温度控制，提高机房空调的制冷效果，从而降低空调系统能耗。据相关统计，封闭冷通道可以比不封闭通道给客户带来至少4%的综合节能率。

数据机房采用封闭热通道系统时，空调系统可采用弥散式送风＋吊顶热通道封闭回风方式，也可采用地板下送冷风＋吊顶热通道封闭回风方式。若采用封闭冷通道系统时，则采用架空地板下送冷风＋封闭冷通道空间方式，需设置设备底座和防静电地板（图8-7、图8-8）。

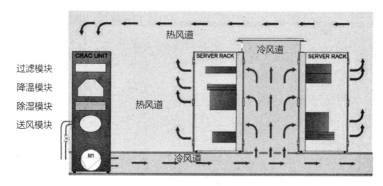

图8-7　冷通道封闭示意图

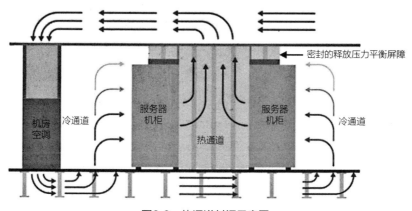

图8-8　热通道封闭示意图

4. AHU风墙节能技术

AHU风墙节能系统是指当室外空气温度低于室内温度并且温度差达到一定程度时，引入外界冷风将机房内的热量带走，达到机房内温度降低的目的。风墙系统一般由进风单元、加湿单元、风墙单元、排风单元、回风单元和控制单元组成，如图8-9所示。风墙系统的运行分为普通制冷工况、部分空气侧节能工况和全空气侧节能三种工况，可通过控制进风风阀、排风风阀和回风风阀实现不同工况之间的切换。风墙系统主要应用在室外空气质量较好、冬季和过渡季节室外气温较低的一些区域，节能比较明显，一般能使数据中心的电能降低20%～30%。

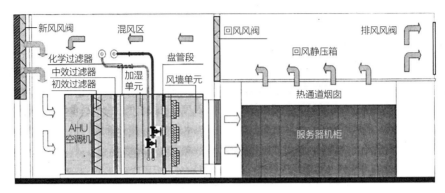

图8-9　风墙系统的示意图

5. 冷水空调系统的节能技术

目前，大型数据中心越来越趋向于使用冷水空调系统，在冷水空调系统上如何高效安全地应用自然冷却是近年来关注的热点。数据中心冷水空调系统分为风冷机组和水冷机组。

（1）风冷/冷水机组自然冷却技术

风冷/冷水机组是利用室外空气直接冷却冷凝器中的冷媒，相比传统的水冷式冷水机组，其冷却系统少了冷却塔和对应的循环冷却水泵及相应的管路系统。其自然冷却方案一般集成在冷水机组上，由厂家直接提供带自然冷却功能的风冷/冷水机组。

自然冷却风冷/冷水机组的工作原理，相比传统意义上的风冷/冷水机组，多出一套风冷自然冷却换热器，使得风冷/冷水机组同时具备机械制冷和自然冷却的功能，由于风冷冷水机组体积紧凑，不用专门的机房，所以场地适用性较好。在冬季或过渡季节，直接利用此风冷自然冷却换热器与外界冷风进行热交换，降低冷冻水温度，压缩机基本上处于待机或者停开状态，有效降低电制冷能耗，全年节电高达20%～50%。自然冷却风冷/冷水机组工作原理图，如图8-10所示。

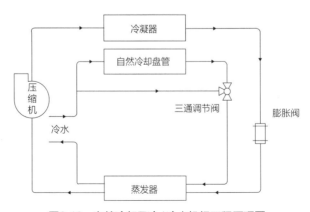

图8-10　自然冷却风冷/冷水机组工程原理图

（2）水冷/冷水机组自然冷却技术

水冷空调系统的自然冷却是在冬季和春秋过渡季节，利用室外低温环境，在室外温度湿度达到设计工况值时，将冷却塔作为制冷冷源，关闭或部分开启冷机，将冷却水通过旁路系统直接切换进入冷冻水系统，或通过水路切换，在冷却水和冷水回路之间设置换热器，将自然冷源送入数据机房，达到节能目的。水冷空调系统的自然冷却方案一般由设计单位设计，可以有多种设计方案和控制逻辑，并由相关的厂商提供相应的设备。在北方寒冷地区（历年最低温度低于0℃）采用自然冷却时需要注意冷水系统（室外冷却水管、冷却塔等）的防冻问题。

利用冷却塔自然冷却空调水系统实现节能，分为直接和间接两种方式。

（1）直接自然冷却方式

直接自然冷却方式采用闭式冷却塔，通过旁通系统将冷却水和冷冻水环路连通。闭式冷却塔价格比开式冷却塔要高出很多，另外，如果对高层建筑采用此方式，冷却水与冷冻水系统连通后，闭式冷却塔及其管路的承压可能增加很多，这也会影响系统的造价。闭式冷却塔由于封闭换热，节省冷却水用量，适合缺水地区的数据中心。直接自然冷却方式如图8-11所示。

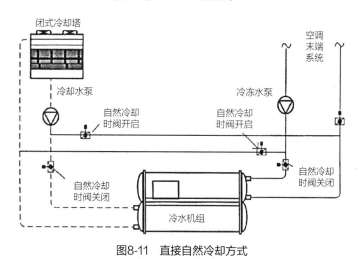

图8-11　直接自然冷却方式

（2）间接自然冷却方式

增加了一个板式换热器，冷冻水回水将一部分热量通过板式换热器传给冷却塔，降低了进入蒸发器的冷冻水温度，减少了冷冻机的负荷和能耗，这也是当前使用最广泛的一种自然冷却方式，如图8-12所示。

当室外温度低于设定值时，可以关闭冷水机组，打开冷却水泵和冷却塔，采用完全自然冷却工况，此时，数据中心由冷却塔间接供冷，通过板式换热器实现完全自然冷却。

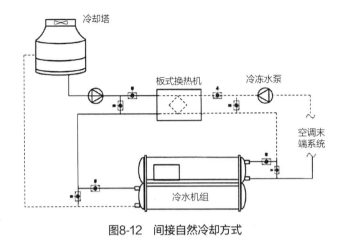

图8-12　间接自然冷却方式

三、数据中心特色的节能技术

1. 数据中心自然冷却节能技术

（1）氟泵型精密空调冷却节能技术

氟泵型空调系统是一种新型高效节能的自然冷却系统，机组内整合了压缩机制冷系统和氟泵制冷系统。当室外低温时，可以充分利用氟泵运行，减少或停止压缩机的运行，降低机组的能耗。在传统风冷直接蒸发式机组基础上，单独增加一套氟泵循环系统，既保证夏季工况下压缩机的持续制冷，也保证过渡季节和冬季的氟泵正常运行，最大程度地利用室外低温冷源。

氟泵技术属于间接冷媒自然冷却，制冷剂循环泵的功耗仅仅是压缩机的十分之一到几十分之一，机组能效比（EER）可高达7.0以上，大大节省了空调制冷的能耗，节能效果非常明显。

氟泵型机房空调的节能运行需要具备一定的环境低温条件，环境温度越低，时间越长，自然冷却模式运行的时间就越长，节能效果就越明显。因此，在全国范围内，氟泵型机房空调在长江流域及以北范围使用，都可以收到良好的节能效果。

（2）蒸发冷却节能技术

蒸发冷却技术主要利用水分蒸发相态产生变化时吸热的特性达到制冷，在湿球温度较低、空气干燥工况下可达到较好的制冷效果。可根据末端的需要提供冷风，为数据中心内部设备供冷。由于这项技术不需使用传统的压缩机，所以可大大降低数据中心空调系统的能耗，适合应用于全年需要提供冷量的数据中心机房空调系统中。蒸发冷却空调具有节能、环保和经济等优点。根据《公共建筑节能设计标准》GB 50189第4.4.2条规定，夏季空气调节室外计算湿球温度较低、温度差较大的地区，宜优先采用直接蒸发冷却、间接蒸发冷却或直接蒸发冷却与间接蒸发冷却相结合的二级或三级冷却的空气处理方式。

采用蒸发冷却系统，全国大部分地区全自然冷却模式开启时间超过50%，北方地区全自然冷却模式开启时间超过6000h。

（3）乙二醇自然冷却节能技术

机房专用空调制冷主要靠压缩机的运转将系统内的氟利昂从气体压缩成高温高压的液体，再通过室外冷凝及室内蒸发，从液态变成气态，吸收室内的热量来达到降温的目的。经年累月运行，耗电量非常大，是整个机房能耗的主要消耗点。

乙二醇自然冷却技术是指在室外温度适宜的时候，控制系统发出信号给原风冷机组、乙二醇机组及水泵，原风冷机组停机，乙二醇机组及水泵开始运转。为保证室内的恒定温度，在乙二醇机组单独运行不能保证机房的温度控制要求时，原风冷机组自动投入补充运行。通过这样的模式在冬季环境温度适宜条件下，降低压缩机工作时间，实现自然冷却，并且实现节能的目的。

2. 数据中心高密度设备冷却节能技术

当前，服务器制造工艺集成的密度不断地提高（芯片越发密集，工作频率一路飙升），进一步提升了服务器的性能，同时在供电和散热两方面都对数据中心基础设施的容量规划、电源和制冷设施建设提出了更高的要求，显然以往整体机房的下送风或上送风方式的空调系统及气流组织是不能满足高密度数据中心机房的应用要求的。当机房高密度服务器等IT设备较多时，即使采用冷通道封闭和增加冷通道送风量，也会因循环风量大（通过加大地板的架空高度和增大送风地板面积实现），难以实现机房内多排设备柜之间的均匀送风。因此，高密度服务器等IT设备的冷却技术和解决方案受到各方关注。

（1）高密度设备的冷却节能技术

解决数据中心高密度设备散热问题的主要措施包括：

1）分散负荷。在数据中心机房制冷能力充足的前提下，将高密度机柜的负载分散到机房多个机柜中，也可分散到多个机房的机柜中，达到均衡制冷的目的，这部分在制冷能力充足的前提下可通过第六章的气流组织和冷/热通道隔离的技术来实现负载均衡。

2）制冷能力转移。将数据中心机房的高密度机柜周边富裕的制冷能力，转移至高密度机柜，以满足高密度机柜的制冷需求，如在冷热通道隔离的情况下通过增加封闭冷通道内的冷量，增加高密度机柜的行间空调制冷等技术实现局部高密度机柜冷却解决方案。

3）辅助制冷。为少量高密度机柜增设辅助制冷措施，采用如冷板式水冷机柜、高密度封闭机柜、行间空调制冷等技术来实施机柜级冷却。

4）设定高密度机柜区域。将高密度机柜设定专属的区域，采用特定的高密度制冷措施，提供超强的制冷能力，集中解决，采用冷板式水冷机柜，行间空调制冷、热管冷却等技术集中解决高密度区域的机柜级冷却。

5）采用高密度制冷系统。当机柜全部是高密度的情况下，需采用高密度制冷系统进行解决，如采用服务器浸入式冷却、浸入式液油冷却、服务器芯片级冷却等新型制冷技术，实现高密度机柜的服务器级冷却。

因此，高密度设备的散热需要在机房空调对机房整体空气调节的基础上，针对高密度设备发热量大而导致机房空调送风无法冷却的区域或局部热点采取加强制冷处理，采用机柜级冷却或服务器级冷却方案来解决不同发热密度的冷却要求。通过在区域或局部设置制冷终端或加强冷量及送风量，同时加强冷热气流的隔离，进行气流组织的再分配，确保区域或局部高热密度设备发热量大的正常散热，而针对性的散热设计能有效地提高空调制冷效率，实现数据中心的节能降耗。

另外，因为高密度数据中心服务器等IT设备的发热量大，当数据中心的空调系统出现断电或故障时，高密度机柜内的温度会快速升高，服务器等IT设备因高热保护而发生宕机。因此，在高密度数据中心规划时应采用高效、节能的空调系统和安全、可靠的冗余或容错设计，也包括出现故障时响应时间更短的备份冷源。

（2）高密度机柜封闭冷热通道的冷却节能技术

区域强送风解决方案：当冷/热通道封闭机房的局部机柜发热量明显超过其他同一冷/热通道内的机柜或局部机柜设备的功耗在12～15kW时，可在封闭空间（蓄冷池）的风口地板下设置智能变风量EC风机，直接向高密度区域或局部热点机柜进风口送冷风，以增加此机柜进风侧的进风量，消除区域或局部热点来解决局部机柜重点散热的问题。

行间空调解决方案：当冷/热通道封闭机房内的机柜设备的功耗在15～25kW时，为了达到设备高效率冷却、不产生局部过热现象，建议采用空调柜来放置行间空调，进行高密度机柜的独立的冷通道隔离，同时进行针对性地按需制冷和定向精准送风。行间空调针对高密度机柜设备的大热量散热形成独立的空气循环，实现内循环定点送风，解决局部机柜重点散热的问题。

数据中心机房行间空调是机房小型化、扁平化空调设备，它采用直流变频压缩机的行间风冷空调，效率高且节能。由于行间空调采用与服务器等IT设备机柜并柜运行的近距离直接送风，实现了无冷量损失的散热。同时，行间空调的100%显热设计，不做无用除湿，完全采用水平送风回风的气流方式。无论服务器等IT设备安装在机柜内的任何位置，都能均匀获得相应的冷空气，得益于更短的环流路径、更高的换热效率以及全封闭的制冷结构。因此，行间空调的制冷方式可支持高密度机柜的应用，在相同有效风量下，行间空调能耗更低。

数据中心机房行间空调机组贴近热源，回风温度和蒸发压力得以提高，因此，制冷效率得以提高。行间空调的送风方式为：行间空调从前部吹出冷风，冷风是从冷通道送风，冷空气经过IT设备后吸收IT设备的散热变成热空气，并被排至IT设备后端，由热通道回风的送风方式，从而完全解决了冷热气流短路的问题，保障了服务器机柜温度的均匀，消除了局部热点，进而增加了服务器的运行可靠性，同时有效降低了不必要的能耗。

数据中心机房行间空调系统和传统的机房空调系统类似，冷源为冷冻水空调系统或双冷源空调系统，这就便于实现在冬季和过渡季节采用自然冷源进行自然冷却。行间空调机组贴近热源，能准确控制每个机柜内环境，回风温度和蒸发压力得以提高，减少了制冷能量在机房内的浪费，提高了制冷效率，因此，行间空调在高密度数据中心中得到广泛应用。

行间空调与机房服务器等IT设备机柜并排布置，由于直接利用服务器等IT设备机柜前后的维护空间作为气流的循环通道，进行水平送风。前送后回方式，摆脱了架空地板的送风限制，因空调前移至高密度服务器等IT设备机柜侧，缩短了送风距离，具有高效的散热和节能的特点。主要特点如下：

1）高效性

由于直接放在高密度机柜旁侧的冷源，距离负载最近，不需要浪费冷量对数据中心机房环境空间制冷，可在最短的时间内供冷，对高密度机柜供冷的利用率最大，并可采用EC风机送风，随环境负载的变化而调节送风量，进一步实现节能的目的。因此，行间空调特别适用于高密度服务器等IT设备机柜的散热。

2）结构紧凑

行间空调是按照高密度服务器机柜的尺寸来制作的，行间空调的体积不宜超过高密度服务器机柜的体积，因此，占地面积小，单机的制冷量受到限制，常规的前后送风行间空调的制冷量为25kW左右。

3）模块化灵活布置

数据中心一般建设周期较长，但如果配合得当，可以将行间空调机柜（制冷模块）、精密配电柜（动力模块）和服务器等根据IT设备机柜的配电要求和设备发热量的需求配置行间空调机柜。模块化配置可根据需求灵活配置，从而缩短建设周期。

行间空调制冷系统的结构造成设备布置和工程实施的特殊性，因此，在数据中心规划时考虑：

1）行间空调的冷却方案占用了部分服务器等IT设备机柜空间，需要在冷/热通道封闭机房的整体规划中设置行间空调的空间。行间空调可结合封闭冷通道的气流组织为高密度服务器等IT设备机柜提供散热解决方案。

2）行间空调系统在设计时应考虑到空调的冷冻水供回水管进入机房，必须做好防水处理，以免对数据中心造成危害。

（3）高密度机柜的液冷节能技术

为解决高密度服务器的散热和提高机房空间的使用率，采用液冷技术是实现数据中心计算密度提高的一种有效手段。

传统的风冷空调和水冷空调无法完全取消压缩机制冷，气冷模式以空气为导热介质，空气热导率约为0.024～0.031W/（m·K），水的热导率约为0.62W/（m·K），铜的热导率约为337W/（m·K），热管的热导率约为3000～10000W/（m·K），因此，空气的导热性能较差，而采用铜管、热管及液冷技术进行传导的冷却效果可达到空气传导的几百甚至几万倍。浸入式液冷散热技术是采用自然热传导，无须低温冷源、无须机械制冷，从而在提高热传导效率的同时，可大幅度降低制冷能耗。

在高密度数据中心中，为解决低效的空气热传导，可采用水或制冷剂（冷媒）作为传热介质，能大大提高热传导效率，因此，高密度数据中心高效散热的解决方案是依靠缩小换热末端单元来减少传热环节，同时，采用高效的传热介质来实现。

因为液体冷却比空气冷却效果更大，液体的冷却效果是空气的上几千至上万倍，风冷所不能解决的高能耗、低性能的问题，用液冷技术可以得到显著的改善。液体冷却技术允许机柜具有更高的功率密度，可满足单机柜高达30kW以上的制冷量，并且允许CPU等IT处理器进行超频运行而不过热。因此，液体冷却技术出现使数据中心的服务器实现了高密度、低噪声和低传热温差运行，同时，数据中心的自然冷却也能发挥更大的功效。

液体冷却技术有水冷和矿物油等冷媒，有机柜冷板式、芯片冷管式、浸入式水冷、浸入式矿物油冷却等多种冷却技术。与传统风冷配置机相比，液冷技术可减少40%以上的能耗，同时，碳排放也减少了85%。

3. 数据中心IT设备节能技术

数据中心的核心是由服务器、网络和存储等IT设备及控制软件构成，在满足业务需要和安全运行的前提下，数据中心应提高IT设备使用效率并有效降低对电力的消耗，降低运营成本。目前，很多企业和设备厂商都积极研发各种节能设备技术，从设备的部件到管理都融入了节能技术，如CPU降低功耗及能源管理设计，选用低功耗大容量内存，减小硬盘尺寸，控制电源转换效率并采用直流供电的方式，采用虚拟化技术及云计算技术等。随着数据中心业务的演进，特别是面向云服务的业务模式的改变，使得数据中心的IT设施规模迅速增大，数据中心管理的复杂性也随着数据中心的规模增长而成倍增加。

此外，通过软件定义的方式最大限度地实现物理层面的标准化是下一代数据中心的发展趋势。通过将计算、网络、存储和其他资源进行可编程的抽象，达到计算要素的标准化，使其可以被用户的软件编程和控制，根据工作负载需求，这些资源被动态地发现、供应和配置。因此，下一代数据中心将支持工作负载的策略驱动的编排及消耗资源的测量和管理，这些技术的应用为实现从单一设备降低能耗到数据中心级的规模整体节能提供了可能路径。

（1）服务器节能技术

1）机箱通风

机箱通风技术保持前进风、后出风的设计理念，保证了良好的冷风降温效果。同时，服务器机箱导风罩经过全新设计，制造工艺复杂，这种技术是将机箱分为多个散热区域，使得机箱风流分割更加精细，可以更准确地控制气流流向，进而使得机箱散热效率大大提高。

2）高效率电源

服务器电源采用业界高标准80Plus白金电源，该电源在50%的负载下，转换效率高达94%。

动态负载调节：均衡分配电源模块的负载，保证电源的转换效率。

3）电源1+1冗余配置，满足系统配置的供电需求。

80Plus电源：是使用满足80Plus要求的PSU电源。80Plus是指满载、50%负载、20%负载效率均在80%以上，且在额定负载条件下功率因数PF（Power Factor）值大于0.9的电源。

4）处理器休眠技术

当处理器较长时间处于空闲状态时，一种处理器休眠技术，可以让CPU进入C3/C6/C7等不同的休眠状态，单CPU深度休眠的功耗低至10W左右，Intel架构CPU可节能20~30W。

5）DEMT动态节能技术

该技术可以根据业务负载压力自动监控当前服务器的资源使用情况，并根据资源利用率动态调整服务器运行状态，按业务需求提供最低供电，将服务器用电损耗降到最低。该技术有以下特点：

① DEMT动态节能技术可以大幅度降低各种负载下的整机功耗，同时不影响用户的业务性能。

② 自动触发、闭环监控，无须人工干预，实现服务器节能15%左右，每年可以为大中型IDC节省电费数百万元。

③ 自动将服务器的电源、处理器和风扇等部件，调整到满足业务需求的最低功耗运行状态。

6）功耗封顶节能技术

功耗封顶节能技术解决如下问题：

① 按照服务器的实际功率来分配供电和散热能力，提高资源的使用效率。

② 不影响客户的正常业务性能，提高可靠性。

③ 在异常情况下（例如，空调故障、业务量突然增加），不会出现散热或供电不足导致服务器下电。

④ 实现功耗封顶后，单机柜将容纳更多的设备。

（2）存储设备节能技术

1）自动精简配置技术

自动精简配置（Thin Provisioning）是一项对存储资源的自动分配和利用的技术，该技术可以根据应用或者用户的容量需求及使用现状，实时、动态地改变存储容量资源的分配，因此，应用该技术能更加充分地利用磁盘阵列的有效存储空间。

通过自动精简配置技术的应用，可以有效节省电力消耗和制冷成本。一个典型的自动精简配置能够将有效存储空间利用率从60%提升至80%，从而有效降低数据中心的能耗。

2）重复数据删除技术

重复数据删除技术是通过算法减少分布在存储空间中的相同文件或数据块的一种数据缩减技术。该技术可以有效地减少存储容量，通过将数据进行分块，从中筛选出相同的数据块，然后将其删除，并以指向唯一实例的指针取代。通过该技术，数据缩减比例可以达到10∶1到50∶1，甚至更高比例，达到节约存储空间的目的，从而达到减少能耗的效果。

3）采用闪存盘和机械硬盘相结合的外部存储模式

闪存盘是新一代磁盘，也被称为固态硬盘。闪存盘的外形和连接器与传统机械磁盘相同，可以在存储机柜中代替机械磁盘。闪存盘是基于半导体的固态存储来存取数据的，且内部不含移动部件。由于闪存盘是基于半导体的设备，因此，比机械磁盘更省电。

一般企业级闪存的吞吐量是传统机械磁盘的几十倍，而响应时间不到机械磁盘的十分之一。此外，每存储ITB数据，使用闪存盘与机械磁盘相比，最多可节省30%以上的电能，换算成单个I/O消耗的电能，闪存盘比机械磁盘节省90%以上。

但目前闪存盘存在成本较高、在容量上太过局限等问题，尚不能完全替代传统机械硬盘。因此，采用闪存盘和机械硬盘相结合的模式更适合数据中心的存储需求。比如，在数据库应用方面，闪存盘适用于存放数据索引、比较繁忙的数据表、临时数据空间；而系统日志文件、历史数据等则更适合存储在机械硬盘中。

4）硬盘错峰上电

机械硬盘在Spin-up上电瞬间，电机起动时有一个比较大的脉冲电流，峰值可以超出正常运行电流的1～2倍，影响产品的峰值功耗，对供电系统的影响比较大。通过硬盘错峰上电可以有效规避Spin-up带来的功耗脉冲，每个机柜可以配置更多的设备，提高了机房的供电效率和机柜密度。

（3）网络设备节能技术

1）进行科学的风道设计

采用左后风道的散热方式，该方式能够大大减少系统的风阻，兼顾了上风道相同的散热效率较高和左右风道的设备高度较低的特点。

另外，采用左后风道设计的设备可以有更大空间用于走线，保证真正意义上的高密度端口的有效性。

2）分区段Spced-Step风扇

这种智能分段调速风扇，可以根据系统重要部件的温度在一定范围内稳定在某一种转速，从而保证系统散热；当这些部件的稳定超过或者低于设定的阈值范围时，将自动把风扇转速上调或者下调一个级别，从而在有效保证风扇使用寿命的同时提供足够的系统散热能力。

3）采用先进的节能芯片

应采用业界先进厂家、先进工艺、高集成度及低功耗芯片，并配合智能设备管理系统，充分利用芯片的低功耗特性，在提升系统性能的同时还大大降低了整机功耗。

4）基于流量的动态能耗管理

设备需要能够基于业务流量变化动态进行设备控制的节能管理技术，动态调整单板处于不同的模式下（下电、休眠、部分端口关闭、不同的流量等）的功耗。

四、数据中心绿色可再生能源节能技术

1. 水源热泵技术

热泵是一种能从自然界的空气、水或土壤中获取低品位热能，经过电力做功，输出可用的高品位热能的设备，可以把消耗的电力变为数倍的热能，是一种高效功能技术。热泵技术在空调领域的应用可分为空气源热泵、水源热泵及地源热泵三类。数据中心长期需要冷源提供，水源热泵较适合在数据中心中使用。

水源热泵是直接引用河水、湖水或者海水，经由密闭的管道引入数据中心，并将其导入制冷系统的二次热交换冷源。水源热泵是目前空调系统中能效比COP最高的制冷、制热方式，实际运行可达4~6。水源热泵使用的水体温度夏季比环境温度低，所以制冷的冷凝温度降低，使得其冷却效果好于风冷式热泵。与空气源热泵相比，其运行效率要高出20%~60%。

水源热泵节能技术的优点主要表现在以下几方面：

（1）水源热泵高效、节能

水源热泵技术属于可再生能源利用技术。设计良好的水源热泵机组可比电制冷减少70%以上的电耗。

（2）水源热泵运行稳定可靠

水体的温度全年相对稳定，其波动的范围远远小于空气的温度变动，是很好的热泵的冷热源。因此，使得热泵机组运行可靠、稳定。

（3）水源热泵环境效益显著

水源热泵机组的运行没有任何污染，没有燃烧，没有排烟，也没有废弃物，不需要堆放燃料废物的场地，而且不用远距离输送热量。当地理环境允许、水体符合要求时，应用效果良好。

（4）自动化程度高

水源热泵机组由于工作稳定，可设计为部件少、自动控制程度高的简单系统。

（5）水源热泵投资经济

水源热泵的运行效率较高，费用较低，但与传统的供热供冷方式相比，在不同需求条件下，其投资经济性会有所不同。

2. 光伏发电技术

太阳能发电属于可再生能源发电，已实现产业化应用的主要是太阳能光伏发电和太阳能光热发电。太阳能光伏发电具有电池组件模块化、安装维护方便、使用方式灵活等特点，是太阳能发电应用最多的方式。太阳能光热发电通过聚光集

热系统加热介质，再利用传统的蒸汽发电设备发电，近年来产业化示范项目开始增多。

根据机房所在区域可采用光伏发电降低数据中心对外部电源的总量需求，实现绿色节能目标。光伏发电的主要原理是半导体的光电效应。光子照射到金属上时，它的能量可以被金属中某个电子吸收，电子吸收的能量足够大，能克服金属内部引力做功，离开金属表面逃逸出来，成为光电子，从而产生电流。光电效应就是光照使不均匀半导体或半导体与金属结合的不同部位之间产生电位差的现象。

第九章

施工组织与施工管理

第一节　数据中心施工组织与管理的特点

数据中心作为数据信息集中处理、存储、交换、管理的建筑场所，属于特别重要的基础设施类工程，它对建筑、系统及设备的安全性、稳定性、可靠性有着非常高的要求，要有一定的冗余、容错及容灾能力。特殊的功能以及特别重要的属性，使得数据中心具有专业多、工艺复杂、功能复杂、机电工程量大、设备多等特点，它的施工组织与管理有以下特点：

1. 专业多、工艺复杂

数据中心工程除了有常规工程的建筑、结构、电气、通风空调、给水排水、消防、弱电、幕墙、装饰装修、景观园林等专业外，还包含了精密空调、UPS不间断电源、电磁屏蔽、洁净空间、机房装修、动环监控、柴油发电、密集管线布设等特殊专业。数据中心有大型设备吊装安装、大管径管道施工、密集管道施工、密集管线综合布线等较为特别的施工工艺，加上各种专业间的关联性强，多种专业的交叉融合造成了数据中心施工工艺的复杂性。因此，多专业的资源组织与协调是数据中心类工程的一大特点，对总承包协调管理能力提出了更高的要求。

2. 规模大、功能多

随着国家信息技术的快速发展及数字经济的蓬勃发展，数据中心建设的数量及规模都在迅速扩大，数据中心逐渐发展成为包含数据机房、动力中心、运维、研发、办公、住宿为一体的数据中心智慧园区，其中数据机房又包括服务器机房、网络机房、储存机房、屏蔽机房、测试机房、低压配电室、蓄电池室、UPS不间断电源室、空调机房、消防安防控制室、消防设施用房等多个功能空间，动力中心包括柴油发电机房、储油区、消音间、洗烟间、配电室等功能空间。为保证数据中心安全、稳定、可靠运行，数据中心必须要有温度、湿度、尘埃、电源质量、消防等方面的监测与控制能力，因此，数据中心具有高低压配电系统、UPS不间断电源供电系统、柴油发电系统、防雷接地系统、精密空调系统、应急供冷系统、中温冷冻水系统、新风处理系统、空调补水系统、预作用喷水灭火系统、气体灭火系统、防排烟系统、消防控制系统、动环监控系统、建筑设备自动化系统、安防系统等多个特殊系统功能。大规模、多功能空间及多个特殊系统功能是当代数据中心建设的特点，需要在建设过程中精心策划、狠抓落实，才能保证工程顺利推进。

3. 工期紧

由于近几年5G网络、云计算、移动互联、物联网、大数据、人工智能的快速发展，促使数据中心的建设需求也随之加快，多数数据中心需要在短期内完成建设任务并投入运维。在数据中心的整个建设周期中，数据中心的设计（建筑结构设计、工艺设计、专项设计）、采购（特殊专业及特殊设备的采购）及报批报建需要较长的时间，占项目总建设周期的30%左右，由于设备安装、系统测试及工程验收也较为复杂，需要较长时间，占项目总建设周期的25%，而留给工程施工的时间约占项目总建设周期的45%。因此，数据中心施工工期往往非常紧张，在数据中心设计阶段尽可能选择装配式钢结构等便于加快建造进度的工艺方法，在施工阶段要进行合理的施工部署，才能保证工程按期交付。

4. 机电工程量大、设备多

基于数据中心特殊使用功能，它具有特别巨大能源负荷的特点。一方面由于高密度机柜用电量大、数量多，需要足够的电力供应来保证系统的运行；另一方要对其产生的高热量进行散发，需要采用合适的冷源和空调系统。供电负荷量大以及冷源负荷量大导致了数据中心有大量的大型设备及管道，如UPS不间断电源模块、柴油发电机组、精密空调、蓄冷罐、制冷机组等。由于数据中心的机柜数量多且密集，导致数据中心有大量的密集管线，另外，由于供电系统、空调系统、弱电系统、消防控制系统、智能化系统等系统多、专业多，导致数据中心的管线管道特别多、特别复杂。再加上数据中心对冗余、容错、容灾能力的高要求，导致机电工程的工程量特别大、设备种类及数量特别多，在建造过程中要通过精密穿插管理实现机电工程的高效率、高质量交付。

第二节 多专业、复杂工艺下的总承包管理

一、管理组织架构

结合数据中心体量大、工艺复杂、专业性强、大型设备与管道多、建设周期短、质量要求高、特殊材料和设备采购量大、专业分包多等特点，项目总承包管理的难度大，资源的组织与协调管理工作量大且复杂，因此，也对项目的计划管理、招采管理、设计管理等方面的管理能力提出了更高的要求。

针对项目复杂工艺多、大型设备管道多的特征，数据中心项目专业分包招标和设备材料采购工作量大，且直接影响着项目建设的进度和质量，需在项目上设置采购工程师的岗位，加强对项目工作面划分和采购工作的管理。

针对施工现场专业分包多、工序复杂且交叉作业多的特征，为协调好各方有

序进行穿插作业，有效推进施工进度，需设置协调工程师的岗位，加强对各分包之间的协调工作。

针对项目体量大、后期安装大型设备管道和系统调试难度大的特征，为统筹好项目的建设进度，合理科学地组织资源进行施工，应加强策划工程师和计划工程师对施工策划和进度的精细化管理，并注意跟踪设备的采购和进场计划，与建造部保持好密切沟通。

结合数据中心项目的特点，建议施工总承包工程及EPC工程总承包项目的组织架构按图9-1、图9-2所示的组织架构图配置。

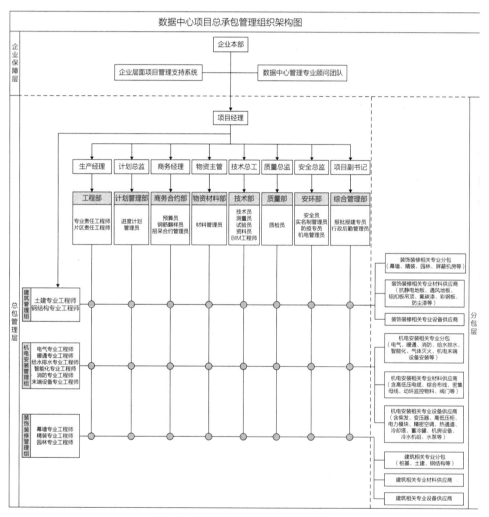

图9-1　施工总承包项目管理组织架构

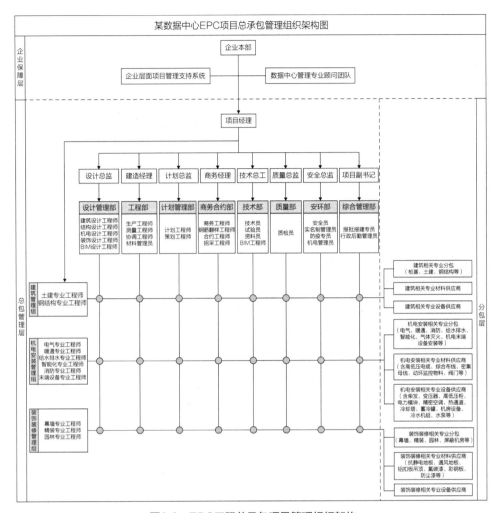

图9-2 EPC工程总承包项目管理组织架构

二、计划管理

1. 工程总进度计划的特点

数据中心工程涵盖从项目进场、设计阶段、报批报建、施工准备、招采、结构与粗装修施工、机电安装施工、机房装修、设备安装与调试、测试与验收、交付等全过程，包括土建、机电安装、钢构、幕墙、精装、园林、电梯、机房设备、智能化等全专业，涉及项目所有阶段。项目在建设前期，要梳理编制形成项目全生命周期指导性、控制性的总控进度计划。

相比传统房建项目，数据中心的施工周期相对较短，一方面要做好施工与设计的穿插配合；另一方面要尽可能加快设计进度，缩短设计周期，为施工尽早介入创造条件。

数据中心工程机房精装修、幕墙等封样定版时间长，流程多，历经招采定标、专项深化设计、小样定样、视觉样板施工、施工样板施工、材料加工生产和现场施工多个阶段。从方案设计到施工，周期长达4～5个月。在编排总控进度时，需综合考虑专业分包从招标到施工的全周期，在项目建造总控进度的前提下，将机房装修、幕墙等专业单位招采前置，为其预留充足的时间。

甲供设备招采和暂估价工程招采对项目建造进度影响也较大，甲供设备深化设计、定样、加工生产和现场安装调试周期长。数据中心工程主体结构与普通厂房工程类似，但设备安装调试需预留充足的时间（如：某数据中心工程，设备安装调试周期长达8个月），总控进度计划编排时，需优先保证设备安装调试的时间，统一协调项目建造进度计划，综合考虑。

2. 三级四线计划管理

为满足数据中心项目总进度管理的需要，结合工程自身特点，项目计划管理采用"三级四线"管理体系。建立一、二、三级计划的层级管理体系，编制确定总控计划、年度计划、项目季度/月/周计划；建立报批报建、设计（含深化设计）、招采、建造计划（含设备调试计划）为主线的四级管理体系，并配以辅助性时间计划、资源配置计划，确保计划体系的完整性、科学性、严密性。

项目应设置计划管理专员，定期对工程进度计划进行监控跟踪，每周公布进度监控情况，对延误情况及时发出预警信号，制定纠偏措施，减少工期延误影响。

基于某数据中心项目的总体计划地铁图如图9-3所示，项目总进度计划编制和整体安排思路需着重考虑以下几点：

（1）甲供设备和暂估价工程应提前招采，考虑招采生产运输时间6～8个月；

（2）各专业工程施工前，应完成专业工程招采、深化设计和审核工作，预留足够的前置时间。

3. 关键线路管理

数据中心项目的总体建造进度是以数据机房的施工进度为主线，涵盖设计、报批报建、基坑支护及桩基施工、结构及粗装修施工、机房机电安装、机房精装修、室外工程、设备系统联合调试、验收九个大阶段，总承包进度管理需以数据中心区域施工进度为出发点，统筹管控各阶段各分项工程的进度情况，保证项目关键节点和关键线路（图9-4、图9-5）。

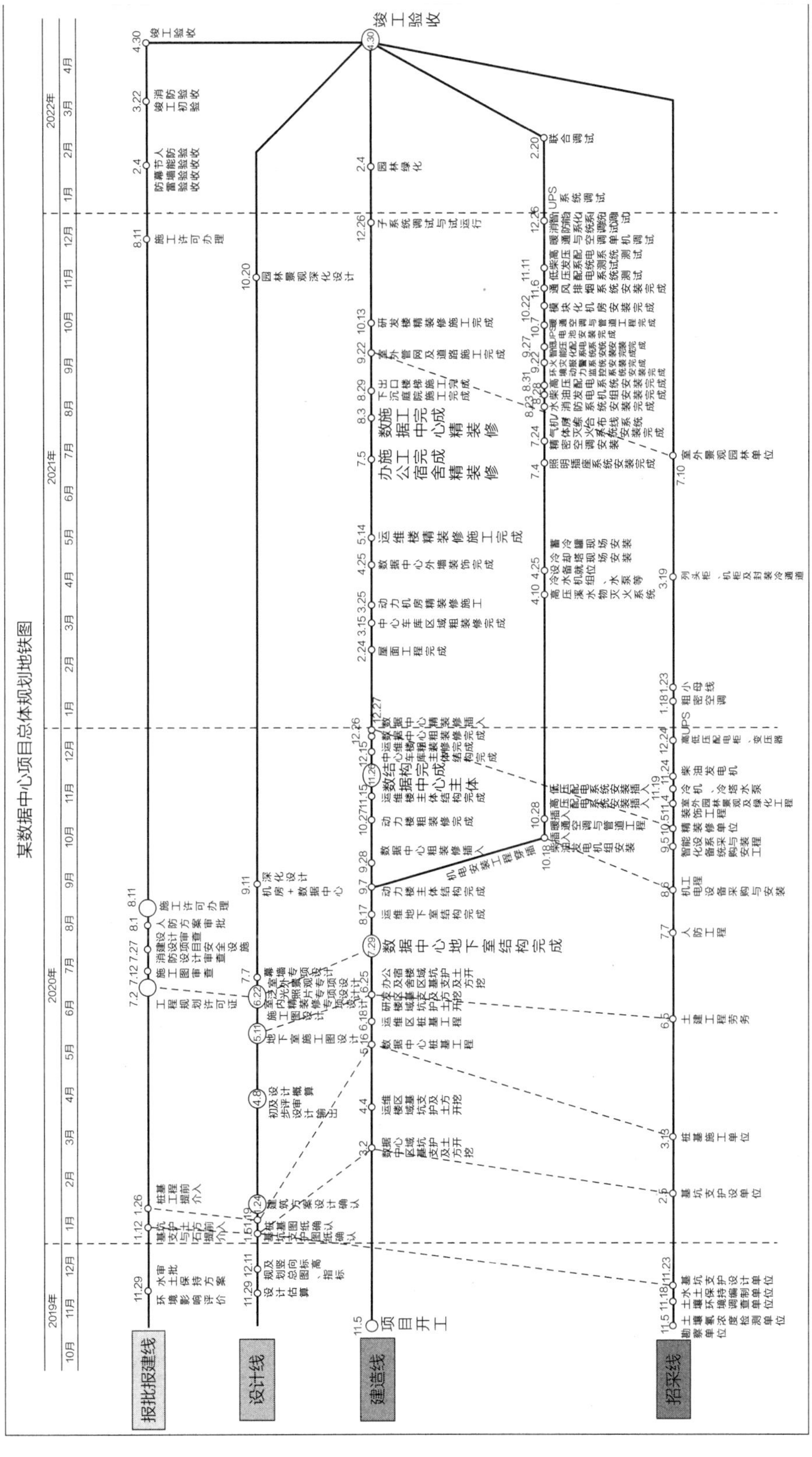

图9-3 某数据中心项目总体规划地铁图

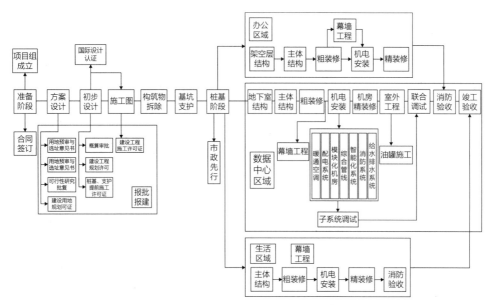

图9-4　某数据中心项目关键线路图

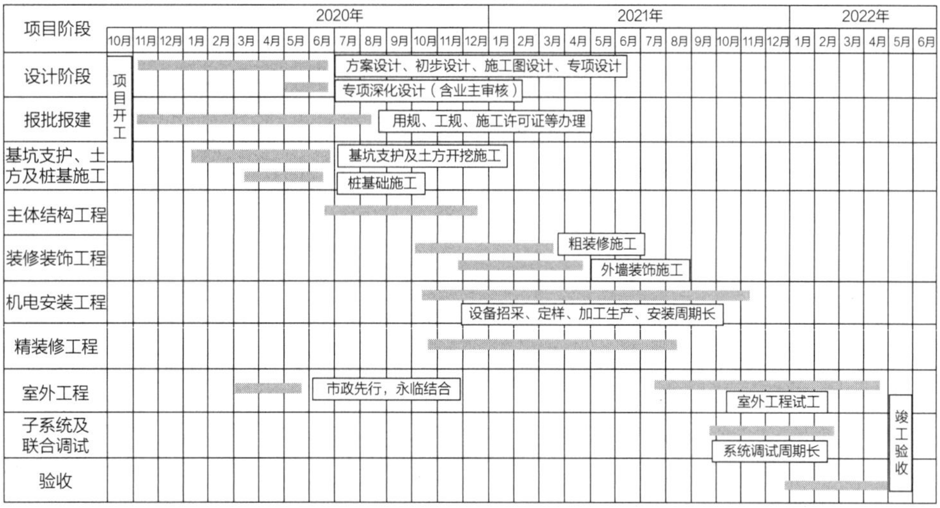

图9-5　某数据中心项目关键线路施工周期横道图

4．专项计划管理

（1）报批报建计划管理

与厂房建筑不同，数据中心工程用电用水量大，A级数据中心正式用电用水线路均按2N冗余考虑。项目建设前期，需与工程所在地的变电站及时沟通，确保工程建设运营的用电需求；市政用水接驳点一般情况下按两个开设。

数据中心工程认证主要分为国际认证和CQC认证，基于项目建设需求，了解认证的受理条件和申请资料，提前准备（表9-1）。

数据中心工程认证程序一览表 表9-1

序号	认证程序	具体内容	备注
国际认证			
1	Uptime 认证	包含四部分：设计认证、建造认证、运营认证和M&O认证	认证程序详见本章第五节测试、认证与验收管理
2	TUVTSI 认证	等级认证体系分为L1~L4四个等级，L4最高	
CQC认证			
1	数据中心设计评价	申请资料：正式申请书、数据中心设计相关文件、自我声明承诺书。证明资料：评价委托人、数据中心法人的注册证明、其他所需的证明材料	中国质量认证中心安排的评审组，完成设计评价报告
2	数据中心场地基础设施认证管理	申请资料：正式申请书、设计图纸、验收报告、型式试验报告等相关资料。证明资料：证委托人、数据中心法人的注册证明、其他资料	中国质量认证中心指定的检测机构进行测试，中国质量认证中心指定的见证机构进行现场见证（中国计量科学研究院）
3	数据中心节能认证管理	申请资料：正式申请书、设计图纸、验收报告、型式试验报告等相关资料。证明资料：认证委托人、数据中心法人的注册证明、其他相关资料	中国质量认证中心签约授权检测实验室完成，出具现场检测报告
4	数据中心基础设施运维评价管理	申请资料：正式申请书、运维体系文件、运维人员架构、运维数据等相关资料。证明资料：评价委托人、数据中心法人的注册证明、其他所需的证明材料	中国质量认证中心安排的审核组执行，并完成现场审核报告

（2）设计计划管理

数据中心工程专业设备多、管线复杂，涉及专业分包多，在设计阶段需综合专业设备工艺设计的需求和节能环保需求，因此设计周期较长。为保证工程施工总进度，项目可建立符合工程总承包模式的设计管理体制，将工程设计逐步纳入工程总承包项目管理中，接受项目的总体协调和指挥，从而发挥设计的龙头作用，使工程设计更好地为项目服务。利用设计与施工的穿叉，加快项目的进度。使设计的各个阶段进度计划与报批报建、招采、建造及试运行等进度相互协调，确保设计进度能满足材料采购和专业工程施工招标进度计划、项目报批报建和项目建造计划要求，进而满足工程总控进度计划。

方案设计、初步设计、施工图设计阶段的输出成果是报批报建工作正常开展的前提。智能化、室内二次装饰、机房工程设计、电气工程设计等与主体施工图设计平行进行，在施工图设计过程中充分考虑水电暖的要求，避免后期现场实施引起过多变更，有利于进度和投资控制。智能化施工设计在地下室结构施工前完成，保证管线预埋工作的实施。钢结构施工图纸设计考虑钢结构埋件施工的需要，提前完成。幕墙施工图设计在地下室施工完成前出图，满足主体结构施工时预埋件预理的需要。其他各专业工程和专业系统的施工图设计要根据总控进度计划和招标计划合理编制设计出图计划，严格控制实施。

1）方案设计阶段进度管理（表9-2）

在方案阶段，与具有数据中心工程施工经验的优质分包商或供应商有效沟通，比如柴油发电机组供应商、蓄冷设备供应商、机房设备供应商、机房精装修等，充分考虑数据中心工程材料设备工艺设计的技术要求和机房节能环保要求，减少方案设计周期，保证方案设计一次通过率。

方案设计阶段设计进度控制   表9-2

序号	施工图设计内容	设计周期	设计注意要点
1	建筑总平面布置方案	1个月	
2	建筑布局及轮廓、技术指标及竖向标高确认	1~2个月	需先确定建筑总平面布置方案
3	设计估算一稿	1~2个月	与建筑布局及轮廓等同步进行，同步输出
4	楼栋平面方案评审优化及确认	2~3个月	需先确定建筑总平面布置方案
5	建筑立面方案初步定案	1~2个月	
6	设计估算优化及定稿	1~2个月	完成立面和平面设计方案
7	立面方案深化及最终定案	3~4个月	
8	建筑方案设计深化及确认	1~2个月	

2）初步设计阶段进度管理

进行结构方案优化，协调设计公司对上部结构方案、地下室方案、地基基础方案进行多方案比选及方案优化，确保初步设计文件内容的全面性、完整性、准确性，避免出现缺项和漏项，初步设计应结合工艺设计，优化初步设计方案，合理考虑，用工艺设计支撑初步设计（表9-3）。初步设计阶段需完成初步设计终稿、概算终稿等成果输出。

初步设计阶段设计进度控制   表9-3

序号	施工图设计内容	设计周期	设计注意要点
1	初步设计初稿输出	3~4个月	初步设计前建筑平面和立面方案需定稿确认
2	初步设计初稿内部评审	15d~1个月	
3	初步设计设计二稿输出	2~3个月	

续表

序号	施工图设计内容	设计周期	设计注意要点
4	初步设计审核	1个月	
5	初步设计修改完善	15d~1个月	
6	初步设计审批	1个月	
7	概算初稿	1~2个月	初步设计修改完善时同步完成
8	概算深化修改	1个月	
9	概算审核	1~2个月	
10	概算终稿修订并提交	7~15d	

3）施工图设计阶段进度管理

施工图设计离不开工艺设计，充分考虑数据中心工程设备安装对建筑结构的设计需求，考虑机房装修的节能环保，保证施工图设计的一次通过率（表9-4）。

施工图设计阶段设计进度控制 表9-4

序号	施工图设计内容	设计周期	设计注意要点
1	施工图（建筑、结构、电气、钢结构等）输出	2~3个月	施工图设计前需完成初步设计审批工作
2	施工图设计审核	1~2个月	
3	施工图设计修改完善	15d~1个月	
4	施工图设计第三方审图	15d~1个月	
5	施工图蓝图确定发布	15d~1个月	

4）深化设计进度管理

数据中心项目专业分包深化设计单位招标时间应充分考虑深化设计周期以及施工插入时间节点，在施工前预留充分的设计时间和设计招标时间（表9-5）。精细化施工图纸，确保施工品质，减少施工返工；通过对设计的持续优化改进，以达到更好的客户体验；有效组织工序及各专业间的无缝对接，减少无效成本。

深化设计阶段设计进度控制 表9-5

序号	深化设计内容	设计周期	设计招标时间	施工穿插时间节点
	常规深化设计内容			
1	钢结构深化设计	1~2个月	提前2个月完成	随结构展开预埋
2	精装修深化设计	2~3个月	提前3个月完成	砌体抹灰施工完成
3	幕墙深化设计	2~3个月	提前3个月完成	随主体结构展开埋件预埋、结构完成后后置埋件

续表

序号	深化设计内容	设计周期	设计招标时间	施工穿插时间节点
4	铝合金门窗深化设计	2~3个月	提前3个月完成	砌体抹灰施工完成
5	防火门深化设计	1~2个月	提前2个月完成	砌体抹灰施工完成
6	防火卷帘门深化设计	1个月	提前1个月完成	砌体抹灰施工完成
7	园林绿化深化设计	2~3个月	提前3个月完成	装修阶段后期、室外管网施工
8	标识标牌深化设计	1个月	提前1个月完成	园林绿化完成
9	电梯深化设计	2个月	提前2个月完成	电梯井道施工完成
10	泛光照明系统深化设计	2个月	提前2个月完成	园林绿化完成
11	柴油发电机房深化设计	1个月	提前1个月完成	设备在砌体、设备基础、油管沟完成后安装
12	变配电系统深化设计	2~3个月	提前3个月完成	变配电间基础、装修、机电安装全部完成

数据中心项目专项深化设计内容

序号	深化设计内容	设计周期	设计招标时间	施工穿插时间节点
1	智能弱电系统深化设计	2~3个月	提前3个月完成	随砌体展开预留预埋线管
2	UPS电源系统深化设计	2~3个月	提前3个月完成	随砌体预留预埋
3	储冷罐深化设计	2~3个月	提前3个月完成	
4	运维配套系统（厨房、燃气、）深化设计	2~3个月	提前3个月完成	随砌体预留预埋
5	智慧园区管理平台（IOC）	2~3个月	提前3个月完成	房间精装修施工完成
6	信息发布系统	1~2个月	提前2个月完成	随砌体预留预埋
7	安全安防系统	1~2个月	提前2个月完成	随砌体预留预埋
8	人员定位系统	1~2个月	提前2个月完成	随砌体预留预埋
9	动环监控系统	2~3个月	提前3个月完成	随砌体预留预埋
10	电力监控系统	1~2个月	提前2个月完成	随砌体预留预埋
11	建筑设备监控系统（BAS）	1~2个月	提前2个月完成	砌体施工完成、地坪完成

其他深化设计内容

序号	深化设计内容	设计周期	设计招标时间	施工穿插时间节点
1	综合管线排布深化设计	2~3个月	—	随砌体预留预埋
2	精装修排版深化设计（结合机电安装各系统）	1~2个月	—	砌体抹灰完成

注：1. 设计招标时间为招标完成时间节点，应充分考虑设计招标周期，提前开始设计招标；
2. 深化设计周期包含图纸会审及修改至最终定稿出施工图，以上时间仅供参考，需根据工程体量和特点等因素具体确定；
3. 施工穿插节点为现场大面展开施工的时间，应考虑预留出专业分包招标时间，包含材料设备采购的应考虑采购周期，尤其是进口设备应充分考虑招采及运输周期；
4. 在进行二次深化设计的过程中应积极运用BIM技术，将各专业深化设计建立在一个统一的模型上，提升深化设计速度，同时便于对各专业深化设计进行综合检查。

（3）招采计划管理

招采计划是项目总控计划"三级四线"管控的重要组成部分，而招采不及时是导致工程进度计划滞后、项目现场施工延期的主要因素之一。在工程总控进度计划中，应贯穿运用招标前置的思路，保证招采计划的顺利进行。项目开工前，完成设计、监理、总包、电梯（不同厂家电梯对主体结构有不同的要求）、数据机房设备供应商（如柴油发电机、蓄冷机组、冷却机组等，考虑机房基础和运维环境、配套设施的特殊要求）等单位的招标工作；基础施工阶段，确定智能化、电气、钢结构、幕墙等专业工程施工单位；主体结构施工阶段，招标内容一般为消防、暖通、空调设备等招标内容；室内外装饰阶段一般为装饰装修等招标内容，室外施工阶段完成景观绿化、室外配套、标识标牌、泛光照明等专业招标。

数据中心工程机房设备多为甲供设备（如：低压柜、列头柜、变压器、UPS、精密空调、机柜、小母线、冷通道、柴油发电机、冷水机组、冷却塔等），设备分为进口设备和国产设备，加工生产周期长，尤其是进口设备，需考虑其国外加工生产和运输的周期，尽早确定设备供应商，给设备定规格参数、加工生产运输留下充足的时间。

1）数据中心招采计划

数据中心项目招采计划的实施是项目建设进程推进的重要主线，合理的招采计划能保证项目的顺利开展，各工序各分部分项工程及时穿插施工，进而保证工程总控进度计划要求（表9-6～表9-8）。

前期工程招采计划表　　　　　　　　　表9-6

序号	设备名称	招标周期	招标完成时间	生产周期
报批报建类				
1	水土保持、土壤环境调查	1个月	工程开工前1个月	—
2	地质灾害评估	1个月	工程开工前1个月	—
3	材料检测	1个月	工程开工前1个月	—
4	安全评估	1个月	工程开工前1个月	—
5	节能咨询	1个月	施工图设计开始前1个月	—
6	房屋建筑面积测绘	1个月	工程竣工前1个月	—
7	竣工测绘	1个月	工程竣工前1个月	—
8	档案管理	1个月	工程开工前1个月	—
工程施工				
1	临建劳务	1个月	工程开工前1个月	—
2	视频监控、门禁	1个月	工程开工前1个月	—

续表

序号	设备名称	招标周期	招标完成时间	生产周期
3	白蚁防治	1个月	工程开工前1个月	—
4	板房供货安装	1个月	工程开工前1个月	—
5	临水临电安装	1个月	工程开工前1个月	—

工程实体类招采计划表　　　　　　　　　　　　表9-7

序号	项目名称	招标周期	招标完成时间	生产周期
工程服务类				
1	BIM设计	1个月	项目开工期1个月	—
2	项目管理平台	1个月	项目开工期1个月	—
3	检测与测试	1个月	1个月	—
工程施工类				
1	勘察工程	1~2个月	勘察工程开始前2个月	—
2	土石方工程	1~2个月	土石方工程开工前2个月	—
3	基坑支护工程	1~2个月	基坑支护工程开工前1个月	—
4	桩基工程	1~2个月	桩基工程开工前2个月	—
5	防水工程	1~2个月	项目开工前2个月	—
6	钢结构工程	1~2个月	项目开工前2个月	—
7	土建工程	1~2个月	项目开工前2个月	—
8	幕墙工程	1~2个月	地上主体结构开始施工前2个月	—
9	精装修工程	1~2个月	精装修工程开始施工前2个月	—
10	园林景观工程	1~2个月	主体结构封顶前2个月	—
11	机电安装工程	1~2个月	项目开工前2个月	—
设备租赁类				
1	塔式起重机租赁	1个月	地下结构开始施工前1个月	—
2	施工电梯租赁	1个月	主体结构施工至4层前1个月	—
配套工程类				
1	外线电力工程	1~2个月	室外工程开始前2个月	—
2	市政正式给水排水	1~2个月	室外工程开始前2个月	—

数据中心专业设备采购计划表　　　　　　　　表9-8

序号	设备名称	招标周期	招标完成时间	生产周期
1	高压柜	1~2个月	机电安装工程开始前4个月	60d
2	DCIM（基础设施管理系统）	1~2个月	机电安装工程开始前4个月	30d
3	电力模块	1~2个月	机电安装工程开始前4个月	30d

续表

序号	设备名称	招标周期	招标完成时间	生产周期
4	锂电柜	1~2个月	机电安装工程开始前4个月	30d
5	高低压电缆	1~2个月	机电安装工程开始前4个月	30d
6	通信、控制器电缆	1~2个月	机电安装工程开始前3个月	25d
7	综合布线	1~2个月	机电安装工程开始前3个月	40d
8	配电箱	1~2个月	机电安装工程开始前3个月	40d
9	智能母线、工业连接器	1~2个月	机电安装工程开始前4个月	30d
10	密集母线	1~2个月	机电安装工程开始前4个月	30d
11	门禁系统	1~2个月	机电安装工程开始前3个月	25d
12	空调机柜、直膨机	1~2个月	机电安装工程开始前4个月	45d
13	热通道	1~2个月	机电安装工程开始前3个月	50d
14	动环监控物料	1~2个月	机电安装工程开始前3个月	50d
15	机柜（含网络电源控制系统）	1~2个月	机柜安装前4个月	45d
16	弱电监控系统设备	1~2个月	砌体施工前3个月	45d
17	弱电网络设备（交换机、路由器、无线AP、光模块、电源模块等）	1~2个月	砌体施工前3个月	45d
18	冷却塔	1~2个月	砌体施工前4个月	60d
19	冷水机组（含启动柜等）	1~2个月	砌体施工前4个月	60d
20	闭式蓄冷罐	1~2个月	砌体施工前4个月	45d
21	板式换热器	1~2个月	机电安装工程开始前3个月	35d
22	水泵（含冷冻、冷却泵）	1~2个月	机电安装工程开始前4个月	40d
23	阀门（含手动阀、电动阀、过滤器等）	1~2个月	机电安装工程开始前3个月	30d
24	柴油发电机	1~2个月	砌体施工前4个月	60d
25	能源产品、精密空调、风墙、冷却液分配单元	1~2个月	砌体施工前3个月	50d

2）深化设计计划支撑招采计划

深化设计及招采进度均应以满足施工进度要求为目标，提前展开。在施工进度计划的基础上，采用"倒排法"编制深化设计计划和招采计划，深化设计计划支撑招采计划，即：由总控进度计划倒排招采计划，再由招采计划倒排深化设计计划。

每个分部分项工程、数据中心系统或数据中心专业设备的招采应充分考虑招标周期、材料设备生产周期及运输周期（尤其是进口设备），招采工作应在考虑以上总体周期的基础上提前完成，并及时提供相应的工作面。

深化设计单位的招标及二次深化设计工作应在充分考虑招标和深化设计周期

的基础上，提前完成。同时，应考虑该专业深化设计是否对与其有工序或工艺接口的其他专业有影响，若有影响则需在其他专业施工前完成相应的深化设计工作。如主体结构期间可将风机房、消防水泵房、UPS、柴油发电机组、冷却机组等设备基础同结构一起施工（相应的深化设计单位应及时提供设备基础图纸）。

（4）设备调试计划管理

数据中心建设项目的要求越来越高，设备设施逐渐向更加精密更高效率方向转移，以及数据中心故障的直接和间接成本，已经引起了客户对更好的调试服务的需求。为减少数据中心运营期间的故障率，缩短交付周期，交付前的分系统分阶段的设备调试显得尤为重要。因此，在项目建设后期要做好设备调试进度管理（表9-9）。

设备调试进度控制　　　　　　　　　　　　　　　表9-9

序号	设备调试项目	设备调试周期	设备调试穿插时间节点
常规设备/系统调试			
1	泛光照明系统	1个月	泛光照明施工完成
2	高低压变配电系统	3个月	高低压变配电施工完成，正式通电
3	智能弱电系统（信息发布、安全安防、电力监控等）	3个月	智能弱电施工完成，正式通电
4	水消防系统	2个月	消防管线安装完成，正式通水
5	燃气系统	1个月	燃气管线安装完成，正式通气
6	给水排水系统	2个月	给水排水管线安装完成，正式通水
7	通信系统	3个月	通信管线安装完成
8	智能照明系统	2个月	照明系统安装完成
9	防雷接地系统	2个月	防雷接地安装完成
10	通风系统	3个月	暖通管道、空调安装完成，正式通电
数据中心专业设备/系统调试			
1	动环监控系统	2个月	系统安装完成
2	柴油发电机房系统	2个月	柴油发电机组安装完成，管道安装完成
3	储油、并机控制系统	2个月	设备安装完成
4	UPS及变压器系统	3个月	UPS及变压器安装完成
5	建筑设备监控系统（BAS）	3个月	系统安装完成
6	制冷群控系统	2个月	系统安装完成
7	液冷群控系统	2个月	系统安装完成
8	电力监控系统	2个月	系统安装完成
9	气体消防系统	2个月	消防管线安装完成

续表

序号	设备调试项目	设备调试周期	设备调试穿插时间节点
10	智慧园区管理平台（IOC）	3个月	系统安装完成
11	基础设施数字管理平台	2个月	系统安装完成
12	DCIM综合监控管理系统	2个月	系统安装完成
13	数据中心内环境测试	2个月	系统安装完成
14	卫星通信系统	3个月	系统安装完成

三、招采管理

1. 招采合约框架

（1）招采合约框架的建立

总承包项目采购管理是为工程建设提供"资源整体解决方案"，需要实现四个层次的目标：一是支撑设计，二是按需包全，三是发包最优，四是供应及时。根据总承包合同内容、现场实际条件及业主方需求，分别梳理确定项目招采合约框架。图9-6为某数据中心项目合约框架图。

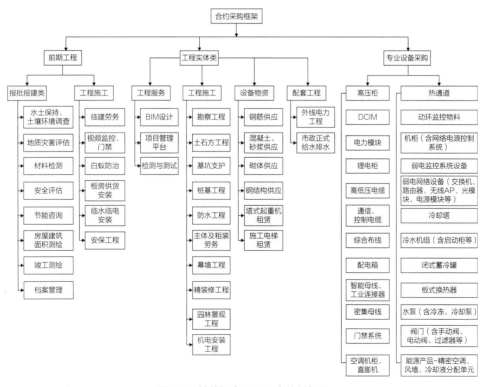

图9-6 某数据中心项目合约框架图

（2）招采合约界面划分

总包与分包之间、各专业分包之间存在大量界面交叉，主要包括深化设计、施工界面、合同权责等方面。总包方进行接口管理的重点是严格按照合同约定完成自行施工的内容，同时做好不同单位、不同分包、不同专业相互之间的协调管理，实现总包方对业主的履约。下面以某数据中心工程为例，梳理各专业工程合约界面。

1）土建工程合约界面

数据中心项目建设过程中，总承包管理负责以下内容：临水临电工程、土方及桩基工程、地下室及主体结构工程、白蚁防治、地下及地上所有砌体工程、装修工程、室外工程、栏杆工程、标识标牌工程等，与其他分包商交接界面详见表9-10、表9-11。

室内工程总包与机电、弱电、电梯、消防等专业工程界面划分表　　表9-10

序号	主要内容	总包	分包
1	地下与地上室内穿越建筑物墙、楼板、梁的套管（包括机电、弱电、消防）供应及安装	√	—
	墙板的预埋管线和底盒	√	—
	轻质隔板墙和砌体墙上管线、底盒的供应及安装、现场剔槽、恢复的工作	—	√
2	钢筋混凝土基础	√	
3	槽钢基础及钢基础（注：槽钢内混凝土由总包负责）		√
4	混凝土水池爬梯、出屋面爬梯	√	
	不锈钢水箱、爬梯及支架		√
5	机电、消防、弱电等各专业管道、线槽等穿墙、穿楼板的孔洞（分包负责标记）	√	—
	混凝土结构部分的开槽、开洞	√	
	① 有套管的封堵界面：套管以外总包负责，套管以内分包负责；② 无套管洞口封堵由总包负责，专业防火封堵除外	—	
	不须使用的但已预留的套管、套筒洞口的封堵及处理	√	
	大型设备吊装孔洞封堵及修复、大型设备运输通道后砌筑及恢复	√	
6	冷水机组机房、空调机房、配电间、配电室等的建筑防噪声处理	√	
7	外墙及屋顶通风百叶由外立面分包负责供应及安装，室内隔墙通风百叶		—

注："√"表示各自负责内容。

室外工程土建与机电、弱电、消防、景观绿化、电梯、精装修、幕墙、

标识牌工程界面划分　　表9-11

序号	主要内容	总包	分包
1	室外消火栓系统，消防水泵结合器及其相应的管道、土方开挖、回填等工作	—	√

序号	主要内容	总包	分包
2	室外电缆沟或强弱电排管、管井施工、盖板、支架、电缆电线保护管含墙、柱上爬管及其管井供应及安装	—	√
3	室外水景循环系统、绿化浇灌系统、室外灯具	√	—
4	红线内室外给水排水埋管（室外污水、给水管、消防水）由室外分包负责，具体接至室内预留接驳口，后施工者负责接驳	—	√
5	所有管道接口的连接（焊接、套接、法兰连接等）由施工时间较后者负责	—	—

注："√"表示各自负责内容。

2）机电工程合约界面

① 机电工程施工范围

除弱电及机房工程分包范围外的其他所有机电工程，包括但不限于冷冻水系统、冷却水系统、空调通风及防排烟工程、给水排水工程、电气工程、应急照明系统工程、电能管理系统、智能照明系统、消防电源监控、漏电火灾监控系统、疏散楼梯余压监控系统等工作。包括各机电专业系统的深化图纸总负责的牵头管理工作。机电工程与室外分包界面详见上述室外工程土建与机电、弱电、消防、景观绿化、电梯、精装修、幕墙、标识牌等专业的工程界面描述。下面以某数据中心工程为例，梳理机电工程合约界面。

② 暖通工程合约界面

总则：建筑物内冷却水系统、冷冻水系统、液冷系统（含液冷/冷却系统，即CDU至上游冷却塔）、空调系统（含VRV系统、分体空调、机房空调等）、通风系统、防排烟系统等暖通范围内均为机电分包负责（表9-12）。对于指定供应设备由机电分包负责安装，其他非指定供应设备、阀门、物料等，由机电分包负责供货、安装。

暖通工程主要工作内容　　　　　　　　　　　　　　　表9-12

序号	主要内容
1	空调水系统管路（CDU液冷柜二次侧除外）、阀门（指定供应设备、材料除外）等供应和安装
2	冷冻水、冷却水管道的探伤、试压、冲洗、化学清洗、镀膜的供货及安装；管路安装完成后，完整循环管路系统的管道清洗预膜药剂、调试期间用药等，包含验收移交日之前常用药以及水处理维护服务
3	所有空调、通风、防排烟系统（指定供应设备、材料除外）的设备、材料供应及安装，含风机安装、风管、保温、阀门（含防火阀）、支吊架的供应及安装等
4	各类风阀、风机、按钮间的联锁线缆的供应及安装
5	RV系统的风管及保温、间门、风口风间、排水管和所有的强电电源电线电缆及线管、机电温控面板至室内机的线管（非精装修区域）均由机电单位负责
6	分体空调的冷凝水预留接口、预留强电电源及图纸深化由机电单位负责

③ 给水排水工程合约界面

机电单位负责建筑物内所有生活、生产给水系统及排水系统的供应及安装（表9-13）。含水管供应及安装、排污泵供应及安装、补水泵供应及安装、加湿及补水管路供应及安装（含阀门、流量计等）、室外地面以上排水管路供应及安装、与预埋接口连接等。

给水排水工程主要工作内容 表9-13

序号	主要内容
1	补水水箱、排污泵供应及安装，补水泵供应及安装
2	园区预留接口至生产补水箱进水口之间的管道及管路阀门供货及安装； 生产补水箱至冷却塔预留浮球接口之间的管道及管道阀件供货及安装
3	冷却塔预留补水口至相应的园区给水接口之间管道供货及安装； 冷水机组、冷冻水泵、冷却水泵、板式换热器、冷却塔及消防系统等所有需要排水的设备及管路接至排水接口之间的排水管道及管道阀门供货及安装
4	卫生间给水排水引入管道并预留接口（给水预留外丝接头并封堵）至卫生间（排）水配管至各供（排）水点，卫生洁具供电预留
5	雨水、冷凝水排水预留接口至相应的园区排水接口之间的管道供货及安装
6	生活水池、生产水池、消防水池的透气管、排污管、放空管、溢流管、液位计及阀门供货（指定供应材料除外）供应及安装

④ 电气工程合约界面

如表9-14所示。

电气工程主要工作内容 表9-14

序号	主要内容
1	负责所有高低压变配电室（除供电局设备）内的高低压变配电设备之供应［除高压柜、电力模块（变压器、UPS、低压柜）、锂电柜由业主指定供应外］及安装
2	馈线电缆（包括高压开关柜之间的联络电缆）的接驳及接驳之后的所有工作，以及公共开关房内除高压进线电缆及设备以外的机电系统供应及安装
3	动力中心柴发并机总输出到数据中心楼的电缆敷设及安装
4	负责直流柜（屏）供应及安装，包括与高压柜间的连线（包括但不限于电源、通信、信号线），负责提供直流柜（屏）、电容柜参数供高压柜供应单位审核和确认
5	负责整个项目（含弱电及机房工程范围内）的消防疏散指示灯的供应、安装、调试
6	所有（含弱电及机房工程界面）的密集母线（含插接箱）安装和调试，包含支吊架的供应和安装
7	负责UPS安装及UPS至锂电池柜的电缆（含地线）、控制电缆、联锁线、通信线等，以及电池柜底座施工
8	负责锂电柜安装和电池柜自带1PCS消防气瓶安装
9	风墙设备的供配电系统

序号	主要内容
10	与供电局供电报装与验收相关的工作
11	施工至电梯用电的单或双电源配电箱（含配电箱），双电源配电箱出线至电梯机房及走道的灯具、开关、插座及相关管线由机电单位负责
12	消防设备电源监控系统、漏电火灾监控系统、疏散照明监控系统、智能照明系统的深化、供应，由电气三箱供应单位负责安装需在配电箱内安装的设备
13	冷却塔配电含电缆的安装、桥架供应及安装
14	所有照明系统（模块机房照明除外，由弱电及机房工程单位负责），含灯具、电线、桥架、线管供应、安装和调试
15	接地系统中MEB、LBE、JD箱的供应及安装，MEB、LBE、JD之间的连接电缆、线管的供应及安装

⑤ 消防系统工程合约界面

包含消防水系统、消防电系统、气体灭火系统、灭火器系统、防火卷帘的深化设计、供应及安装，消防检测、验收等（表9-15），包括整个工程所有项目（包括建筑结构、精装、机电、消防等）。

消防工程主要工作内容　　　　　　表9-15

序号	主要内容
	（一）消防水系统：室内消火栓系统、自动喷淋灭火系统、预作用喷水灭火系统
1	室内消防水系统（包括室内喷淋系统、室内消火栓系统等）的供应、安装、试压、消防检测、消防验收等，包括但不限于消防泵、控制柜、巡检柜、阀门、报警阀组、管道、配件、水流指示器、信号阀、末端试水装置、喷头等
2	供应及安装预作用系统所需的专用控制阀组、空压机、管道、阀门、喷头等
3	消防水泵房内自动喷淋系统、消火栓系统管网、设备、阀门的供应安装
	（二）消防电系统：火灾报警系统及消防联动控制、火灾探测报警系统、极早期烟雾探测系统、火灾应急广播系统、消防专用电话系统、防火门监控系统
1	消防中心设备供应及安装
2	区域自动报警控制器供应及安装，包括机箱、打印机联动盘、电源、回路卡等
3	现场报警设备供应及安装
4	极早期烟雾探测系统供应及安装，包括采样管网、探测器、相应的监控主机以及联网等
5	火灾报警系统及消防联动控制，含防排烟系统的连线和联动控制，燃气事故排风系统的联动控制，气体灭火排气系统的联动控制
6	防火卷帘、连廊处卷帘、常开式防火门、电动排烟窗、管制的逃生门、消防联动所需的线缆、线管、槽以及接线和联动调试
7	消防所有线槽、线管（室外线管除外）及线缆敷设由消防单位负责。墙板上的按钮、广播、声光报警、模块箱、应急照明、疏散指示等末端的开孔和底盒供应安装
8	与楼宇自控系统或DCIM系统接口

序号	主要内容
	（三）气体灭火系统及灭火器系统
1	气体灭火系统的供应、安装、消防检测、消防验收等
2	气体灭火系统报警部分的感烟、感温探测器、声光报警器、气体灭火控制盘、线缆及线管等
3	供应及安装灭火器及相应的灭火器箱体

3）弱电及机房工程合约界面

智能化工程、数据机房、消控中心、楼层弱电间、运营商机房区域内的部分电气、弱电系统、机柜系统及密封通道、部分天面地面工程均由弱电及机房单位负责（表9-16、表9-17）。

弱电及机房工程供电系统主要工作内容　　　　表9-16

序号	主要内容
1	所有（含弱电及机房工程界面）的密集母线（含插接箱）安装、调试
2	智能小母线（含各种附件）安装、调试；小母线的吊架、工业连接器母头的固定件的供货、安装
3	插接箱至工业连接器母头、工业连接器公头至rPDU接线盒的电力电缆敷设、端接
4	数据机房内网络、服务器机柜（配套配电排Rpdu及工业连接器）的安装、调试
5	数据机房内一体化液冷机柜（配套配电排Rpdu）的安装、调试，工业连接器的供货安装
6	其他弱电机柜、弱电箱及配套的rPDU和工业连接器的供货、安装、调试

弱电工程主要工作内容　　　　表9-17

序号	主要内容
1	弱电及机房工程区域内及楼内相互间的综合布线系统由弱电及机房单位供货、安装、调试及图纸深化
2	弱电及机房工程区域内机柜（RACKs）系统，包括机柜（及机柜的相关配件）、机柜内电源插排（rPDU）、工业连接器的安装、调试及图纸深化等由弱电及机房单位负责
3	运营商机房、网络机房进入数据机房模块的光纤所需配套的布线柜、配线架、熔接盘、尾纤、光缆、铜缆、理线器、线槽（桥架）、光纤槽道及其相关配套件的供货、敷设、端接、标识
4	所有摄像头位置的确定和安装，吊顶的开孔由精装负责
5	办公网综合布线系统供应、安装、调试
6	电话系统、信息发布系统、周界报警系统、室外电子围栏的供应、安装、调试
7	弱电间内机柜（内含带工业接连器公头的智能配电排Rpdu）的供应、安装、调试

2. 专业设备招采管理

数据中心项目存在设备量大、分供商多的特点，专业设备招采要编制招标规划书，明确常规设备及特殊设备的种类、图纸深化及确认周期、设备下单时间、生产周期，部分设备需从海外进口，还要明确进出口过关时间，安排专人进行管理，还应明确在特殊情况下设备的供应。

（1）设备深化图纸的确认

数据中心存在较多的设备深化图纸，深化图纸的确认将直接影响后期到场设备与系统的匹配性，分包提供的深化图纸应由各专业负责人审核，查勘图纸是否满足设计要求，并将图纸签字确认发送给分包商下单生产。

（2）主要设备的供货管理

数据中心供货需编制专项计划，安排专人进行跟踪，对于主要设备必要时可安排人驻场查勘，定期汇报设备生产情况。部分海外采购设备，如干式变压器需从国外采购，应考虑设备报关时间，一般进口设备的报关流程为申报、查验、放行三个阶段，流程周期为3～4工作日，编制招采计划时应把此部分时间考虑在内。

（3）特殊设备招采管理

数据中心会存在部分非常规设备的招采，该部分设备招采周期较长且能制作生产的分包商较少，招标时应考虑是否能通过其他设备集成来满足特殊设备的使用要求，或是扩大招标对象，从国内外选取供应商并实地考察，确定特殊设备的供应商。

（4）特殊情况下设备供应

数据中心设备种类多，设备分供商也比较多，部分设备还需从国外进口，这就对设备供应产生较大的风险。因此，在设备招采时应考虑实力较强的分供商且在不同地方存在分机构的单位；同时，在招采时也可以采取"选一备一"的策略，确保设备的正常供应。

四、设计管理

数据中心项目的设计管理工作贯穿于工程建设的整个过程。从选址、可行性研究、方案设计、初步设计、施工图设计（电信规划设计院及土建设计院）以及施工配合，一直延伸到竣工验收。数据中心的设计管理是一项复杂的多专业管理的系统工程，需要通过合理的分工、专业的设计管理团队来完成。一般情况下，数据中心设计管理工作由设计总监主持，在其领导下，建筑、结构、给水排水、暖通、电气、消防、智能化、幕墙、装修、景观、工艺等多个专业工程师完成把控，协调设计院专业设计人员实施，同时需要建设单位、总包其他部门的配合，共同完成设计管理任务。

1. 数据中心设计管理的特点

基于数据中心的特殊性，设计管理有如下三个特点：

（1）数据中心设计管理工作具有复杂性、渐进明细及不确定性

数据中心设计管理既有常规的业务，又有特色的内容，如：柴油发电机房、UPS电源系统、蓄冷罐设计、智慧园区管理平台设计。多专业及多家设计分包管理使项目具有以下特点：项目目标与计划之间的不确定性和易变性；子项目之间实施过程的相互干扰性和并行性。因此，项目具有多样性和复杂性的特点。

数据中心项目最初具有不确定性，无法从一开始就制定出完善详细的项目开发计划。随着开发时间的推移，业主需求明朗，项目信息逐渐增多和具体化，项目的多项细节特征才会具备更强的操作性。

（2）数据中心项目集成化特点

数据中心项目建设与实施需要从项目全生命周期的角度系统地对项目策划、实施、运营等全过程进行全面的计划和控制。因数据中心涉及后期设备运营，故项目建设实施需要做到：项目策划阶段需求大方向正确的情况下更细化，项目实施阶段的设计深化到后期设备招标、采购、施工、运行等综合起来，形成数据中心机房楼项目整体一体化的管理过程。

（3）数据中心多专业设计进度管理

项目的复杂性带来沟通协调的复杂性、信息交流的复杂性、决策的复杂性，大型数据中心项目建设由土建和机电工程分别实施，所以专业交叉作业较多，并且涉及许多参建单位。考虑到多个专业技术实施难度及管理难度，必须要整体规划、明确专业分工界限。根据项目目标，制定项目可行的建设实施周期，通过详细的计划进度及关键时间节点把控进度，合理安排衔接和交接面，以"快速启动、市政先行、全面展开、精密穿插"为原则完成多专业的设计进度管理。

2. 数据中心设计管理要点

（1）专项设计管理

数据中心专项设计纳入主体施工图设计，同步组织管理，图纸中要相互说明专项设计与主体设计的各专业的分工界面，受设备设施影响较大的专项设计应早日采购确定设备厂家，并在专项设计图纸中注明参考设备品牌及规格。

数据中心专项设计主要分为：精密空调专项、UPS电源系统及电池室专项、柴油发电机室（含降噪）专项、电子屏蔽室专项、应急供冷系统专项、洁净空间

专项、事故排水系统专项、空调补水系统专项、虹吸雨水系统专项、气体灭火专项、综合布线专项、建筑设备监控系统（BAS）、广播系统、大屏显示系统、人员定位系统等。

专项设计各阶段管理思路如下：

1）方案阶段：引进具有数据中心工艺设计的专项设计单位，通过方案阶段及设计阶段的配合，进行业主需求确认、方案比选、图纸深化和造价控制工作。

2）初设、施工图阶段：在满足业主需求的基础上，确定最优的设计方案和施工图，避免技术标准不符，尽可能地将成本风险化解在设计阶段。

3）施工、验收阶段：结合专项设计单位的专业实力把控专项施工单位，借助专项分包的力量完成专项验收及相关评估。

（2）深化设计管理

数据中心工程使用功能复杂，机电工程专业系统多，管线设备密集、空间功能多，协调量大。为保证数据中心满足业主的使用功能需要、达到设计意图，整体质量、工期目标达到项目整体目标，需要对施工各阶段的各节点细部做法进行认真的研究，选择最佳设计方案，并以设计图纸形式，经设计院、业主审核批准后，作为正式施工用图纸，它是保证工程顺利进行及按时完工和保证工程质量的关键所在。

1）总包成立深化设计组，负责对土建、机电、装饰进行深化设计，并做好各分包单位深化设计管理与协调工作。

2）做好图纸会审工作，领会设计意图，涵盖各分包系统绘制配合总图，包括机电综合施工图与综合土建要求图。图纸内容能清楚反映所有机电安装的标高、宽度定位及与结构及装饰有关的准确关系。包括详细的平面、立面和剖面图。总体效果既能满足设计要求与验收规范，又能考虑交叉施工的合理性以及今后的维修方便，尽可能减少返工现象的发生。

3）对设计图纸进行施工深化并报批后，制定施工方案并进行评审，在评审的基础上对施工方案进行优化，完成项目实施的交圈。

4）加强各专业间的协调，需要经常组织土建、机电、装饰以及各专业分包协调处理专业间的交叉配合问题。

5）深化设计必须在施工（构件生产）前20d完成，并预留7～14d审批时间。

除常规深化内容外，数据中心具有特色的深化设计有：柴油发电机房深化、UPS深化、机柜深化、封闭冷通道深化、机房散力架深化、气体灭火系统深化、机房照明系统深化、综合布线深化等。

第三节 基于规模大、功能多、工期紧的数据中心施工部署

一、快速启动

数据中心工程工期紧，建设周期短，前期的快速启动将为项目的后续建设创造更多的时间，缩短整体工期。一是要快速稳定设计条件，分阶段完成基坑支护、桩基础及其他施工图设计，为项目报批报建及现场动工准备好条件；二是要组建报批报建团队，快速推进报批报建工作，完善报批报建手续（包括工程规划许可、施工许可、临时用地申请、临水临电接驳、临时路口开设等）；三是要快速组织管理人员进场，启动前期紧急的招标采购工作（前期招采工作内容详见第九章第二节招采计划管理），选择优质分包商资源立即组织劳动力和材料机械设备到场；四是迅速完成施工准备工作，如前期工程策划、前期技术方案、图纸审查、测量放线、围墙施工、临水临电接驳、施工道路规划、临建施工等，为现场施工创造条件。

二、市政先行

数据中心工程室外管线多而复杂，尤其是对于体量较大、室外管网特别多的数据中心还会设计室外综合管廊，室外工程阶段施工周期较长，若按照传统项目的施工方法将室外管网放在结构施工封顶以后再施工，需要根据管网或管廊位置开挖沟槽，会使施工难度加大，严重影响现场交通组织能力，加大材料吊运难度，施工效率非常低，影响后期现场施工进度，可能会影响后期设备吊装的通道，还可能会影响交付调试验收。因此，数据中心工程的室外管网建议在基础施工阶段提前穿插室外管线施工，为后期现场的交通组织创造条件，减小管网施工难度，提高施工效率，节约后期的工期，同时还可以利用永久排水管道作为临时排水管道，永久道路硬化基层作为临时场地道路，永临结合，节省成本，节约工期。当然，市政先行的前提条件是在前期要完成相关室外管网的设计与深化设计工作，完成相关分包及材料的招标采购工作，设计的进度要满足招标采购及现场施工的时间要求。

三、全面展开

数据中心工程规模大，建筑功能往往包括数据机房、动力中心、运维区、办公区、研发区、住宿区等，系统功能也较多而且复杂，专业分包多，由于数据中心建设的工期较紧，在现场组织施工的时候，要投入足够的资源，全面展开各个功能区域的施工，确保各个环节的施工进度。在土建为主的施工阶段，需要多区域多楼栋同步施工，具备条件就插入砌筑抹灰施工、设备基础施工、机电安装预留预埋及支桥架安装施工；到中后期机电装修阶段，要多专业多工种组织穿插施工（强弱电、消防、空调、机房天地墙装修等），确保各方面人材机的资源配置，为设备的安装及调试创造条件，保证项目建造进度。其中，对于有特殊设备的功能空间（柴油发电机房、数据中心机房、精密空调）应优先快速施工，为设备的早期进场安装创造条件，缩短后期设备安装调试周期，节约工期。

第四节　基于机电工程体量大、设备多的精密穿插管理

数据中心工程数据机房涉及专业多，工序多，专业设备多，机房施工周期长，为保证数据机房的施工进度，需充分考虑各工序的施工前后关系、前置条件以及场地条件要求。

一、土建施工穿插管理要点

数据中心项目管线量大，往往需要单独设计室外管廊，而且项目主体施工工期短，后期设备安装调试周期长。施工部署要着重考虑主体施工的工序穿插，压缩主体施工的工期，为后续机电安装与调试留出足够的时间。数据中心项目在土建施工时的重点主要有如下几方面：

数据中心项目在基坑支护及桩基础施工阶段需要在不影响基础正常施工的情况下分区分段地提前插入室外管网及道路的施工，各区段施工完成后及时回填恢复，为后期各种大型专业设备进场及吊装提供场地条件，避免设备进场及吊装工作与室外管网及道路施工相冲突。

数据中心产业园区项目往往占地面积较大，施工现场具备临时堆土条件。在施工过程中要综合施工现场的实际情况，合理考虑土方的挖填平衡，为后续地下室快速回填提供条件。

数据中心项目单体建筑的单层面积一般都比较大，每层结构可根据内支撑架

搭设、模板安装、钢筋绑扎、混凝土浇筑的工序按后浇带位置分区组织流水施工，保证施工的快速紧凑，尽快完成主体结构封顶，为后续机电安装和装饰装修留有充足的施工时间。

数据中心楼层中有大量的专业设备，尤其是柴油发电机组、蓄冷罐等大型设备。在主体施工阶段必须提前考虑大型设备吊装的位置，合理预留吊装洞口。

数据中心项目的屋面往往有冷却塔基础、风机基础、卫星通信基础等大量的专业设备基础，在主体结构施工时需要提前与设计单位沟通，确定相关基础图纸，保证设备基础与主体结构一次浇筑成型，确保屋面结构自防水的效果。

数据中心项目在此阶段需要各栋塔楼平行向上施工，栋内组织分段流水施工，在结构施工时穿插机电预留预埋、钢结构埋件、幕墙预埋施工，一般在结构施工至5层时穿插反坎凿毛及砌筑植筋，在结构施工至6层时穿插风管安装、砌体施工、机电二次预埋。在砌体施工时要注意预留出满足专业设备安装的洞口，待设备安装完成后再进行二次砌体封堵。

二、机电安装与装饰装修施工穿插管理要点

数据中心项目的机电安装与装饰装修是工序交叉最多的阶段，此阶段需要综合考虑交叉工序之间的配合，以及为后续工作预留工作面等问题。各专业工序之间的合理穿插在此阶段显得尤为重要，可以最大程度地合理压缩工期。数据中心项目在机电安装与装饰装修阶段的重点主要有如下几点：

提前运用BIM优化机电管线的综合排布，是此阶段施工的重点。运用BIM技术可直观地观察到模型中的碰撞冲突，极大程度上减少错、碰、漏等设计差错，能够直观地表达空间特征，反映实际建造情况。这样可以大大减少管线和桥架的现场改动，也能最大程度地减少后期结构开洞的风险。

在主体结构封顶后，合理插入幕墙龙骨的安装。由于数据中心预留了大量的专业设备吊装洞口，因此，在幕墙龙骨安装过程中要提前预留出专业设备吊装的洞口，待设备吊装完成后再进行封闭。

装饰装修和机电安装施工在砌体、抹灰及机电预留预埋完成后插入，塔楼的内部装饰装修和机电安装工程在砌体抹灰完成后分段插入施工。内部装修优先进行机房、竖井的砌筑抹灰以及设备基础的施工，机电安装的配管、配线穿插进行。机电安装各系统遵循"先下后上、先预制后安装、先主干后分支"的原则进行施工。

　　数据中心机电安装工程与土建、装饰等工程协调配合，关键工序总体分为：吊顶施工、墙体施工、设备基础施工、地面施工、设备进场、管线接驳、调试运行7个部分。施工前期以土建为龙头，快速启动，为各机电专业提供工作面；机电设备安装阶段，各专业由上至下分层施工，多区域同步开展，形成流水作业；后期以装饰装修施工进度为主，各机电专业工程配合施工迅速完成收尾工作。土建、安装、装饰工程主要穿插内容如图9-7所示。

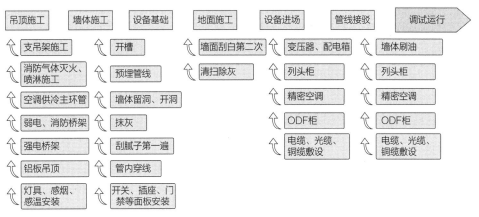

图9-7　土建、安装、装饰工程穿插图

　　机电安装穿插施工部位的管理重点如表9-18所示。

机电安装穿插施工部位控制要点　　　　　　　　表9-18

穿插部位	管理重点
管井	机电专业进行风管、水管安装时，土建专业应按照机电专业的具体要求，预留足够作业面，例如，井道过小时可预留管井的部分隔墙，待机电专业完成相应的检测和保温工作后，再进行隔墙施工；电井内需综合排布，强弱电箱的尺寸、安装位置、桥架与其间距等，需要事先确认，确保调试、使用和检修的空间； 管道需要在隔墙墙体上安装支架时，须提前与土建专业配合，在隔墙施工时及时预埋槽钢、角钢支架； 土建专业在机电安装完成后应及时进行修补堵洞工作，同时应做好成品保护工作
卫生间	卫生间进行防水施工时，必须对机电专业的地漏、套管部位制定重点操作规程，确保不渗不漏； 机电专业应当做好套管的封堵工作； 土建专业地面的找平层应当指向地漏位置，而且坡度正确，以免影响将来的正常使用； 土建隔墙施工时，机电专业应及时插入，做好隔墙内的管路敷设和预留支架
吊顶	需要所有相关专业共同会审末端布置图，开孔配合建议由装饰单位实施；尤其是末端喷头定位，可根据吊顶标高和装饰板块定位，优先施工喷头部位，建议封板前完成试压工作； 严格工序流程，实施工序交接单，流水施工

穿插部位	管理重点
设备房	机电专业应优先校核设备参数，及时将获得送审批准的设备的基础尺寸及技术资料提交给结构施工单位施工；同时在机电设备安装前对设备基础进行复核验收，以确保设备安装质量； 提前完成机房管道综合排布图，在设备就位之前完成设备上方大口径管道的安装工作； 机电设备的吊装运输应充分考虑土建楼板的承载能力以及梁板位置；同时对运输通道的楼板承载能力进行复核； 土建进行机房涂料工作时应做好机电成品保护工作，防止完成的保温受到污染，减少返工 机房施工要重视桥架综合管线布置，注意电缆排布，避免影响整体观感效果
外立面排水立管施工	外立面排水立管与外墙爬架同步施工，避免后期二次作业，安全性高及节约成本

第五节 测试、认证与验收管理

一、概述

1. 数据中心测试

（1）数据中心测试定义与目的

测试是一个质量驱动的系统过程，将根据设计、施工文件，对测试的系统和设备进行独立、交互式的安装验证，以满足业主的期望和运营需求。

在数据中心交付使用之前，为了确保数据中心各系统的功能得以实现并满足设计要求，应进行测试，通过测试评估数据中心建设的成熟度、设备和系统的可用性、可靠性、可维护性，确认已实现的功能和发现功能缺陷或风险，促进整改，为数据中心的投用提供客观公正的依据和结论，并为运维提供优化建议、风险提示、应急预案建议。

（2）数据中心测试内容

数据中心测试应包括产品测试、系统测试、整体测试等方面，主要测试内容包含高低压变配电系统、柴油发电机组及其供回油储油、并机控制系统、连续供电系统、连续制冷系统、通风系统、液冷系统、制冷群控系统、给水排水系统、DCIM系统、动环监控系统、门禁视频安防系统、电力监测系统、消防系统、BA控制系统、防雷接地系统以及其他相关系统的测试。

2. 数据中心认证

（1）数据中心认证的定义与目的

数据中心认证是在项目设计、建造、运维阶段根据规范要求由相应机构对数据中心的建设做出评价，并根据评价等级颁发相应证书的过程。

作为数据中心运行的管理者，每次接收到机房报警时都是胆战心惊，无论何时都要立即奔赴现场处理解决，特别是金融类的数据中心，业务每中断1s的损失都是几十万甚至上百万。而数据中心建造认证和运维认证是在测试验证的基础上进一步的验证提升，更侧重于自动化控制与处理问题的能力，能够减小系统事故发生的概率，同时通过数据中心认证能够增加投资回报、增加正常运行时间、增加数据中心运行的效率等。

（2）数据中心认证的必要性

在数据中心建设完成后，获得相应机构颁发的数据中心认证证书有以下好处：

1）更好满足市场需求

数据中心市场的发展日渐成熟，竞争也越来越激烈，通过认证的数据中心更有竞争力，更易于被客户接受。

2）满足对公司或集团的建设成果汇报

公司或集团立项投资对于建设目标均有非常明确的要求，在项目结案时，建设团队（或部门）进行的自我评价很难有说服力，只有权威机构的建设成果认证才能证明。

3）满足相关行业监管机构的监管要求

数据中心业主方所在行业可能会有相关监管机构（例如：银监会、保监会、证监会等），监管机构对业主业务承载数据的重要性也有相关要求，同时对确保安全生产的基础设施也有相应的等级或者可用性要求。获得数据中心等级认证，可以确认并证明建设成果达到相应等级。

4）监督测试有效性

测试的同时获得数据中心认证的证书是对测试的一种监督，在没有监督的测试情况下，测试服务商可能会简化测试或者弄虚作假。数据中心等级认证是委派权威部门现场监督见证，所有测试仪器、方法、方案和执行必须真实有效。这样的测试成果能够及时发现问题，为业务方投产运营打下扎实基础。

5）获得认证是部门交接有效的依据

通常数据中心由多个部门进行管理，包括立项、建设、运维管理。在数据中心建设完毕交接给运维团队的时候，运维团队往往不清楚真正的建设质量如何，通过权威机构监督见证并获得认证的建设成果将在部门交接管理中起到非常好的凭证作用，相关责任划分界面清晰，避免在运维过程中出现问题后多个部门互相推诿、无法追溯。

（3）数据中心认证内容

数据中心认证目前主要分为两类：国内CQC认证和国际Uptime认证。其中，国内CQC认证主要包括设计评价、场地基础设施认证、节能认证和运维评价；国际Uptime认证包括设计认证、建造认证、运营认证和M&O认证。

（4）数据中心认证机构简介

1）CQC认证机构简介

中国质量认证中心（CQC）是经中央机构编制委员会批准，由国家市场监督管理总局设立，委托国家认监委管理的国家级认证机构。CQC是中国开展质量认证工作最早、最大和最权威的认证机构，几十年来积累了丰富的国际质量认证工作经验，各项业务均成果卓著，认证客户数量居全国认证机构的首位、全球认证机构的前列。其主要标准《数据中心设计规范》GB 50174—2017将数据中心分为A、B、C三个等级，其中A级为最高。

2016年以前，中国认监委还未制定相关的认证授权标准，没有一个明确的认证模式，但几乎所有新建大中型数据中心都会至少选择国标A级认证，很少部分进一步增加国际认证，比如国泰君安做Uptime T4认证，太平洋保险做TSI L4认证；在2016年以后，中国质量认证中心（CQC）提出《数据中心场地基础设施评价技术规范》CQC 9218，规范数据中心国标等级认证，通过严谨和细致的现场测试验证，在专业的计量单位见证下，完成数据中心场地基础设施的测量认证。

2）Uptime认证机构简介

Uptime Institute成立于1993年，20余年来长期致力于数据中心基础设施的探索和研究，是全球公认的数据中心标准组织和第三方认证机构。其主要标准《数据中心现场设施Tier标准：拓扑》和《数据中心站点基础架构层标准：运营可持续性》是数据中心基础设施可用性、可靠性及运维管理服务能力认证的重要标准依据。该标准由Uptime 长期研究数据中心领域的经验与终端用户的知识积累结合发展而成，在行业中具有深刻的影响力。Uptime Tier 等级认证基于以上两个标准，是数据中心业界最知名、权威的认证，在全球范围内得到了高度的认可。

Uptime Tier 数据中心等级认证体系分为Tier I—Tier Ⅳ四个等级，Tier Ⅳ最高。Uptime认证主要包含四部分：设计认证、建造认证、运营认证和M&O认证。

3. **数据中心测试、认证与验收之间的关系**

数据中心工程涉及的专业比较多，传统的工程验收部门其能力不能满足要求，因此，数据中心项目常会使用有资质的第三方单位进行产品检测和系统测试。测试是项目验收的前置条件，只有测试单位按规范要求完成各产品、系统的测试，并提交相关文件，才能进入竣工验收环节。而数据中心的建造认证和运维认证是在测试验证的基础上的进一步验证提升，更侧重于自动化控制与处理问题的能力。

二、测试管理

数据中心项目与常规项目最大的区别就在于数据中心有高压柜、低压柜、变压器、UPS、柴油发电机组、蓄冷罐、冷水机组、冷却塔、大型水泵、精密空调、小母线、机柜、监控大屏等大量专业设备。数据中心项目还包括暖通空调工程系统调试、电气工程系统调试、给水排水工程系统调试以及机电系统联动调试。

1. 测试管理要点

设备安装与测试阶段的重点主要有如下几方面：

（1）数据中心项目需要采购机柜、柴油发电机组、精密空调、蓄冷罐等大量专业设备及其辅助材料。因数据中心每层设备较多，为保证设备运输效率最大化，后续施工能有序穿插，将每层设备分机柜区与其他设备区，因机柜购货周期短、数量多，而精密空调、高低压柜招标时间较长、深化时间较长且供货时间较长；综合考虑每层设备先将机柜全部运输到位，后运输精密空调、高低压柜等周边大型设备，同步向上进行设备运输安装施工。

（2）数据中心项目的冷水机组、冷却塔、蓄冷罐以及柴油发电机组等大型机电设备的吊装工作直接影响项目总体进度。大型设备吊装对施工道路及吊装点场地要求高，临时施工道路的布置要充分考虑专业设备场内运输路线，施工场地的整体规划要满足大型设备吊装点的场地要求。

（3）数据中心项目机电系统形式多样，系统调试周期长，系统调试工作要求严格，在实际调试阶段需要制定严格、详细、切实可行的调试方案，保障项目调试工作高效可靠地完成。

2. 数据中心测试内容

测试内容如表9-19所示。

测试的系统和设备内容　　　　　　　　　　表9-19

序号	系统名称	所含设备及附件
1	高低压变配电系统	高压柜、变压器、低压配电柜、高压直流、UPS、蓄电池、rPDU、工业连接器、自动转换开关（ATS）及相关仪表、电缆、密集母线、智能母线、母排等

续表

序号	系统名称	所含设备及附件
2	柴油发电机组及其供回油储油、并机控制系统	柴油、油泵、阀门、日用油箱、油路、油罐及相关仪表、控制柜等设备
3	液冷、制冷、通风系统	冷机、水泵、冷塔、精密空调、AHU、新风机、阀门、风机、蓄冷罐、加湿器、换热器、补水定压系统、加药设备及砂滤、相关仪表、管道等
4	给水排水系统	给水泵、排水泵、阀门、蓄水池及相关仪表、管道等
5	消防系统	消防水泵、稳压泵、消防风机、气体灭火设备、自动报警、阀门、仪表、管道等
6	门禁、视频安防系统	门禁、摄像头、安防、供电模块、存储模块等
7	防雷接地系统	接地线/排、接闪器、浪涌保护器、等电位连接网格等
8	制冷群控系统	PLC、现场控制器、IO点（输入/输出点）、温湿度探测器、群控界面、电源模块、逻辑程序等
9	电力监控系统	PLC、现场控制器、IO点、电力界面、电源模块、逻辑程序等
10	BA系统	服务器、工作站、PLC、现场控制器、IO点、界面、电源模块、逻辑程序、漏水检测、漏油探测、温湿度探测器等
11	动环、DCIM综合监控管理系统	服务器、采集器、交换机、温湿度、漏水检测、电池监控等

3. 测试技术要求

如表9-20～表9-28所示。

配电系统测试内容 表9-20

序号	需求及要求
1	高压系统逻辑测试（理解图纸要求，预设包括但不限于单路断电、双路断电、单路恢复、双路恢复、油机自启动、油机故障无启动、电网闪断等场景并完成逻辑测试）
2	低压系统逻辑测试（理解图纸要求，预设包括但不限于高压断电、低压单路断电、逻辑测试）
3	高、低压配电开关柜体检查和断路器整定值检查：对比图纸，目视巡检方式检查柜体和断路器整定值（全检），确保各部件符合系统运行要求，不限于高低压、发电机开关柜、电池开关柜、末端配电开关等，并输出整定值记录完整表
4	完整配电链路压力测试：模拟IT设备满载（设计值）状况下的压力测试，包括性能参数及热像扫描。变压器满载运行时间不小于1h
5	高、低压变配电线路及rPDU、ATS、工业连接器、密集母线、智能母线、水平铜排、电缆等外观、接线、螺栓紧固力矩检查，相序检查，动力配电的同源性检查等
6	高低压系统的电流谐波、感应电压、感应电流、残余电压等监测
7	机电高低压联调：在设备基本功能测试正常的情况下，先进行不带载高低压逻辑验证测试（包含发电机接收信号启停测试），检测高低压至机柜电源、动力电源系统功能的可靠性和完整性
8	防雷接地测试：验证浪涌保护器、等电位连接网格、接地线等接地设施的规格与型号；检查等电位连接网格、设备等电位连接线和接地端子的安装工艺；测试机房的接地电阻值、等电位连接值等参数以及机柜处的零地电压

UPS及变压器系统测试内容　　　　　　　　　　　表9-21

序号	需求及要求
1	UPS系统及电池、开关柜安装检查：UPS系统所有开关、电池连线、电缆等的目视检查、主旁路相序一致性检查，确保各部件满足系统运行要求。针对单节电池的内阻要输出整体电池初始内阻统计表，并符合厂家质量要求
2	UPS并机25%、50%、75%、100%运行测试：在UPS不同负载情况下（25%、50%、75%、100%）测试UPS性能，输入和输出电力参数（包括但不限于电压、频率、电流、谐波失真、功率因数等参数）
3	UPS并机25%、50%、75%、100%运行发热及稳态性能测试：测量UPS在各负载率下的内部元件发热情况和稳态参数，并机满载运行时间不小于1h
4	UPS满载逆变转旁路、旁路转逆变瞬态性能测试：测量UPS动态变化的电流、电压波形变动
5	UPS满载市电转电池、电池转市电瞬态性能测试：测量市电断电后的电池输出动态变化、温度及电流变化情况。设计满载电池放电测试，满足设计及质量要求
6	UPS并机冗余逻辑测试：测试UPS并机冗余的逻辑、负载均分性能
7	UPS并机电池放电时间及温升测试：测试放电时间和电池极柱温度
8	UPS逆变器与旁路断路器互锁测试：避免逆变器与旁路断路器同时工作导致故障。满足设计要求
9	变压器空载投切5次，每次间隔10min。满载运行时间不小于1h，并测试对应的各种变压器性能（高温报警、超温跳闸保护等）

柴油机系统测试内容　　　　　　　　　　　表9-22

序号	需求及要求
1	柴油机组、假负载、供回油及储油设备安装检查：目视检查柴油机组安装情况（本体、控制器、排烟管路、水洗设备、进排风设备、散热器、皮带和基座等）、供油管路管沟和油罐的安全性、电磁阀、球阀、单向阀、磁翻板液位计、远程油位数字显示等符合设计要求
2	设备操作及报警检查：启动测试、供油系统测试、状态指示验证、报警验证、停机验证、稳态运行验证、发电机断路器脱扣、运行发热验证、面板操作、瞬态响应验证
3	其中N台建议按如下方案进行加减载瞬态性能、稳态性能测试并进行相应数据采集（如有条件应带与实际机房负载类似的微容性假负载测试）： 1. 负载由0升至25%运行30min； 2. 负载由25%升至50%运行30min； 3. 负载由50%升至75%运行30min； 4. 负载由75%升至100%运行60min； 5. 负载110%运行15min（根据实际假负载情况决定）
4	性能及逻辑测试［单台油机（或并机）加减载、突加突减载、退出等逻辑测试］
5	长时间（并机）持续运行测试（在规定时间窗内，带部分IT设备，补充假负载，按照100%设计负荷持续运行至少6h）
6	供回油系统逻辑测试：供回油路的加油、回油实际操作，同时验证阀门和油泵的功能及可靠性
7	1. 供回油系统管路气密性及安全检查，油滤系统测试，检查是否漏油、渗油。检查管道焊缝探伤报告； 2. 供回油管路系统功能测试包括：油泵、油压、日用油箱加油时间、油罐油箱液位及校核等

暖通系统测试内容 表9-23

序号	需求及要求
1	空调设备安装检查：包括空调机组（AHU）及风阀、风机、冷水机组、空调水管、液冷管道（包括水泵、阀门、法兰等）、全自动加药装置、补水排气装置、精密空调、加湿机、膨胀水箱等设备的外观、安装和运行状态检查； 设备检查内容：包括但不限于设备外观及型号规格确认，设备出厂测试报告、机组减震、管道、仪表、标识、电气连接等； 安装检查：安装位置与空间、制冷回路、进出管道的连接检查等
2	设备操作、群控、报警功能检查：模拟水侧群控系统中冷水机组、水泵等故障，备用列启动时间，以及自动加减机、自动充放冷、来电自启动等逻辑测试；通过远程切换，测试各个电动阀的启闭状态与监控系统是否吻合；测试群控系统中精密空调启停、轮巡、故障切换、风量、温度调节；AHU、新风机是否可以实现不同工况的实时切换、风量、温度调节等
3	暖通系统制冷能力及运行测试：测试冷水机组在不同负载率（100%、75%、50%、25%）下，制冷系统（含冷水机组、冷冻水泵、冷却水泵、AHU、精密空调）的运行情况，以及制冷系统断电（包含一路市电断电、两路市电断电等情况）的重启时间
4	空调机组（AHU）的风量和制冷量、控制（风量和制冷量调节性、单机控制及单机与阀门、排风的联锁控制）、故障切换、模式切换、告警、检修等检查和测试；机房风口送风量和风平衡测试
5	精密空调的风量、制冷量及可调性测试、风机、电动阀的测试检查
6	蓄冷罐充放冷时间测试
7	空调管道气密性检查，检查机电单位的管道无损探伤和管路化学冲洗。液冷管路施工、管路与相关部件材质以及管路冲洗质量检查
8	制冷在冷却塔补水中断情况下的连续运行测试
9	排风机风量测试以及和各种探测器（氢气探测、冷媒泄漏探测等）的连锁动作检查
10	制冷系统辅助设备（加药、定压、软化水等）功能验证测试：自动加药装置是否能实现自动功能、定压装置是否能实现自动位置定压目标值等
11	水/水板式换热器性能测试：包括换热能力和压损的验证测试
12	液冷水泵故障切换测试：泵负载切换时间测试（泵热备运行，故障一台，余下泵达满载所需时间，并记录末端设备压差及流量变化），泵重启测试（泵同时故障或掉电重启，重新启动达满载时间，并记录末端设备压差及流量变化）
13	液冷区域极限温升测试： 1. CDU一次侧完全断水，二次侧供水温升测试，记录极限温升时间（30~60℃），每隔1℃记录一次时间，恢复一次侧供水后记录温降时间（60~30℃），每隔5℃记录一次时间； 2. 冷源中断（冷塔全部关闭），一次侧供水温升测试，记录CDU一次测温升时间（25~45℃），每隔1℃记录一次时间，恢复冷塔正常运行，记录温降时间（45~25℃），每隔1℃记录一次时间
14	液冷区域CDU带载能力测试： 1. 单模块内CDU全部开启，按设定压差及供水温度稳定运行，记录末端机柜流量、压差，CDU二次侧供水温度、回水温度、供水压力、回水压力数据； 2. 单模块内CDU关闭1台，按设定压差及供水温度稳定运行，记录末端机柜流量、压差，CDU二次侧供水温度、回水温度、供水压力、回水压力数据； 3. 单模块内CDU关闭2台，按设定压差及供水温度稳定运行，记录末端机柜流量、压差，CDU二次侧供水温度、回水温度、供水压力、回水压力数据； 4. 单模块内CDU关闭3台，按设定压差及供水温度稳定运行，记录末端机柜流量、压差，CDU二次侧供水温度、回水温度、供水压力、回水压力数据

续表

序号	需求及要求
15	液冷区域水力平衡测试： 1. 正常场景下微模块间水力平衡测试，CDU一次侧阀门全开状态下，记录CDU一次侧供水压力、回水压力、供水流量；微模块内液冷机柜间水力平衡测试（假负载需与机柜压降保持一致，每个模块至少测试远端不利端、近端、中端3处流量及压差情况）； 2. 异常场景下，一次侧阀门故障导致环路解环，微模块间水力平衡测试，CDU一次侧阀门全开状态下，记录CDU一次侧供水压力、回水压力、供水流量；二次侧阀门故障导致环路解环，微模块内液冷机柜间水力平衡测试（假负载需与机柜压降保持一致，每个模块至少测试远端不利端、近端、中端3处流量及压差情况）

给水排水系统测试内容　　　　　　　　　　　　　　　表9-24

序号	需求及要求
1	系统设备功能性检查：给水泵、排水泵、阀门、蓄水池及相关仪表、管道等设备功能性检查
2	控制逻辑及功能性测试：变频给水系统、排水系统功能的完整性和运行状态检查；给水泵根据供水压力目标值自动启停；机械排水能够根据液位自动启动，重力排水能够顺畅排水；检查地漏的通球试验报告，检查浮球阀的开启关闭功能是否正常。 模拟变频器、水泵等关键设备故障情况下，告警发生及能够转至应急（工频用水）模式或自动启用备用泵

消防系统、防雷接地及安防系统测试内容　　　　　　　表9-25

序号	需求及要求
1	系统设备功能性检查：消防系统、安防系统、视频监控、防雷接地系统设备功能性检查（包含配电柜的防浪涌设备），符合设计要求
2	控制逻辑及功能性测试：验证消防系统、安防系统、视频监控、防雷接地系统功能的完整性和运行状态，接地电阻测试。模拟控制器等关键设备故障情况下，告警发生、验证系统对告警信息的动态响应时间等关键参数是否符合设计要求；验证系统在故障情况下的显示状态以及故障恢复后系统的状态变化、数据更新及响应时间等是否符合设计及设备招标技术要求

数据中心内环境测试内容　　　　　　　　　　　　　　表9-26

序号	需求及要求
1	模拟数据中心多种场景下的温升测试，以及特殊场景的极限测试（断冷冻水、停AHU或精密空调风机）
2	模块机房的正压测试、电池间的负压测试
3	模块机房区的洁净度测试
4	各功能区照度测试

DCIM系统（含动环、BA、制冷群控、液冷群控、电力监测、安防、
智能卡、智能照明、消防等子系统）测试内容 表9-27

序号	需求及要求
1	DCIM综合监控管理系统测试：验证DCIM综合管理系统的监测数据与动环、BA、电力监测、制冷群控、液冷群控等子系统中的采集性能、告警数据一致。验证DCIM综合管理系统的各项管理功能与设计功能相符
2	子系统（动环、BA、制冷群控、液冷群控、电力监测、智能卡、智能照明、安防、消防电等）设备部件测试：检查一切末端传感器、控制器、模块等设备功能是否正常
3	子系统控制逻辑及功能性测试：验证监控系统功能的完整性和运行状态，模拟控制器等关键设备故障情况下告警发生；验证监控系统对告警信息的动态响应时间等关键参数是否符合设计要求；验证监控系统在故障情况下的显示状态以及故障恢复后系统的状态变化、数据更新及响应时间等是否符合设计及设备招标技术要求；验证供电、供冷等系统在设定场景下的逻辑控制是否符合设计要求

数据中心整体综合联调：各模块机房带满载下的系统联合测试，按照设计容量要求加载100%假负载运行下的测试验证。

测试项目交付文件 表9-28

序号	需求及要求
1	总体测试与评估报告
2	各系统分项测试报告
3	数据中心风险评估报告（风险点的发现、分析、评估及改进建议）
4	运维管理指导意见、应急操作指导
5	测试过程详细记录文件（包括设备检查记录表、功能测试验证记录表、UPS充放电记录、过程会议纪要、工作计划等）

三、认证管理

1. 数据中心CQC认证管理

（1）数据中心设计评价管理

数据中心设计评价主要模式为专家评审＋评审见证，评价基本环节有评价申请→专家评审→评审见证→评价结果的评定与批准的内容，具体流程如图9-8所示。

1）评价结果的判定

专家评审结果应满足《数据中心设计评价技术规范》CQC 9253—2020的技术要求。满足要求的，出具评价报告；结果不满足的，若设计文件评审存在不符合项时，评审组将不符合项内容进行记录，并告知评价委托人不符合项的整改

时限与整改验证方式（书面或现场）。未能按期完成整改的，视为申请人放弃申请。申请人也可主动终止申请。

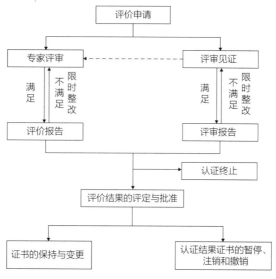

图9-8 数据中心设计评价管理流程图

2）评价结果的评定与批准

① 评价结果的判定

由中国质量认证中心对设计文件评价报告、评审见证报告、申请资料进行综合评定。评定结果确认符合要求的，依据《数据中心设计评价技术规范》CQC 9253-2020颁发等级评价证书。

② 评价终止

因专家评审不符合、企业无法提供整改资料或其他无法提供申请资料等问题，造成评价无法推进，自申请受理之日起满12个月，或企业提出取消申请，评价终止。终止评价后如要继续申请评价，需重新提交申请。

3）评价结果证书

① 证书有效性

数据中心设计评价证书有效期为三年，评价证书自颁发之日起生效。评价证书内容产生未经认证机构评价及批准的变更，证书失效。

② 评价内容的变更

变更的申请：证书首页及附件的内容发生变化时，证书持有者应向中国质量认证中心提出变更申请。

变更评价和批准：中国质量认证中心根据变更的内容和提供的资料进行判定，通过专家评审进行变更。原则上，应以最初进行设计评价的证书内容作为变更评价的基础。

对符合要求的，批准变更。换发新证书的，新证书的编号、批准有效日期保持不变，并注明换证日期。

4）评价结果证书的暂停、注销和撤销

① 证书的使用应符合中国质量认证中心有关证书管理规定的要求。当证书持有者违反认证有关规定，中国质量认证中心按有关规定对证书做出相应的暂停、撤销和注销的处理，并将处理结果进行公告。证书持有者可以向中国质量认证中心申请暂停、注销其持有的证书。

② 证书暂停期间，证书持有者如果需要恢复证书，应在规定的暂停期限内向中国质量认证中心提出恢复申请，按有关规定进行恢复处理。否则，将撤销或注销被暂停的证书。

③ 关于评价结果证书的暂停、注销和撤销的操作，按照中国质量认证中心发布的《产品认证证书暂停、撤销、注销条件》执行。

（2）数据中心场地基础设施认证管理

数据中心基础设计主要认证模式为现场审核与见证测试＋获证后监督，认证基本环节包括认证的申请、现场审核与见证测试、认证结果的评定与批准、获证后监督，具体流程如图9-9所示。

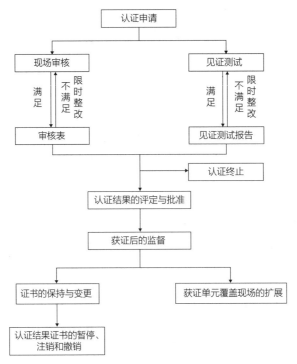

图9-9 数据中心场地基础设施认证管理流程图

1）认证结果的评定与批准

① 认证等级评定

由中国质量认证中心负责组织对现场审核与见证测试报告、申请材料进行综合评定。数据中心场地基础设施认证划分为两种情况：

a. 数据中心场地基础设施按照《数据中心设计规范》GB 50174—2017设计：

《数据中心设计规范》GB 50174—2017要求的项目经测试或者确认符合要求的，按以下等级认证：基础级（相当于《数据中心设计规范》GB 50174—2017的C级）；标准级（相当于《数据中心设计规范》GB 50174—2017的B级）；增强级（相当于《数据中心设计规范》GB 50174—2017的A级）。

b. 数据中心场地基础设施按照《数据中心设计规范》GB 50174—2017设计：

《数据中心设计规范》GB 50174—2017要求的项目经测试或者确认符合要求的，按以下等级认证：基础级（相当于《数据中心设计规范》GB 50174—2017的C级）；标准级（相当于《数据中心设计规范》GB 50174—2017的B级）；增强级（相当于《数据中心设计规范》GB 50174—2017的A级）。

评定合格后，中国质量认证中心对认证委托人颁发认证结果证书。

c. 数据中心场地基础设施按照《数据中心基础设施工程技术规范》YD/T 5235—2019设计：

《数据中心基础设施工程技术规范》YD/T 5235—2019要求的项目经测试或者确认符合要求的，按以下等级认证：A＋级（《数据中心基础设施工程技术规范》YD/T 5235—2019 A＋级）；A级（《数据中心基础设施工程技术规范》YD/T 5235—2019 A级）；B级（《数据中心基础设施工程技术规范》YD/T 5235—2019 B级）；C级（《数据中心基础设施工程技术规范》YD/T 5235—2019 C级）。

评定合格后，中国质量认证中心对认证委托人颁发认证结果证书。

② 认证终止

详见本节数据中心设计评价认证终止内容。

2）获证后的监督

① 监督频次

一般情况下，获证后12个月内应进行监督检查，每次监督检查的间隔不超过12个月。若发生下述情况之一可增加确认检验频次：① 获证数据中心出现严重质量问题或用户提出严重投诉并经查实为持证人责任的；② 中国质量认证中心有足够理由对获证数据中心与认证依据标准的符合性提出质疑时。

② 监督内容

重点针对初始审核或上一次监督的不符合项，三年监督检查需覆盖技术规范的全部项目。

③ 监督结论

监督检查通过的场地，由见证机构向中国质量认证中心出具监督检查报告，认证结果证书持续有效。监督检查存在不符合项时，应在20个工作日内完成整改。未能按期完成整改或整改不通过的，按监督检查不通过处理。

3）认证结果证书

① 证书的有效性

认证结果证书三年有效。证书有效性通过后续监督维持。

② 证书的保持

认证结果证书的有效性通过年度监督检查进行保持，如未能按照要求完成年度监督检查的，将暂停相应的认证结果证书。

4）认证场地的变更

① 变更的申请

证书上的内容发生变化时，或场地基础设施中涉及主要子系统、设备发生变更时，或中国质量认证中心规定的其他事项发生变更时，证书持有者应向中国质量认证中心提出变更申请。

② 变更认证和批准

中国质量认证中心根据变更的内容和提供的资料进行判定，确定是通过文件审核或安排现场审核和（或）见证测试进行变更。原则上，应以最初进行现场审核和（或）见证测试的场地基础设施为变更认证的基础。

对符合要求的，批准变更。换发新证书的，新证书的编号、批准有效日期保持不变，并注明换证日期。

5）获证单元覆盖场地的扩展

① 扩展程序

认证证书持有者需要增加与已经获得认证场地为同一认证单元时，应从认证申请开始办理手续，并说明扩展要求。中国质量认证中心核查扩展场地与原认证场地的一致性，确认原认证结果对扩展产品的有效性，针对差异和/或扩展的范围做补充现场审核与见证测试，对符合要求的，根据证书持有者的要求单独颁发证书或换发证书。

原则上，应以最初进行产品检验的认证产品为扩展认证的基础。

② 现场审核与见证测试要求

由中国质量认证中心指定的测试机构与见证机构执行，见证人日数不少于2人·日，视扩展规模及与初始认证单元的差异情况，可增加人数。

6）认证结果证书的暂停、注销和撤销

详见本节数据中心设计评价结果证书的暂停、注销和撤销内容。

（3）数据中心节能认证管理

数据中心节能认证主要模式为现场检测＋现场审核与见证＋证后监督，评价基本环节有认证的申请→现场检测→现场审核与见证→认证结果的评定与批准→获证后监督，具体流程如图9-10所示。

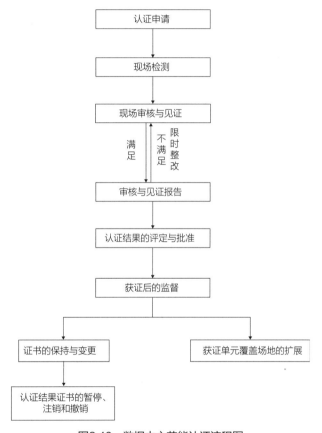

图9-10　数据中心节能认证流程图

1）认证结果的评定与批准

由中国质量认证中心负责组织对现场检测报告、现场审核与见证报告、申请材料进行综合评定。数据中心节能等级划分为两个认证方案，每方案有三个等级的认证。

认证方案1：一级（《数据中心能效限定值及能效等级》GB 40879的1级）、二级（《数据中心能效限定值及能效等级》GB 40879的2级）、三级（《数据中心能效限定值及能效等级》GB 40879的3级）。

认证方案2：一级（相当于《数据中心　资源利用　第3部分：电能能效要求

和测量方法》GB/T 32910.3的一级）、二级（相当于《数据中心　资源利用　第3部分：电能能效要求和测量方法》GB/T 32910.3的二级）、三级（相当于《数据中心　资源利用　第3部分：电能能效要求和测量方法》GB/T 32910.3的三级）。

评定合格后，中国质量认证中心对认证委托人颁发认证结果证书。

2）认证终止

详见本节数据中心设计评价认证终止内容。

3）获证后的监督

① 监督频次

一般情况下，认证方案1认证证书和认证方案2阶段2认证证书在获证后12个月内应进行监督检查，每次监督检查的间隔不超过12个月。若发生下述情况之一可增加确认检验频次：a．获证数据中心出现严重质量问题或用户提出严重投诉并经查实为持证人责任的；b．中国质量认证中心有足够理由对获证数据中心与认证依据标准的符合性提出质疑时。

② 监督内容

a．重点针对初始审核或上一次监督的不符合项。

b．认证方案1的监督检查需覆盖《数据中心能效限定值及能效等级》GB 40879的全部项目。

c．认证方案2的监督检查需覆盖《数据中心节能认证技术规范》CQC 3164的全部项目。

③ 监督结论

监督检查通过的场地，由见证机构向中国质量认证中心出具监督检查报告，认证结果证书持续有效。监督检查存在不符合项时，应在20个工作日内完成整改。未能按期完成整改或整改不通过的，按监督检查不通过处理。

4）认证结果证书

① 证书的有效性

认证方案1：数据中心节能认证证书有效期为3年。证书首页标注证书有效期内，本证书的有效性依据发证机构的定期监督获得保持。证书附件写明数据采集周期、数据中心电能比设计值、数据中心电能比特性工况法测算值和数据中心电能比全年测算值。

认证方案2：数据中心节能认证分为阶段1和阶段2进行实施。实施要求见《数据中心节能认证技术规范》CQC 3164—2018中第6章。

阶段1：证书有效期为9个月。证书首页标注证书仅表明三个月数据采集期结果，应连续检测一年并换发证书。证书附件写明数据采集周期、实测值及修正值。

阶段2：证书有效期为3年。完成连续一年检测周期，收回阶段1证书并换发阶段2证书。证书附件写明数据采集周期、实测值及修正值。证书首页及附件同时使用时有效，此证书仅表明数据采集期的数据结果。

② 证书的保持

认证方案1认证证书和认证方案2阶段2认证证书的有效性通过年度监督检查获得保持。

认证方案1：年度监督检查通过的，需收回原证书并换发监督通过证书，证书附件保留原证书附件信息，并新增本年度监督周期内的数据采集周期、数据中心电能比设计值、数据中心电能比特性工况法测算值和数据中心电能比全年测算值。

认证方案2：年度监督检查通过的，需收回原证书并换发监督通过证书，证书附件保留原证书附件信息，并新增本年度监督周期内的数据采集周期、实测值及修正值。

如未能按照要求完成年度监督检查的，将暂停相应的认证结果证书。

5）认证场地的变更

① 变更的申请

证书上的内容发生变化时，或场地基础设施中涉及主要子系统、设备发生变更时，或中国质量认证中心规定的其他事项发生变更时，证书持有者应向中国质量认证中心提出变更申请。

② 变更认证和批准

中国质量认证中心根据变更的内容和提供的资料进行判定，确定是通过文审或安排现场审核和（或）见证检测进行变更。原则上，应以最初进行现场审核和（或）见证检测的场地基础设施为变更认证的基础。

对符合要求的，批准变更。换发新证书的，新证书的编号、批准有效日期保持不变，并注明换证日期。

6）获证单元覆盖场地的扩展

① 扩展程序

认证证书持有者需要增加与已经获得认证场地为同一认证单元时，应从认证申请开始办理手续，并说明扩展要求。中国质量认证中心核查扩展场地与原认证场地的一致性，确认原认证结果对扩展场地的有效性，针对差异和/或扩展的范围做补充现场审核与见证检测，对符合要求的，根据证书持有者的要求单独颁发证书或换发证书。

原则上，应以最初进行认证场地为扩展认证的基础。

② 现场审核与见证检测要求

由中国质量认证中心指定的检测机构与见证机构执行，见证人日数不少于2人·日，视扩展规模及与初始认证单元的差异情况，可增加日数。

7）认证结果证书的暂停、注销和撤销

详见本节数据中心设计评价结果证书的暂停、注销和撤销内容。

（4）数据中心运维评价管理

数据中心基础设施运维评价模式为文件审核＋现场审核＋获证后的监督，评价基本环节包括评价申请、文件审核、现场审核、评价结果的评定与批准、获证后的监督，具体流程如图9-11所示。

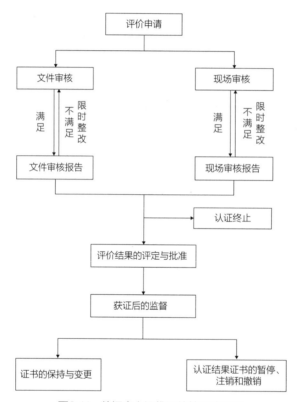

图9-11　数据中心运维评价管理流程图

1）评价结果的评定与批准

① 评价等级评定

由中国质量认证中心对文件审核报告、现场审核报告、申请资料进行综合评定。《数据中心基础设施运行与维护评价技术规范》CQC 8302—2018要求项目经现场审核或者确认符合要求的，按以下等级评价：L4卓越级；L3增强级；L2标准级；L1基础级。

评定合格后，CQC对评价委托人颁发评价结果证书。

其中，L4卓越级证书获得条件为：

a. 首先获得L3增强级证书，并有效维持一个证书监督周期；

b. 证书监督周期内未发生因运维而产生的重大安全与质量事故；

c. 其他认证机构认为不适于颁发证书的情况。

② 评价结果的评定时限

对符合评定要求的，一般情况下在10个工作日内颁发评价结果证书。

③ 评价终止

详见本节数据中心设计评价认证终止内容。

2）获证后的监督

① 监督频次

一般情况下，获证后18个月内应进行监督检查，每次监督检查的间隔不超过18个月。认证机构应在监督日期前1个月内向获证企业发出监督通知，并安排监督任务。若发生下述情况之一可增加监督频次：

a. 获证机房出现因运维而产生的重大安全与质量事故或用户提出严重投诉并经查实为持证人责任的；

b. 中国质量认证中心有足够理由对获证机房与评价依据标准的符合性提出质疑时。

② 监督内容

同初始审核项目全要素检查。

③ 监督结论

监督检查通过的场地，由审核组向中国质量认证中心出具监督检查报告，评价结果证书持续有效。监督检查存在不符合项时，应在20个工作日内完成整改。未能按期完成整改或整改不通过的，按监督检查不通过处理。

3）评价结果证书

① 证书的有效性

评价结果证书三年有效。证书有效性通过后续监督维持。

② 证书的保持

评价结果证书的有效性通过监督检查进行保持，如未能按照要求完成年度监督检查的，将暂停相应的评价结果证书。

评价结果证书到期前3个月内，获证企业应向认证机构提出延期申请。认证机构应在评价结果证书到期前向获证企业发出监督通知，并安排监督任务。监督检查通过的，评价结果证书可进行换发，换发的评价结果证书三年有效。换发证书有效性通过后续监督维持。

4）评价内容的变更

① 变更的申请

证书上的内容发生变化时，或中国质量认证中心规定的其他事项发生变更时，证书持有者应向中国质量认证中心提出变更申请。

② 变更评价和批准

中国质量认证中心根据变更的内容和提供的资料进行判定，确定是通过文审或安排现场审核进行变更。原则上，应以最初进行现场审核证书内容作为变更评价的基础。对符合要求的，批准变更。换发新证书的，新证书的编号、批准有效日期保持不变，并注明换证日期。

5）评价结果证书的暂停、注销和撤销

详见本节数据中心设计评价结果证书的暂停、注销和撤销内容。

2. 数据中心Uptime认证管理

（1）Tier等级认证流程

Uptime Tier系列认证一般由国内代理机构进行协助认证，需按照设计认证、建造认证、运维认证依次取得，不可越级认证。其中设计认证有效期为两年，建造认证无有效期要求，运维认证在Tier认证等级下又划分为金、银、铜三个等级，金牌级有效期3年，银牌级有效期2年，铜牌级有效期1年。图9-12为数据中心项目设计、建造、运维认证流程图。

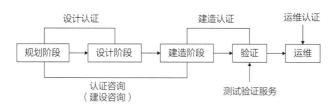

图9-12 数据中心设计、建造、运维认证流程图

（2）设计认证（TCDD）流程

业主单位将设计文件送至Uptime认证机构进行审查，由Uptime审查设计文件是否满足对应等级的数据中心设计要求，若存在问题需进行整改，无问题则进行下一步认证流程，设计认证有效期为两年内，若超过有效期限则应向认证机构进行申请延期，图9-13为Uptime设计认证流程图。

（3）建造认证（TCCF）流程

在数据中心已获得Uptime Tier设计认证（TCDD）的前提下，Uptime顾问专家对工程现场实施进行勘察比对，与Uptime顾问专家沟通、确定数据中心的Tier建造认证（TCCF）测试脚本。在具备验证条件的前提下对TCCF验证要求进行预演测试，提早发现问题、解决问题。在完成上述工作的基础上，组织、协调Uptime顾问专家赴数据中心完成TCCF正式现场验证，最终获得Uptime数据中心权威机构颁发的建造认证证书（图9-14）。

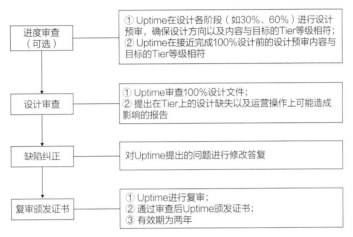

图9-13 数据中心设计认证流程图

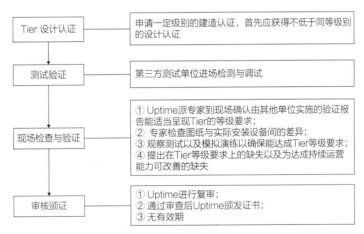

图9-14 数据中心建造认证流程图

（4）运维认证（TCOS）流程

在数据中心已获得Uptime Tier建造认证（TCCF）的前提下，需建立符合Uptime认证的运维管理体系，Uptime从运行管理体系、建筑特性、机房选址等方面进行预审，并提出整改提升建议，业主根据建议进行整改提升工作（图9-15）。完成整改提升后，报Uptime进行审核，颁发运维认证证书，证书分为金银铜三个等级，每个等级对应的有效期分别为3年、2年、1年。

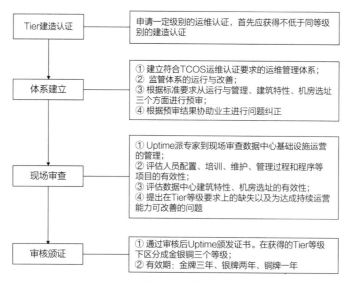

图9-15　数据中心运维认证流程图

四、验收管理

　　为保证项目如期交付，数据中心项目建设过程中要注意过程验收的管理，表9-29列举了数据中心建设过程中的各项分部验收内容。

数据中心项目验收内容　　　　　表9-29

序号	重大验收	单位 / 分部 / 分项验收	验收单位
1	建筑工程质量验收	地基与基础工程	业主、监理、勘察、设计、总包
2		主体结构工程	业主、监理、设计、总包
3		建筑装饰装修工程	业主、监理、设计、总包
4		屋面工程	业主、监理、设计、总包
5		给水、排水及采暖工程	业主、监理、设计、总包
6		通风与空调工程	业主、监理、设计、总包
7		建筑电气工程	业主、监理、设计、总包
8		建筑智能化工程	业主、监理、设计、总包
9		节能工程	业主、监理、设计、总包
10		电梯工程	业主、监理、特种设备检测机构、设计、总包
11		幕墙工程	业主、监理、设计、总包
12		钢结构工程	业主、监理、设计、总包
13		人防工程	业主、人防办、监理、设计、总包
14		室外工程	业主、监理、设计、总包

续表

序号	重大验收	单位 / 分部 / 分项验收	验收单位
15	建筑消防工程	消防验收	业主、消防局、监理、设计、总包
16	竣工验收	竣工验收	业主、监理、设计、总包、质监站
17	规划验收	规划验收	业主、监理、设计、总包、属地规划局
18	竣工备案	竣工备案	业主、监理、设计、总包、属地住建局
19	城建档案馆	城建档案馆	业主、档案馆、监理、设计、总包

1. 防雷装置验收注意事项

在主体工程基本完工（屋面、门窗、栏杆安装完成并做好防雷接地工作后），所有电器设备安装完成以后（需要电气检测报告与否视情况而定），请有资质的检测机构进行检测验收。

此项检测由总包和机电单位负责，建设单位和监理单位配合。

2. 节能工程验收注意事项

节能工程验收主要分为：墙体节能、门窗节能、屋面节能、配电节能、通风与空调节能、空调与供暖系统冷热源节能等。在施工过程中各分项工程应在隐蔽前做好验收工作，在各分项验收合格后进行总体节能验收。

此项验收由总包单位、机电单位、幕墙单位三方配合完成。

3. 消防验收注意事项

（1）验收条件：在消防设施、设备全部安装施工完成并调试合格后。

（2）消防验收主要验收内容为：消防双给水系统、火灾自动报警系统和自动喷水（气）灭火系统。重点检查逃生通道和消防环道，各系统设备的联动和单项使用功能。现场手报系统是否正常，抽检正压送风、排烟的风压风量。水泵房、消防控制房的功能情况。

（3）此项验收由总包单位、机电单位、园林单位三方配合完成。

4. 规划验收注意事项

（1）验收条件：主体工程和总平工程全部完成，相关配套设施完成；竣工测绘完成，并提交成果文件供测绘大队审核。

（2）若现场总平面调整与之前上报的规划图纸出入较大，应提前1个月与属地规划部门进行沟通，提供规划图纸变更申请，申请通过后方能进行规划验收。

（3）此项验收由总包单位、建设单位、监理单位、设计单位三方配合完成。

参考文献

［1］上海市建筑建材业市场管理总站. 数据中心节能技术应用指南［M］. 北京：中国电力出版社，
  2019.

［2］中国信通院. 数据中心白皮书（2022年）［M］. 北京：中国信息通信研究院，2022.

［3］耿怀渝，等. 数据中心手册［M］. 北京：机械工业出版社，2022.

［4］林予松，李润知，刘炜. 数据中心设计与管理［M］. 北京：清华大学出版社，2017.

［5］张广明，陈冰，张彦和. 数据中心基础设施设计与建设［M］. 北京：电子工业出版社，2012.

［6］林小村. 数据中心建设与运行管理［M］. 北京：科学出版社，2021.

［7］黄锴. 新一代数据中心基础设施建设的理念与策略［J］. 机房技术与管理，2006.

［8］陈春桃. 数据中心机房楼设计项目风险管理研究［D］. 北京：北京邮电大学，2020.

［9］邱冬莉，孙星，魏旗. 大型数据中心智能化系统设计探讨［J］. 智能建筑，2020（5）：5.

［10］吕晓卓. 浅谈数据中心智能化系统设计［J］. 通讯世界，2015.

［11］孙春萍. 数据中心项目智能化系统的设计与应用［J］. 智能建筑与智慧城市，2021（9）：3.

［12］中华人民共和国信息产业部. 综合布线系统工程设计规范［M］. 北京：中国计划出版社，
  2007.

［13］刘庆国. 大型数据中心场地智慧DCIM+智能化集控平台的实践与探索［J］. 电子世界，
  2021.

［14］童燕君，彭秋. 数据中心动力与环境监控系统现状与发展［J］. 通信电源技术，2021.

［15］曹茂春，洪劲飞. 智慧园区建设探讨［J］. 智能建筑，2014.

［16］刘慧明，陈淑红，张帅勇，等. 智慧园区管理系统整体解决方案［J］. 智能建筑与智慧城市，
  2019.

［17］朱庆. 三维GIS及其在智慧城市中的应用［J］. 地球信息科学学报，2014.

［18］郭栋. 大型绿色数据中心的规划研究［D］. 上海：复旦大学，2008.

［19］徐善梅. 绿色数据中心节能技术探讨［J］. 建设科技，2019，386（12）：33-36+66.

［20］王浩然. 绿色数据中心节能技术研究［D］. 北京：电子科技大学，2014.

［21］田浩. 高产热密度数据机房冷却技术研究［D］. 北京：清华大学，2012.

［22］周海珠，吕天文，张慧鑫. 数据中心节能技术及发展方向分析［J］. 建设科技，2020，411
  （14）：27-30，33.

［23］中国电子学会. 中国绿色数据中心发展报告（2020）［R］.